KUKA 工业机器人应用工程师系列

KUKA 工业机器人与西门子 S7-1200 PLC 技术及应用

主　　编　苏美亭　袁海嵘

副主编　葛云涛　马汝彩　张品文

参　　编　许光华　刘晓龙　袁　强

　　　　　刘洪莱　周明锋

机 械 工 业 出 版 社

本书以工业自动化控制中常用的西门子 S7-1200 PLC、V90 伺服驱动器及 KUKA 工业机器人的综合应用为主，结合 KUKA 工业机器人实训平台，以设备的安装、编程、调试为主线，从基础到综合实战，详细讲解了工业机器人和 PLC 相关基础知识，并通过绘图、码垛、装配及喷涂等典型工作站应用讲解，让读者能够轻松掌握工业机器人及 PLC 系统集成相关的技能。

本书适合工业机器人和 PLC 相关专业在校学生使用，也可用于企业职工技能提升。

图书在版编目（CIP）数据

KUKA工业机器人与西门子S7-1200PLC技术及应用/苏美亭，袁海嵘主编. —北京：机械工业出版社，2022.5（2024.6重印）

KUKA工业机器人应用工程师系列

ISBN 978-7-111-70393-8

Ⅰ. ①K… Ⅱ. ①苏… ②袁… Ⅲ. ①工业机器人—程序设计—教材 ②PLC技术—程序设计—教材 Ⅳ. ①TP242.2 ②TM571.61

中国版本图书馆CIP数据核字（2022）第046502号

机械工业出版社（北京市百万庄大街22号 邮政编码100037）

策划编辑：周国萍　　　　　　责任编辑：周国萍　刘本明

责任校对：闫玥红　刘雅娜　　责任印制：郜　敏

中煤（北京）印务有限公司印刷

2024年6月第1版第2次印刷

184mm×260mm・22.75印张・545千字

标准书号：ISBN 978-7-111-70393-8

定价：79.00元

电话服务　　　　　　　　　网络服务

客服电话：010-88361066　　机 工 官 网：www.cmpbook.com

　　　　　010-88379833　　机 工 官 博：weibo.com/cmp1952

　　　　　010-68326294　　金 书 网：www.golden-book.com

封底无防伪标均为盗版　　机工教育服务网：www.cmpedu.com

前　　言

本书根据智能制造技术应用标准，将 PLC 知识和工业机器人知识紧密融合，在每一小节设置了知识目标、技能目标和相关知识等内容，并结合编者多年来指导技能大赛，以及企业和学校的应用实践经验编写而成。

本书共分为 9 章，其中第 1、2 章结合 KUKA 工业机器人实训平台，对各元器件做了介绍，并对其结构组成和硬件连接做了说明；第 3 章重点对西门子 S7-1200PLC、HMI、V90 伺服驱动器的使用做了详细介绍；第 4、5 章重点对 KUKA 工业机器人硬件配置、基本操作做了详细介绍；第 6～9 章结合四个典型工作任务，详细介绍了任务规划的思路及程序的编写方法。

本书内容适合从事西门子 S7-1200PLC、V90 伺服驱动器和 HMI 控制，以及 KUKA 工业机器人系统集成和现场维护的工程技术人员学习和参考。同时，本书图文并茂、通俗易懂，非常适合职业院校或技工学校自动化、工业机器人和工业控制等相关专业的学生使用。

本书由山东工业技师学院苏美亭、西门子工厂自动化工程有限公司袁海嵘担任主编，肯拓（天津）工业自动化技术有限公司葛云涛、山东工业技师学院马汝彩、山东工业技师学院张品文担任副主编，参编有山东工业技师学院许光华、刘晓龙、袁强、刘洪莱和周明锋。在编写过程中，山东工业技师学院李亮同学做了大量辅助工作，在此表示感谢。由于编者水平有限，时间仓促，在编写中难免有不当之处，欢迎读者提出宝贵意见及建议。

目　　录

前　言
第1章　KUKA 工业机器人实训平台概述 1
  1.1　KUKA 工业机器人实训平台组成 1
    1.1.1　工业机器人概述 1
    1.1.2　KUKA 工业机器人实训平台工作站 3
  1.2　KUKA 工业机器人 6
    1.2.1　KUKA 工业机器人本体 7
    1.2.2　KUKA 工业机器人控制柜 8
    1.2.3　手持式编程器 8
  1.3　KUKA 工业机器人实训平台控制系统 9
    1.3.1　西门子 S7-1200 PLC 及其扩展模块 10
    1.3.2　KTP700 触摸屏 11
    1.3.3　V90 伺服驱动系统 11
    1.3.4　其他辅助元器件 11
  1.4　KUKA 工业机器人实训平台的网络拓扑 11
第2章　KUKA 工业机器人实训平台的硬件连接 13
  2.1　实训平台核心元器件的硬件连接 13
    2.1.1　KUKA 工业机器人硬件连接 13
    2.1.2　西门子 S7-1200 PLC 相关模块的硬件连接 15
    2.1.3　伺服驱动器硬件连接 18
  实训项目一　实训平台核心元器件硬件连接 20
  2.2　实训平台外围器件硬件连接 25
    2.2.1　传感器硬件连接 25
    2.2.2　中间继电器硬件连接 32
    2.2.3　直流电动机硬件连接 33
    2.2.4　气动元件硬件连接 34
    2.2.5　供电及安全电路硬件连接 35
  实训项目二　实训平台外围器件硬件安装和调试 36
  2.3　实训平台安全上电前检查 47
    2.3.1　安全上电基本原则 48
    2.3.2　安全上电注意事项 48
  实训项目三　实训平台安全上电 48
第3章　西门子 S7-1200 PLC 控制基础 52
  3.1　TIA V15.1 的安装 52
  3.2　西门子 S7-1200 PLC 硬件组态 58
    3.2.1　西门子 S7-1200 PLC 模块概述 58

3.2.2　TIA 博途软件 62

　　3.2.3　设备组态 64

实训项目四　实训平台控制模块识读及组态 70

3.3　LAD 编程基础 74

实训项目五　编写三色指示灯 PLC 控制程序 76

3.4　HMI 触摸屏画面组态 77

　　3.4.1　HMI 变量 77

　　3.4.2　HMI 画面创建与组态 79

实训项目六　三色指示灯控制的画面组态编程 83

3.5　传送带输送单元的自动控制 86

　　3.5.1　相关编程指令 86

　　3.5.2　测试相关输入输出信号 90

实训项目七　编写传送带输送单元控制程序 95

3.6　V90 伺服驱动器组态和应用 97

　　3.6.1　伺服控制原理及硬件接线 97

　　3.6.2　使用 V-ASSIST 调试 97

　　3.6.3　使用 TIA Portal 调试 99

实训项目八　组态 V90 伺服驱动器实现给定位置角度的准确定位 108

第 4 章　KUKA 工业机器人硬件配置 118

4.1　KUKA 工业机器人的安全配置 118

　　4.1.1　工业机器人安全使用规范 118

　　4.1.2　安全相关装置 119

4.2　KUKA 工业机器人初次上电设置和硬件配置方法 120

　　4.2.1　工业机器人初次上电设置 120

　　4.2.2　KUKA 工业机器人硬件配置方法 123

实训项目九　根据现场情况对 KUKA 工业机器人进行硬件配置 125

4.3　PLC 与工业机器人的以太网通信设置 143

　　4.3.1　S7-1214C 信号变量 143

　　4.3.2　SM1223 模块信号变量 144

　　4.3.3　PROFINET 模块信号变量 145

　　4.3.4　利用博途创建变量 145

实训项目十　配置 PLC 与 KUKA 工业机器人的以太网通信 146

4.4　KUKA 工业机器人外部自动启动配置 158

　　4.4.1　配置 CELL.SRC 158

　　4.4.2　配置外部自动运行输入端 160

　　4.4.3　配置外部自动运行的输出端 162

　　4.4.4　外部自动运行信号启动步骤 164

实训项目十一　配置外部自动启动参数并编写 PLC 控制程序 165

第 5 章　KUKA 工业机器人基本操作和编程 172

5.1　KUKA 工业机器人的手动操作 172

5.1.1　工业机器人基本操作 172

5.1.2　示教器常用界面及操作 174

实训项目十二　工业机器人正常关机 177

5.2　KUKA 工业机器人的坐标系设置 179

5.2.1　工业机器人的坐标系 179

5.2.2　工业机器人的移动 197

实训项目十三　设置绘图工作站工具坐标系和基坐标系 199

5.3　KUKA 工业机器人程序的创建 201

实训项目十四　创建工业机器人程序 206

5.4　KUKA 工业机器人备份与还原 209

5.4.1　备份工业机器人数据 210

5.4.2　还原工业机器人数据 212

实训项目十五　用 U 盘备份现场工业机器人程序和工业机器人系统数据并还原 216

第 6 章　KUKA 工业机器人绘图工作站 224

6.1　单一图形轨迹绘图编程 224

6.1.1　动作指令 224

6.1.2　程序执行 226

实训项目十六　完成矩形和圆形的绘图编程与调试 228

6.2　重复图形轨迹绘图编程 241

实训项目十七　重复图形绘图编程 242

6.3　多样图形轨迹绘图编程 251

6.3.1　子程序调用 251

6.3.2　多样图形轨迹绘图程序 256

实训项目十八　多样图形轨迹绘图编程 257

第 7 章　KUKA 工业机器人码垛工作站 272

7.1　单输送任务码垛编程与调试 272

7.1.1　变量的声明 272

7.1.2　工业机器人流程控制指令 280

7.1.3　码垛工作站组成 282

7.1.4　I/O 信号配置表 283

实训项目十九　完成单输送任务码垛编程与调试 284

7.2　双输送任务码垛编程与调试 301

7.2.1　硬件组成 301

7.2.2　I/O 信号配置表 302

实训项目二十　完成双输送任务码垛编程与调试 302

第 8 章　KUKA 工业机器人装配工作站 309

　8.1　单工件装配任务编程 309

　　8.1.1　装配工作站概述 309

　　8.1.2　中断编程 311

　　8.1.3　I/O 信号配置表 313

　实训项目二十一　完成单工件装配任务的编程 314

　8.2　多工件装配任务编程 321

　实训项目二十二　完成多工件装配任务的编程 321

第 9 章　KUKA 工业机器人喷涂工作站 325

　9.1　单面喷涂编程 325

　　9.1.1　喷涂工作站组成 325

　　9.1.2　控制要求 326

　　9.1.3　I/O 信号配置表 326

　实训项目二十三　完成单面喷涂的编程 326

　9.2　多面喷涂编程 346

　　9.2.1　控制要求 346

　　9.2.2　I/O 信号配置表 346

　实训项目二十四　完成多面喷涂的编程 347

参考文献 353

第 1 章

KUKA 工业机器人实训平台概述

1.1 KUKA 工业机器人实训平台组成

知识目标

了解 KUKA 工业机器人实训平台的组成及功能。

技能目标

画出 KUKA 工业机器人实训平台的组成示意图，并说明每个工作站的工作过程。

相关知识

1.1.1 工业机器人概述

1. 什么是工业机器人

1987 年，国际标准化组织对工业机器人进行了定义："工业机器人是一种具有自动控制的操作与移动功能，能够完成各种作业的可编程序操作机。"工业机器人由操作机（机械本体）、控制器、伺服驱动系统和检测传感装置构成，是一种仿人操作、自动控制、可重复编程、能在三维空间中完成各种作业的机电一体化的自动化生产设备。

2. 工业机器人的应用

制造业中应用工业机器人最广泛的领域是汽车及其零部件制造。主要应用如下：

（1）工业机器人码垛　许多自动化工作站需要使用工业机器人进行上下料、搬运以及码垛等操作。通过编程控制，可实现多台码垛机器人配合不同工序协同工作，可大大减轻工人繁重的体力劳动。

（2）工业机器人装配　装配机器人是柔性自动化装配系统的核心设备，主要用于各种电器、小型电动机、汽车及其部件、计算机、玩具、机电产品及其组件的制造装配等工作。

（3）工业机器人焊接　焊接机器人是在工业机器人终端的法兰上安装焊钳或焊枪，从事焊接工作的工业机器人。其特点是具有柔性，可通过编程随时改变焊接轨迹和焊接顺序，适用于产品变化大、焊缝短而多、形状复杂的焊接产品。

（4）工业机器人抛光　抛光机器人主要应用于工件表面打磨、棱边去飞边、焊接打磨、内腔孔去飞边等工作。

（5）工业机器人喷涂　喷涂机器人适用于生产量大、产品型号多、表面形状不规则的工件外表面涂装。利用工业机器人灵活、稳定、高效的特点，工业机器人喷涂工作站被广泛应用于汽车、汽车零配件、铁路、家电、建材、机械等行业中。

3. 工业机器人的组成

工业机器人是一种机电一体化设备。从控制观点来看，工业机器人由三大部分组成：机械部分、传感部分和控制部分。

（1）机械部分　工业机器人机械部分包括本体执行机构、驱动系统和传动系统。

本体执行机构通常由手部、腕部、小臂部、大臂部、腰部和基座构成。其中，工业机器人的手部大致可分成夹持手部、吸附手部及专用工具（如焊枪喷嘴、电磨头等）三类。图 1-1 为工业机器人本体执行机构。

工业机器人常用的驱动方式有电动机驱动、液压驱动和气动驱动三种，其中电动机驱动包括直流伺服电动机驱动、交流伺服电动机驱动和步进电动机驱动。工业机器人常用交流伺服电动机驱动，交流伺服电动机内部的转子是永磁铁，转子在定子旋转磁场的作用下转动，同时电动机自带的编码器将信号反馈给驱动器，驱动器对反馈值与目标值进行比较，调整转子的角度。图 1-2 为工业机器人驱动系统。

图 1-1　工业机器人本体执行机构　　　　图 1-2　工业机器人驱动系统

工业机器人的传动系统是连接动力源和执行机构的中间装置，是保证工业机器人精确到达目标位置的核心部件。主要作用是减速的同时提高转矩。工业机器人传动系统常采用齿轮传动、谐波传动、RV 减速传动、蜗杆传动、链传动、同步带传动、钢丝传动、连杆传动、滚珠丝杠传动、齿轮齿条传动等。图 1-3 是工业机器人传动系统示意图。

（2）传感部分　一般来说，根据工业机器人与传感器检测信息的相对关系不同，将工业机器人传感部分分为内部信息传感器和外部信息传感器两类。内部信息传感器是用来测量工业机器人自身状态参数（如手臂之间的角度）的功能元件。这类传感器一般安装在工业机器人内部。外部信息传感器主要用来采集和测量工业机器人作业相关的外部信息，这些信息通常与工业机器人的目标识别、作业安全等相关，如与物体之间的距离、抓取对象的形状、空间位置、有无障碍物、物体是否滑落等。图 1-4 为工业机器人传感元器件。

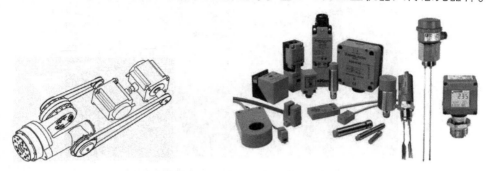

图 1-3　工业机器人传动系统示意图　　　图 1-4　工业机器人传感元器件

（3）控制部分　工业机器人控制部分的控制过程包括示教、计算与控制、伺服驱动、传感与检测四个步骤。示教主要是告诉工业机器人去做什么，给工业机器人发出指令；计算与控制负责工业机器人系统的管理、信息获取及处理、控制策略制定、作业轨迹规划等任务，是工业机器人控制系统的核心部分；伺服驱动是根据不同的控制算法，将工业机器人的控制策略转化为驱动信号，驱动伺服电动机转动，进而完成制定的作业；通过传感与检测的反馈，保证工业机器人正确地完成指定作业，同时也将各种姿态信息反馈到工业机器人的控制系统中，以便实施监控整个系统的运动情况。图 1-5 为工业机器人控制部分连接示意图。

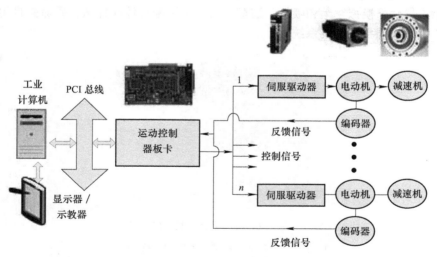

图 1-5　工业机器人控制部分连接示意图

1.1.2　KUKA 工业机器人实训平台工作站

KUKA 工业机器人实训平台如图 1-6 所示，主要由绘图工作站、码垛工作站、装配工作站、喷涂工作站四个工作站组成。

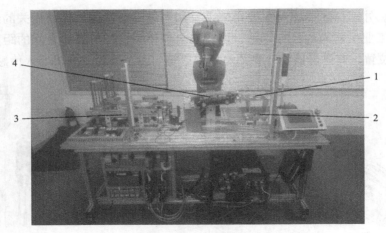

图 1-6   KUKA 工业机器人实训平台组成

1—绘图工作站   2—装配工作站   3—码垛工作站   4—喷涂工作站

下面对实训平台的各主要组成做简单介绍。

1. 六自由度工业机器人

本实训平台采用的工业机器人是 KUKA KR 6 R700 sixx C 六自由度工业机器人，主要任务是夹持绘笔绘图、抓取工件进行搬运和码垛、夹持装配夹具进行装配和夹持喷枪进行喷涂等。

2. 夹具系统

本实训平台的夹具系统主要包括绘图和喷涂夹具、装配夹具、码垛夹具三种。其中，绘图和喷涂夹具用于模拟绘笔和喷枪、装配夹具用于装配杯体和杯盖、码垛夹具用于抓取工件。图 1-7 为该实训平台夹具系统。

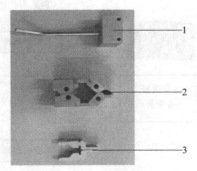

图 1-7   实训平台夹具系统

1—绘图和喷涂夹具   2—装配夹具   3—码垛夹具

3. 绘图工作站

绘图工作站主要用来绘制各种形状的图形轨迹。如图 1-8 所示，绘图工作站由六自由度工业机器人、绘图夹具、绘图板等组成。

4. 码垛工作站

码垛工作站主要用来将传送带上的工件根据材质和颜色不同进行分类并码垛。首先，气缸将工件从料井推出到传送带上，传送带将工件传输到位后，工业机器人开始抓取工件并检测工件颜色，黄色工件码垛到前面托盘，蓝色工件码垛到后面托盘。如图 1-9 所示，码垛工作站由六自由度工业机器人、码垛夹具、执行器和传感器等组成。执行器包括直流电动机和气缸，传感器按照功能分为辨别材质的传感器、检测是否有料和是否到位的传感器和辨别颜色的传感器等。

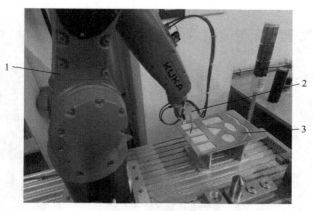

图 1-8　绘图工作站

1—六自由度工业机器人　2—绘图夹具　3—绘图板

5. 装配工作站

装配工作站主要用来将杯体和杯盖进行装配。如图 1-10 所示，装配工作站主要由工业机器人、装配夹具、杯体仓、杯盖仓和装配单元组成。装配单元内部有传感器和定位销，传感器的作用是装配时调整杯体和杯盖的角度，定位销的作用是装配时阻止杯体旋转。装配时，工业机器人将杯体调整至合适角度后放到定位销上，然后再抓取杯盖进行装配。

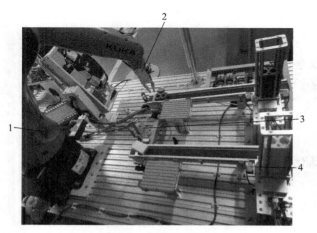

图 1-9　码垛工作站

1—六自由度工业机器人　2—码垛夹具　3—执行器　4—传感器

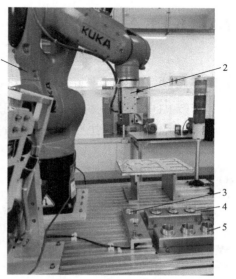

图 1-10　装配工作站

1—工业机器人　2—装配夹具　3—装配单元
4—杯盖仓　5—杯体仓

6. 喷涂工作站

喷涂工作站主要用来对小车车身各面进行喷涂。如图 1-11 所示，喷涂工作站由六自由度工业机器人、喷涂夹具和定位台组成。工作站运行时，定位台的两个旋转轴开始回原点，回原点完成后，将小车自动旋转到喷涂位置，工业机器人开始喷涂，全部喷涂完成后回到安全位置。

图 1-11 喷涂工作站组成
1—六自由度工业机器人 2—喷涂夹具 3—定位台

1.2 KUKA 工业机器人

知 识目标

了解 KUKA 六轴工业机器人的组成及各组成的功能。
了解 KUKA 六轴工业机器人示教器的组成。

技 能目标

能正确描述 KUKA 六轴工业机器人本体、控制柜以及示教器的组成和功能。

相 关知识

KUKA 工业机器人由工业机器人本体、手持式编程器和工业机器人控制柜等组成，具体组成如图 1-12 所示。

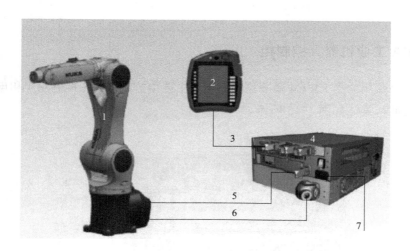

图 1-12　KUKA 工业机器人组成

1—工业机器人本体　2—手持式编程器（Smart PAD）　3—连接线缆　4—工业机器人控制柜

5—连接线缆 / 数据线　6—连接线缆 / 电动机导线　7—设备连接线缆

1.2.1　KUKA 工业机器人本体

　　工业机器人本体俗称为机械手，是工业机器人机械系统主体。工业机器人本体组成如图 1-13 所示。

　　另外，工业机器人由六个活动的、相互连接在一起的关节组成，关节也可称为轴，分别是 A1、A2、A3、A4、A5、A6，如图 1-14 所示。

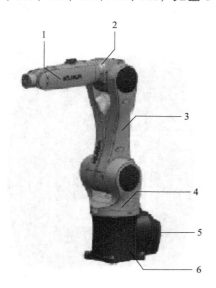

图 1-13　KUKA 工业机器人本体组成

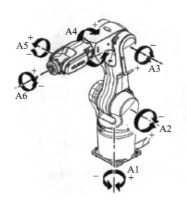

图 1-14　轴名称

1—手腕　2—手臂　3—连接臂　4—旋转立柱　5—电气接口　6—基座

1.2.2　KUKA 工业机器人控制柜

本实训平台采用的是 KR C4 紧凑型控制柜，主要由控制部件（控制箱）和电力部件（驱动装置箱）组成，具体如图 1-15 所示。

图 1-15　KR C4 紧凑型控制柜

1—控制部件（控制箱）　2—电力部件（驱动装置箱）

1.2.3　手持式编程器

手持式编程器简称 KCP 或示教器，全称 Smart PAD。它具有工业机器人操作和编程所需要的各种操作和显示功能。它正面配备一个触摸屏 smartHMI，可用手指或触控笔进行操作。背面配备有确认开关、启动键和 USB 接口等。示教器如图 1-16 所示。正面和背面的说明具体如表 1-1、表 1-2 所示。

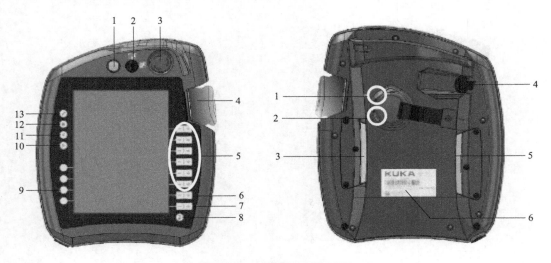

图 1-16　示教器正面和反面

表 1-1　示教器正面说明

序号	名称	功能
1	Smart PAD 按钮	用于拔下 Smart PAD
2	运行方式选择开关	运行方式选择开关有带钥匙和不带钥匙两种款式 通过运行方式选择开关可调用连接管理器。利用连接管理器可转换运行方式
3	紧急停止装置	用于在危险情况下关停工业机器人 紧急停止装置在被按下时将自行闭锁
4	3D 鼠标	用于手动移动工业机器人
5	移动键	用于手动移动工业机器人
6	程序倍率	用于设定程序倍率
7	手动倍率	用于设定手动倍率
8	主菜单按键	用来在 smartHMI 上将菜单项显示出来
9	状态键	主要用于设定工艺程序包中的参数，其确切的功能取决于所安装的技术包
10	启动键	可启动程序
11	逆向启动键	可逆向启动程序
12	停止键	可暂停运行中的程序
13	键盘按键	显示键盘。通常不必特地将键盘显示出来，因为 smartHMI 可识别需要通过键盘输入的情况并自动显示键盘

表 1-2　示教器背面说明

序号	名称	功能
1	确认开关	确认键，具有按下、中间位置和全按下三个开关位 在运行方式 T1 及 T2 下，确认开关必须保持中间位置，这样方可启动工业机器人。在采用自动运行模式和外部自动运行模式时，确认开关不起作用
2	启动键（绿色）	可启动一个程序
3	确认开关	同 1
4	USB 接口	用于备份 / 还原
5	确认开关	同 1
6	型号铭牌	铭牌信息说明

1.3　KUKA 工业机器人实训平台控制系统

知 识目标

掌握 KUKA 工业机器人实训平台控制系统相关控制元件的名称和作用。

技 能目标

能画出 KUKA 工业机器人实训平台控制系统连接图，并说明核心控制元件的作用。

相关知识

　　KUKA 工业机器人实训平台控制系统主要由西门子 S7-1200 PLC 及其扩展模块、KTP700 触摸屏、V90 伺服驱动系统以及其他辅助元器件等组成。其中，实训平台控制柜布局如图 1-17 所示。

图 1-17　实训平台控制柜布局

1.3.1　西门子 S7-1200 PLC 及其扩展模块

　　西门子 S7-1200 PLC 及扩展模块用于整个系统的协调运行，负责将按钮和传感器等外部数字量信号接入 PLC，并将 PLC 输出指令送给电磁阀和指示灯等执行机构。

　　KUKA 工业机器人实训平台中的 PLC 为西门子 S7-1200 系列 CPU1214C 型 PLC，其外形如图 1-18 所示。

图 1-18　西门子 S7-1200 系列 CPU1214C 型 PLC 外形

　　CPU1214C 型 PLC 用于实现通过以太网与工业机器人、伺服驱动器等进行数据交互与通信，以及对传送带电动机和气缸等执行机构进行动作控制等任务。

1.3.2 KTP700 触摸屏

KTP700 触摸屏的主要作用是配合 PLC 对系统的运行参数进行设置、对系统运行状态以及数据数值进行监控等。本实训平台采用的是西门子 KTP700 基础触摸屏，其外形如图 1-19 所示。

1.3.3 V90 伺服驱动系统

图 1-19　KTP700 基础触摸屏外形

V90 伺服驱动系统包括 SINAMICS V90 伺服驱动器和 SIMOTICS S-1FL6 伺服电动机。其中，SINAMICS V90 伺服驱动器（PN 版本）集成了 PROFINET 接口，可通过 PROFIdrive 协议与上位控制器进行通信。本实训平台有两台 V90 伺服驱动器，分别控制喷涂工作站的两台伺服电动机。V90 伺服驱动器及伺服电动机如图 1-20 所示。

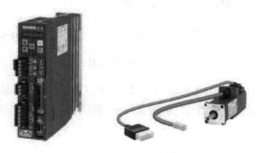

图 1-20　V90 伺服驱动器及伺服电动机

1.3.4 其他辅助元器件

除上述介绍的核心控制元件外，本实训平台还包括一些辅助元器件，如总电源开关、急停按钮、断路器、中间继电器、开关电源、交换机、端子排等，它们与核心控制元件一起组成整个实训平台的控制系统。

1.4 KUKA 工业机器人实训平台的网络拓扑

知 识目标

掌握实训平台的网络拓扑结构。

技 能目标

能按照网络拓扑图完成实训平台的网络连接。

相 关知识

KUKA 工业机器人实训平台采用国际上先进的控制理念和控制产品，采用网络化控制模式。其网络拓扑图如图 1-21 所示。

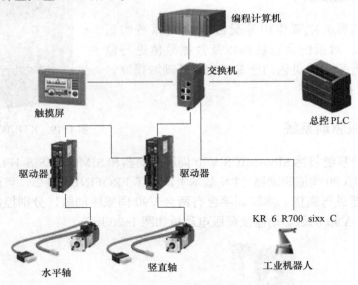

图 1-21   网络拓扑图

为了实现网络通信，可利用博途软件平台将 PLC、驱动器、触摸屏、工业机器人等各个设备进行网络组态，配置 IP 地址，并根据所需要的流程定义合适的通信协议。IP 地址分配如图 1-22 所示。

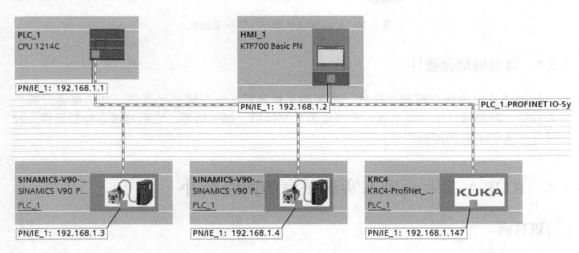

图 1-22   IP 地址分配

第2章

KUKA 工业机器人实训平台的硬件连接

2.1 实训平台核心元器件的硬件连接

知识目标

能够识读 KUKA 工业机器人实训平台电气原理图。
能够认识实训平台核心元器件接口。

技能目标

能根据给定的实训平台电气原理图，按照电气连接规范，进行核心元器件的电气连接。

相关知识

2.1.1 KUKA 工业机器人硬件连接

工业机器人 KR C4 紧凑型控制柜主要包括控制系统 PC、电力部件、安全逻辑系统、Smart PAD、连接面板等。连接面板接口及 PC 接口见表 2-1。

表 2-1　KR C4 紧凑型连接面板接口及 PC 接口

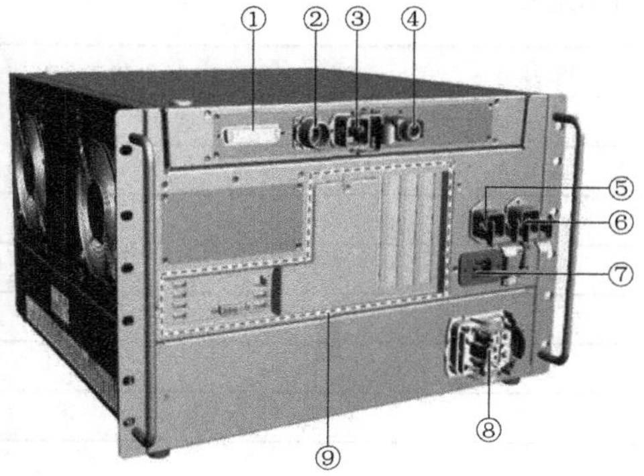	① X11，安全接口（选项）
	② X19，Smart PAD 接口
	③ X65，扩展接口
	④ X69，服务接口
	⑤ X21，工业机器人接口
	⑥ X66，以太网安全接口
	⑦ K1，网络接口
	⑧ X20，电动机插头
	⑨ 控制系统 PC 的接口

（续）

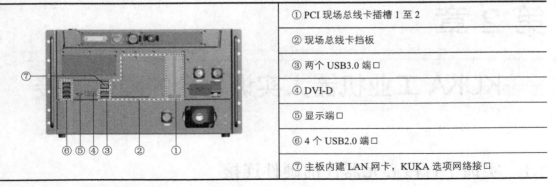

① PCI 现场总线卡插槽 1 至 2
② 现场总线卡挡板
③ 两个 USB3.0 端口
④ DVI-D
⑤ 显示端口
⑥ 4 个 USB2.0 端口
⑦ 主板内建 LAN 网卡，KUKA 选项网络接口

1. X11 安全接口连接

本实训平台中，安全接口 X11 主要用于急停、安全门的信号接口，安全接口 X11 的配合件是一个带多点连接器的 50 针 D-Sub IP67 插头。急停和安全门信号硬件连接如表 2-2 所示。

表 2-2 急停和安全门信号硬件连接

名称	说明
急停 A 组	1 和 2 引脚经急停开关的常闭触点进行连接
急停 B 组	10 和 11 引脚经急停开关的常闭触点进行连接
安全门 A 组	3 和 4 引脚经中间继电器的常开触点进行连接
安全门 B 组	12 和 13 引脚经中间继电器的常开触点进行连接
其他	5 和 6 引脚短接，14 和 15 引脚短接
	7 和 8 引脚短接，16 和 17 引脚短接
	18 和 19 引脚短接，28 和 29 引脚短接
	20 和 21 引脚短接，30 和 31 引脚短接
	22 和 23 引脚短接，32 和 33 引脚短接

2. X19 Smart PAD 接口连接

控制柜接口 X19 用于接入 Smart PAD。接口 X19 的引脚定义如表 2-3 所示。

表 2-3 接口 X19 引脚定义

引脚	说明
2	RD+
3	RD–
5	24V PS2
6	GND 接地
8	Smart PAD 已插入（A）0V
9	Smart PAD 已插入（A）24V
11	TD+
12	TD–
其他	未使用

3. X21 工业机器人接口连接

控制柜接口 X21 用于与工业机器人进行数据交换。本实训平台中，控制柜接口 X21 与工业机器人本体接口 X31 相连接。

4. X66 以太网安全接口连接

工业机器人控制柜接口 X66 用于将外部计算机连接到 KUKA Line Interface（KUKA 线路接口）上，以进行安装、编程、调试以及诊断。本实训平台中的该接口与交换机相连，用于实现和其他 PROFINET 设备进行网络连接。

5. X20 电动机插头连接

通过 X20 电动机插头可将工业机器人的电动机轴和制动器连接在工业机器人控制系统上。本实训平台工业机器人控制柜中的接口 X20 与 KUKA 工业机器人的接口 X30 相连接。

6. X12 接口连接

工业机器人控制柜接口 X12 与 SM1223 扩展模块相连接，接口 X12 引脚连接说明如表 2-4 所示。

表 2-4　接口 X12 引脚连接说明

插接侧插孔图	引脚	说明
	1	R_IN1（Q3.0）工业机器人输入 1
	2	R_IN2（Q3.1）工业机器人输入 2
	3	R_IN3（Q3.2）工业机器人输入 3
	4	R_IN4（Q3.3）工业机器人输入 4
	5	R_IN5（Q3.4）工业机器人输入 5
	6	R_IN6（Q3.5）工业机器人输入 6
	7	R_IN7（Q3.6）工业机器人输入 7
	8	R_IN8（Q3.7）工业机器人输入 8
	17	R_O1（I3.0）工业机器人输出 1
	18	R_O2（I3.1）工业机器人输出 2
	19	R_O3（I3.2）工业机器人输出 3
	20	R_O4（I3.3）工业机器人输出 4
	21	R_O5（I3.4）工业机器人输出 5
	22	R_O6（I3.5）工业机器人输出 6
	23	R_O7（I3.6）工业机器人输出 7
	24	R_O8（I3.7）工业机器人输出 8

2.1.2　西门子 S7-1200 PLC 相关模块的硬件连接

1. 西门子 S7-1200 PLC 本体模块的硬件连接

西门子 S7-1200 PLC 本体模块接口见表 2-5。

表 2-5　西门子 S7-1200 PLC 本体模块接口

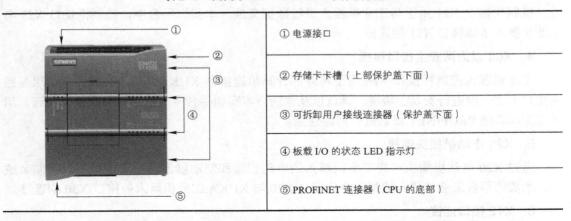

	① 电源接口
	② 存储卡卡槽（上部保护盖下面）
	③ 可拆卸用户接线连接器（保护盖下面）
	④ 板载 I/O 的状态 LED 指示灯
	⑤ PROFINET 连接器（CPU 的底部）

　　本实训平台中采用的 CPU 型号为 1214C DC/DC/DC。其电源电压、输入回路电压和输出回路电压均为 DC 24V，输入回路也可使用内置的 DC 24V 电源。其接口主要由 X10、X11、X12 三部分组成，每个接口的引脚说明见表 2-6。

表 2-6　CPU 1214C DC/DC/DC 引脚说明

| 引脚 | X10 | | X11 | X12 | |
	名称 / 地址	设备连接	名称	名称 / 地址	设备连接
1	L+/ DC 24V		2M	3L+	
2	M/ DC 24V		AI0	3M	
3	功能性接地		AI1	DQa.0（Q0.0）	后传送带直流电动机正转（右行）接触器线圈
4	L+/DC 24V 传感器输出			DQa.1（Q0.1）	后传送带直流电动机反转（左行）接触器线圈
5	M/DC 24V 传感器输出			DQa.2（Q0.2）	前传送带直流电动机正转（右行）接触器线圈
6	1M			DQa.3（Q0.3）	前传送带直流电动机反转（左行）接触器线圈
7	DIa.0（I0.0）	竖轴原点电感传感器		DQa.4（Q0.4）	后传送带推料气缸
8	DIa.1（I0.1）	水平轴原点电感传感器		DQa.5（Q0.5）	前传送带推料气缸
9	DIa.2（I0.2）	西克电感传感器		DQa.6（Q0.6）	红色指示灯
10	DIa.3（I0.3）	电容传感器		DQa.7（Q0.7）	绿色指示灯
11	DIa.4（I0.4）	西克光纤式光电传感器		DQb.0（Q1.0）	黄色指示灯
12	DIa.5（I0.5）	前传送带推料限位磁性开关		DQb.1（Q1.1）	蜂鸣器
13	DIa.6（I0.6）	后传送带推料限位磁性开关			
14	DIa.7（I0.7）	后传送带料井中有料光电传感器			
15	DIb.0（I1.0）	启动按钮			

（续）

引脚	X10 名称/地址	X10 设备连接	X11 名称	X12 名称/地址	X12 设备连接
16	DIb.1（I1.1）	停止按钮			
17	DIb.2（I1.2）	模式转换开关（右"1"）			
18	DIb.3（I1.3）				
19	DIb.4（I1.4）				
20	DIb.5（I1.5）				

2. 西门子 S7-1200 PLC 扩展模块硬件连接

西门子 S7-1200 PLC 系列提供了各种模块和插入式板，用于通过附加 I/O 或其他通信协议来扩展 CPU 的功能。

本实训平台采用的扩展模块型号为 SM1223 DI16/DQ16 X 继电器输出，具有 2 组输入，每组输入点数为 8；具有 4 组输出，每组输出点数为 4，其引脚功能说明如表 2-7 所示。

表 2-7　SM1223 引脚功能说明

引脚	X10 名称/地址	X10 设备连接	X11 名称/地址	X11 设备连接	X12 名称/地址	X13 名称/地址	X13 设备连接
1	L+/24V DC		功能性接地		1L	3L	
2	M/24V DV		无连接		DQa.0（Q2.0）	DQb.0（Q3.0）	工业机器人输入端口1
3	1M		2M		DQa.1（Q2.1）	DQb.1（Q3.1）	工业机器人输入端口2
4	DIa.0(I2.0)	前传送带料井中有料光电传感器	DIb.0（I3.0）	工业机器人输出端口1	DQa.2（Q2.2）	DQb.2（Q3.2）	工业机器人输入端口3
5	DIa.1(I2.1)	后传送带物料到位传感器	DIb.1（I3.1）	工业机器人输出端口2	DQa.3（Q2.3）	DQb.3（Q3.3）	工业机器人输入端口4
6	DIa.2(I2.2)	前传送带物料到位传感器	DIb.2（I3.2）	工业机器人输出端口3			
7	DIa.3(I2.3)	光幕传感器	DIb.3（I3.3）	工业机器人输出端口4	2L	4L	
8	DIa.4(I2.4)	松下光纤传感器	DIb.4（I3.4）	工业机器人输出端口5	DQa.4（Q2.4）	DQb.4（Q3.4）	工业机器人输入端口5
9	DIa.5(I2.5)		DIb.5（I3.5）	工业机器人输出端口6	DQa.5（Q2.5）	DQb.5（Q3.5）	工业机器人输入端口6
10	DIa.6(I2.6)		DIb.6（I3.6）	工业机器人输出端口7	DQa.6（Q2.6）	DQb.6（Q3.6）	工业机器人输入端口7
11	DIa.7(I2.7)		DIb.7（I3.7）	工业机器人输出端口8	DQa.7（Q2.7）	DQb.7（Q3.7）	工业机器人输入端口8

3. 西门子 S7-1200 PLC 电源模块硬件连接

PM1207 是西门子 S7-1200 PLC 的电源模块，可作为不能通过内部 CPU 变送器电源供电的组件网络的输入和输出外部电源。PM1207 电源模块输入 AC 120/230V，输出 DC 24V /2.5A，其 L1 和 N 端连接单相交流电源，PE 端连接地线。L+ 和 M 端分别为输出直流电源的正极和负极。PM1207 模块硬件连接如图 2-1 所示。

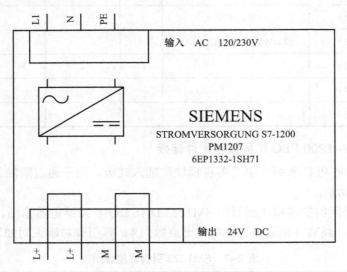

图 2-1　PM1207 模块硬件连接

2.1.3　伺服驱动器硬件连接

西门子 V90 伺服驱动器分为脉冲序列（PTI）和 PROFINET（PN）两个版本。本实训平台中应用的为 PROFINET（PN）版本，带有 PROFINET 接口的西门子 V90 伺服驱动器（也可称为 SINAMICS V90 PN）分为 400V 系列和 200V 系列两个系列。

200V 系列有 FSA、FSB、FSC 和 FSD 四种外形尺寸可供选择。其中，FSA、FSB 和 FSC 既可在单相电网中使用，也可在三相电网中使用，FSD 仅可在三相电网中使用。400V 系列有 FSAA、FSA、FSB 和 FSC 四种外形尺寸可供选择，该系列产品的所有型号仅可在三相电网中使用。

本实训平台中采用的伺服驱动器为 SINAMICS V90 PN 200V 系列驱动器，外形尺寸为 FSA，接口主要由主电源接口、电动机动力线接口、控制 / 状态接口 X8、24V 电源 /STO 接口、编码器接口 X9、外部制动电阻接口、PROFINET 接口组成。

1.　主电源接口连接

主电源接口主要由 L1、L2、L3 组成，对于 200V 系列驱动器，当在单相电网中使用 FSA、FSB 和 FSC 时，可将电源连接至 L1、L2 和 L3 中的任意两个连接器上。本实训平台中该接口的 L1 和 L3 与单相电源 L 和 N 相连接。

2.　电动机动力线接口连接

V90 伺服驱动器的电动机（U、V、W）接口与伺服电动机的动力电缆（橙色）相连接。连接形式如图 2-2 所示。

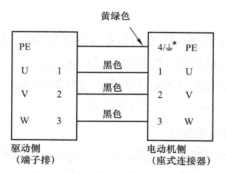

图 2-2　V90 伺服驱动器电源接口连接形式

3. DC 24V 电源 /STO 接口连接

当伺服驱动器用作悬挂轴时，若 24V 电源的正负极接反，轴将会掉落，可能会导致人身伤害和设备损坏。当使用 STO（Safe Torque Off 安全扭矩关断）功能时不允许使用悬挂轴，悬挂轴可能会掉落。24V 电源 /STO 接口的引脚分配及说明如表 2-8 所示。

表 2-8　24V 电源 /STO 接口的引脚分配及说明

接口	信号名称	说明
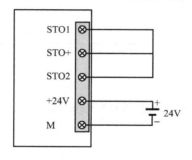	STO1	安全扭矩停止通道 1
	STO+	安全扭矩停止的特定电源
	STO2	安全扭矩停止通道 2
	+24V	电源，DC 24V
	M	电源，DC 0V
	最大导线截面积：1.5mm^2	

STO1、STO+ 和 STO2 在出厂时是默认短接的。当需要使用 STO 功能时，连接 STO 接口前必须拔下接口上的短接片。若不再使用该功能，必须重新插入短接片，否则电动机无法运行。本实训平台中的 DC 24V 电源 /STO 接口连接图如图 2-3 所示。

图 2-3　DC 24V 电源 /STO 接口连接图

4. X9 编码器接口连接

SINAMICS V90 PN 200V 系列伺服驱动器支持三种编码器：增量式编码器 TTL2500 ppr，绝对值编码器单圈 21 位，绝对值编码器多圈 20 位 +12 位。

本实训平台中采用的编码器为增量式编码器 TTL2500 ppr，分辨率为 2500 脉冲 /r，伺服电动机端的编码器电缆（绿色）与该接口相连接。

5. DCP、R1 外部制动电阻连接

SINAMICS V90 PN 配有内部制动电阻，以吸收电动机的再生能量。当内部制动电阻不能满足制动要求（即产生 A52901 报警）时，可连接外部制动电阻。在 200V 系列伺服驱动器中，额定功率 0.1kW 的型号无内置制动电阻。连接外部制动电阻到 DCP 和 R1 端子前，必须先断开 DCP 和 R2 端子之间的连接，否则驱动器可能会损坏。本实训平台中没有连接外部制动电阻。

6. X150 以太网接口连接

SINAMICS 系列中的 PROFINET 设备带有 PROFINET 接口（以太网控制器接口），每个接口带一个或多个端口（可进行物理连接）。网络中的每个 PROFINET 设备均通过其 PROFINET 接口进行唯一标识。本实训平台中伺服驱动器的 PROFINET 接口与交换机相连接，以实现和其他 PROFINET 设备进行网络连接。

实训项目一 ▶ 实训平台核心元器件硬件连接

实训要求：根据现场要求，完成 PLC 本体、扩展模块、工业机器人控制柜、伺服驱动器、伺服电动机的电气连接。

PLC 本体、扩展模块的硬件连接步骤如表 2-9 所示。

表 2-9 PLC 本体、扩展模块的硬件连接步骤

步骤	说明	实施内容	图示
1	器件准备	PLC 及其相关外围设备	
2	工具清单	0.75mm^2 圆形针型端子、剥线钳、压线钳、旋具	

（续）

步骤	说明	实施内容	图示
3	PLC 连接	将相关导线使用剥线钳剥离绝缘层，再使用压线钳将针型端子压实	
		DIA0 → CTATC-J25-1111（后）IN0（SQ1）	
		DIA1 → CTATC-J25-1111（后）IN1（SQ2）	
		DIA2 → CTATC-J25-1111（后）IN2（SQ3）	
		DIA3 → CTATC-J25-1111（后）IN3（SQ4）	
		DIA4 → CTATC-J25-1111（后）IN4（SQ5）	
		DIA5 → CTATC-J25-1111（后）IN5（SQ6）	
		DIA6 → CTATC-J25-1111（后）IN6（SQ7）	
		DIA7 → CTATC-J25-1111（后）IN7（SQ8）	
		DIB0 → 启动按钮（SB1）	
		DIB1 → 停止按钮（SB2）	
		DIB2 → 模式切换按钮（右侧为1）（SA）	
		DQA0 → CTATC-J25-1111（后）OUT0（M1-F）→ CTATC-M-24V（后）（F+）	
		DQA1 → CTATC-J25-1111（后）OUT1（M1-R）→ CTATC-M-24V（后）（R+）	
		DQA2 → CTATC-J25-1111（左）OUT2（M2-F）→ CTATC-M-24V（前）（F+）	
		DQA3 → CTATC-J25-1111（后）OUT3（M2-R）→ CTATC-M-24V（前）（R+）	
		DQA4 → CTATC-J25-1111（后）OUT4（YV1）	
		DQA5 → CTATC-J25-1111（后）OUT5（YV2）	
		DQA6 → 三色灯红灯（HL1）	
		DQA7 → 三色灯绿灯（HL2）	
		DQB0 → 三色灯黄灯（HL3）	
		DQB1 → 蜂鸣器（HA）	

（续）

步骤	说明	实施内容	图示
		DIA0 → CTATC-J25-1111（前）IN0（SQ9）	
		DIA1 → CTATC-J25-1111（前）IN1（SQ10）	
		DIA2 → CTATC-J25-1111（前）IN2（SQ11）	
		DIA3 → CTATC-J25-1111（前）IN3（SQ12）	
		DIA4 → CTATC-J25-1111（前）IN4（SQ13）	
		DIB0 → X12（R_OUT1）	
		DIB1 → X12（R_OUT2）	
		DIB2 → X12（R_OUT3）	
		DIB3 → X12（R_OUT4）	
		DIB4 → X12（R_OUT5）	
4	扩展模块连接	DIB5 → X12（R_OUT6）	
		DIB6 → X12（R_OUT7）	
		DIB7 → X12（R_OUT8）	
		DQB0 → X12（R_IN1）	
		DQB1 → X12（R_IN2）	
		DQB2 → X12（R_IN3）	
		DQB3 → X12（R_IN4）	
		DQB4 → X12（R_IN5）	
		DQB5 → X12（R_IN6）	
		DQB6 → X12（R_IN7）	
		DQB7 → X12（R_IN8）	

工业机器人控制柜硬件连接步骤如表 2-10 所示。

表 2-10 工业机器人控制柜硬件连接步骤

步骤	说明	实施内容	图示
1	器件准备	工业机器人控制柜及其相关外围设备	
2	工具清单	一字旋具	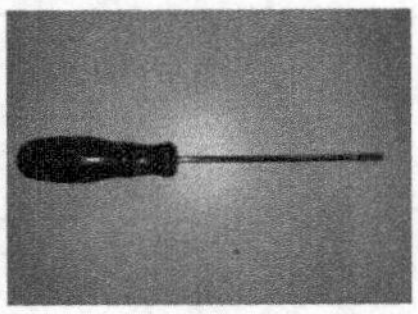

（续）

步骤	说明	实施内容	图示
3	连接	工业机器人控制柜连接如下所示 1）X11 接口→ 50 针 D-Sub 插头→急停按钮 / 中间继电器常开触点 2）X19 接口→ Smart PAD 3）X21 接口→工业机器人的 X31 接口 4）X12 接口连接如下：X12 的 1 ～ 8 接口分别与 Q3.0 ～ Q3.7 接口相连接；X12 的 17 ～ 24 接口分别与 I3.0 ～ I3.7 接口相连接 5）X55 接口→ 0V 6）X66 接口→ SCALANCE 交换机 PROFINET 接口 7）X20 接口→工业机器人 X30 接口	

注意：表中操作均需要在断电状态下进行。

伺服驱动器硬件连接步骤如表 2-11 所示。

表 2-11　伺服驱动器硬件连接步骤

步骤	说明	实施内容	图示
1	器件准备	伺服驱动器、伺服电动机	
2	工具清单	0.75mm² 圆形针型端子、剥线钳、压线钳、M5 十字旋具	
3	伺服驱动器安装	1）使用两个 M5 螺钉和旋具将伺服驱动器的上下两端竖直固定在电柜壁上。推荐的拧紧扭矩为 2.0N·m 2）确保两个伺服驱动器之间的间距大于 10mm，上下距离大于 100mm	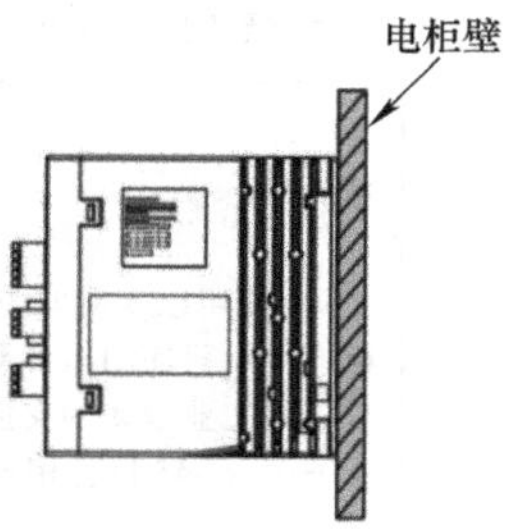 电柜壁
4	伺服电动机安装	使用 4 个 M8 型螺钉将电动机安装在钢制法兰上	

（续）

步骤	说明	实施内容	图示
5	连接	1）使用剥线钳将需要连接导线的绝缘层剥除，将圆形针型端子插入去除绝缘层的导线上，使用压线钳将导线压实	
		2）使用短接片将 STO1、STO+、STO2 进行短接 3）将 DC 24V 的 1L12+ 和 1M12 导线分别与驱动器的 +24V 和 M 端子相连接	伺服驱动器
		4）使用 2 个 M4 螺钉安装屏蔽板	
		5）连接主电源电缆、电动机动力电缆，并在需要的位置剥开电缆 将设备上的单相交流电的 L16 和 N16 导线分别与伺服驱动器主电源的 L1 和 L3 相连接；将电动机动力电缆（橙色）的 U、V、W 导线分别与驱动器的 U、V、W 端口相连接	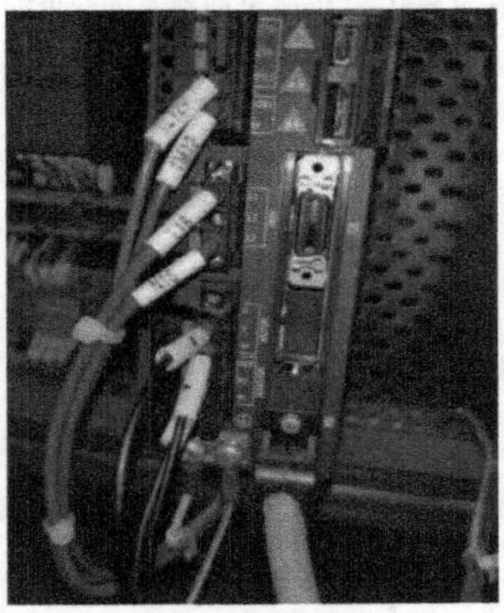
		6）将卡箍套在电缆屏蔽层和屏蔽板上；拧紧螺钉使电缆屏蔽层固定在屏蔽板上，同时固定接地片	
		7）伺服驱动器的 RESISTOR 端口的 DCP、R2、R1 不进行连接	
		8）编码器连接。将电动机编码器电缆（绿色）插头插接到伺服驱动器的 X9 端口	
		9）使用以太网电缆将两个伺服驱动器 X150 端口相连接，再使用以太网电缆将其中一个驱动器 X150 端口与工业以太网交换机 SCALANCE XB005 的其中一个 RJ-45 插孔相连接	 

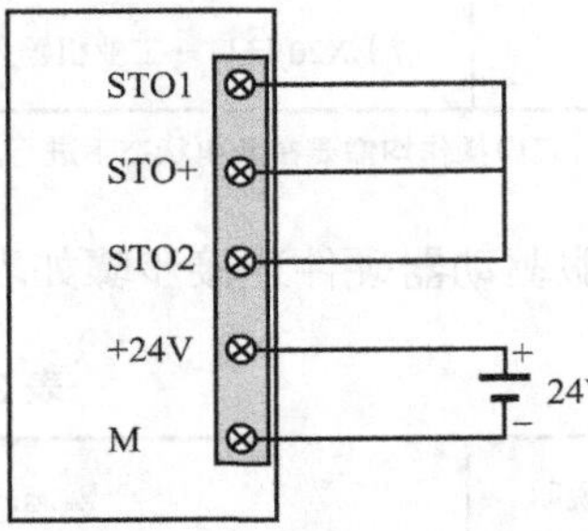

注意：表中操作均需要在断电状态下进行。

2.2 实训平台外围器件硬件连接

知 识目标

能够理解实训平台外围器件（电源、传感器和执行机构等）的工作原理。

技 能目标

根据给定的实训平台电气原理图，进行外围器件的硬件连接。

相 关知识

2.2.1 传感器硬件连接

1. 光电传感器

本实训平台主要用到了漫反射式和对射式（遮挡式）光电开关。

（1）漫反射式 漫反射式光电开关是一种集发射器和接收器于一体的传感器，当有被检测物体经过时，凹凸不平的物体表面，相当于无数角度不同的小平面镜，物体将光电开关发射器发射的足够量的光线反射到接收器，因此光电开关就产生了开关信号。漫反射式光电开关如图 2-4 所示。

图 2-4 漫反射式光电开关

本实训平台中用于检测传送带上面物料是否到达指定位置的传感器采用的是由德国西克公司研发的漫反射式光电开关（SICK GTB6 P1211 1052440）。该传感器有 3 根连接导线，当识别到对象时，输出端（Q）输出高电平，连接方式如表 2-12 所示。

表 2-12 漫反射式光电开关连接方式

图式		说明
BN +(L+) BU −(M) BK Q	BN（棕色导线）	L+（DC 24V 正极）
	BU（蓝色导线）	M（DC 24V 负极）
	BK（黑色导线）	Q（输出）

本实训平台中共用到了两个该型号传感器，其输出端分别连接 PLC 的输入端口。其 I/O 分配表如表 2-13 所示。

表 2-13 I/O 分配表

符号	输入地址	说明
SQ10	I2.1	后传送带物料到位
SQ11	I2.2	前传送带物料到位

（2）对射式 对射式光电开关包含结构上互相分离且光轴相对放置的发射器和接收器。发射器发出的光线直接进入接收器；当被检测物体经过发射器和接收器之间且阻断光线时，光电开关就产生开关量信号变化。当检测物体不透明、距离较远时，多采用对射式光电开关。对射式光电开关如图 2-5 所示。

图 2-5 对射式光电开关

本实训平台中用于检测料井中是否有物料。传感器采用的是由德国西克公司研发的对射式光电开关（发射器 GS6-D1311 2058063，接收器 GE6-P1211 2066449）。该传感器的发射器和接收器都具有 3 根连接导线，当识别到对象时，接收器的输出端（Q）输出高电平，发射器和接收器的连接方式如表 2-14 所示。

表 2-14 发射器和接收器的连接方式

发射器连接			接收器连接		
图示	说明		图示	说明	
BN —— +(L+) BU —— −(M) BK —— not connected	BN（棕色导线）	L+（DC 24V 正极）	BN —— +(L+) BU —— −(M) BK —— Q	BN（棕色导线）	L+（DC 24V 正极）
	BU（蓝色导线）	M（DC 24V 负极）		BU（蓝色导线）	M（DC 24V 负极）
	BK（黑色导线）	不接		BK（黑色导线）	Q（输出）

该设备共用到两个该型号的传感器，主要用来检测料井是否有物料，其输出端连接到 PLC 的输入端口，其 I/O 分配表如表 2-15 所示。

表 2-15 对射式光电开关 I/O 分配表

符号	输入地址	说明
SQ8	I0.7	后传送带料井中有料传感器
SQ9	I2.0	前传送带料井中有料传感器

2. 光纤式光电传感器

光纤式光电传感器（简称光纤传感器）的基本工作原理是将来自光源的光通过光纤送入调制器，当被测量与光相互作用时，光的光学性质（如光的强度、波长、频率、相位、偏振态等）发生变化，称为被调制的信号光，再利用被测量对光的传输特性施加的影响，完成测量。

本实训平台中采用的光纤传感器为松下公司研发的反射型光纤传感器（FD-65），该光纤传感器与光纤传感放大器（FX-551P-C2）组合使用，实现物料精准定位。光纤传感器和光纤传感放大器如图 2-6 和图 2-7 所示。

图 2-6　光纤传感器

图 2-7　光纤传感放大器

本实训平台中采用的光纤传感放大器（FX-551P-C2）为 PNP 输出型，共有 3 根连接导线，褐色导线与直流电源正极相连，蓝色导线与电源负极相连，黑色导线为信号输出线，与 PLC 的 I2.4 输入端口相连，其输出电路如图 2-8 所示。

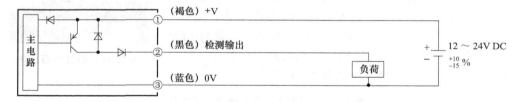

图 2-8　光纤传感放大器输出电路

光纤传感放大器教导模式设置方法：在 RUN 模式下方可进行教导，根据检测物体的状态分为 2 点教导法（基本教导法）、限定教导法、全自动教导法，本实训平台采用了 2 点教导法，其教导模式的设置方法如表 2-16 所示。

表 2-16　光纤传感放大器 2 点教导法设置方法

图示	说明
▼ 40 0	1）在有检测物体的状态下按下 SET 按钮
▼ tch 1000	2）在没有检测物体的状态下按下 SET 按钮
2tch good	3）稳定检测时，数字显示部分会显示 good 字样
2tch HArd	4）不能稳定检测时，则数字显示部分会显示 HArd 字样

为了防止每个设定模式在已经设定状态下的错误改变，光纤传感放大器具有按钮锁定功能，按下 SET 按钮和模式按钮持续 3s 以上，数字显示部分会显示 *Loc   on* 字样，表示已经锁定；解锁方法是按下 SET 按钮和模式按钮持续 3s 以上，数字显示部分会显示 *Loc   oFF* 字样。

光纤传感放大器具有检测输出动作模式的功能，即入光时 ON 还是不入光时 ON 的功能选择，在模式指示灯 L/D（黄色）亮起时可对其功能进行设定。入光为 ON 时将显示 "L-on"，不入光为 ON 时将显示 "d-on"，具体实施内容如图 2-9 所示。

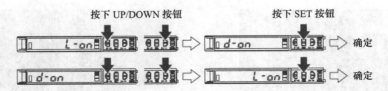

图 2-9　检测输出动作模式设置

3. 磁性感应开关

磁性感应开关简称磁性开关，是利用磁场信号来控制的一种开关元件，无磁时断开，有磁时导通，可用来检测气缸活塞的运动行程，如图 2-10 所示。

本实训平台中用于检测气缸活塞位置的传感器采用的是 SMC 公司研发的有触点型磁性开关（D-C73），该型号的磁性开关可在 DC 24V、5 ～ 40mA 或者 AC 100V、5 ～ 20mA 的电源环境下工作。负载可连接继电器或者 PLC。具有 LED 指示灯，当磁性开关状态为 ON 时，红色发光二极管亮。

图 2-10　磁性感应开关

磁性感应开关位置安装方法如表 2-17 所示。

表 2-17　磁性感应开关位置安装方法

步骤	实施内容	图示
1	将气缸伸出到端点位置（欲检测的位置）	
2	将磁性开关紧贴气缸壁向前滑行，直到磁性开关有输出信号（即指示灯亮）时停止，记下位置 1	
3	继续滑行磁性开关，直到检测信号消失（即指示灯熄灭）停止	
4	向相反方向滑行直到磁性开关检测到信号（即指示灯亮）停止，记下位置 2	
5	选择位置 1 和位置 2 的中间位置为磁性开关的安装位置	

4. 电容式接近开关

电容式接近开关是一种电容传感器，由内部极板和外部极板组成，外部极板通常是接近开关的外壳。当有物体接近时，不论物体是否为导体，都会使电容的介电常数发生变化，从而使电容量发生变化，使得和测量头相连的电路状态随之发生变化，从而控制开关的接通或断开。

本实训平台中应用的电容式接近开关是由 Autonics 公司研发的 CR18-8DP 型接近开关，如图 2-11 所示。

图 2-11　电容式接近开关

该接近开关为三线制连接形式，棕色导线与直流电源正极相连接，蓝色导线与直流电源负极相连接，黑色导线与负载相连接。该型号接近开关为 PNP 常开型输出，当接近开关检测到物体时，与负载相连的黑色导线输出高电平驱动负载，动作指示灯（红色 LED）亮。该接近开关在本实训平台中连接的负载是 S7-1200 PLC 的输入端口（I0.3）。具体输出电路连接方式和工作原理时序图如图 2-12 所示。

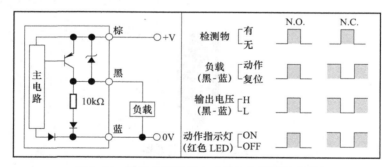

图 2-12　输出电路连接方式及工作原理时序图

5. 电感式接近传感器

电感式接近传感器，也称为电涡流接近传感器或电感传感器，主要由振荡器、开关电路及放大输出电路三大部分组成。振荡器产生一个交变磁场。当金属目标接近这一磁场，并达到感应距离时，在金属目标内产生涡流，从而导致振荡衰减，以至停振。振荡器振荡及停振的变化被后级放大电路处理并转换成开关信号，触发驱动控制器件，从而达到非接触式检测的目的。

本实训平台中用于检测物料材质的传感器采用的是西克公司研制的电感式接近传感器（IME18-08NPSZW2S），如图 2-13 所示。该传感器为三线制连接形式，棕色（BN）导线与直流 24V 电源正极相连接，蓝色（BU）导线与直流 24V 电源负极相连接，黑色（BK）

导线与 PLC 输入端口（I0.2）相连接。

本实训平台中用于检测水平轴和竖轴原点的传感器采用的是电感式接近传感器（BLJ12A4-4-Z/BZ），如图 2-14 所示。该传感器为三线制连接形式，棕色（BN）导线与直流 24V 电源正极相连接，蓝色（BU）导线与直流 24V 电源负极相连接，检测竖轴原点传感器的黑色（BK）导线是否与 PLC 输入端口（I0.0）相连接，检测水平轴原点传感器的黑色（BK）导线是否与 PLC 输入端口（I0.1）相连接。

图 2-13　用于检测物料材质的电感式接近传感器　图 2-14　用于检测水平轴和竖轴原点的电感式接近传感器

6. 色标传感器

本实训平台中用于区分物料颜色的传感器采用德国西克公司研发的色标传感器（KTM-MB31111P），KTM 色标传感器提供 Core 和 Prime 两种产品系列。本实训平台中应用的是 Core 系列 KTM 色标传感器，如图 2-15 所示。该传感器最突出的特点是能够通过集成的电位计（旋钮设计）和通用的白色 LED 灯即可进行简单的手动调节，在标准应用下拥有极高的性价比。

图 2-15　色标传感器

在色标传感器外壳上有两个指示灯，其中黄色 LED 状态指示灯的作用是指示光束接收状态，绿色 LED 状态指示灯的作用是指示上电状态，电位计用于对开关阈值进行调校。色标传感器通过 M8 的 4 针插头电缆与外围设备相连接，详细连接见表 2-18 所示。

表 2-18　色标传感器连接

	棕色导线	L+（+24V）
	蓝色导线	M（0V）
	黑色导线	QP（PNP 型输出）
	白色导线	QN（NPN 型输出）

色标传感器可通过设定开关阈值来判断颜色。开关阈值设置方法如图 2-16 所示。首先

调整工作模式转换开关 H/D 至"D"（暗通）模式，将浅色背景移入光斑中，调整电位计从"+"（右侧极限位置）向"−"方向旋转，直到黄色 LED 状态指示灯熄灭。标记此处的电位计位置为 1。然后，将深色色标移到光斑中（LED 再次亮起），继续调整电位计向"−"方向旋转，直到黄色 LED 状态指示灯重新熄灭。标记此处的电位计位置为 2。最后在位置 1 和 2 之间旋转，以便对开关阈值进行最佳设置。

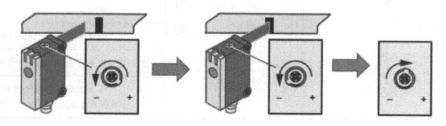

图 2-16　开关阈值设置方法

开关阈值设置完成后，在暗通模式下，当色标传感器检测到暗色色标时，输出端 Q 输出一个高电平。在亮通模式下，当色标传感器检测到亮色色标时，输出端 Q 输出一个高电平。

7. 光幕传感器

光幕传感器的工作原理是投光器的光轴发出红外光，受光器用于接收红外光。当投光器所有光轴入光（即中间没有障碍物）时，受光器的输出端输出为 ON 状态，当一个或者多个光轴遮光时，受光器的输出端输出为 OFF 状态。本实训平台中的光幕传感器如图 2-17 所示。当操作者的手或身体其他部位进入危险区域时，使工业机器人或其他运行装置自动停止，以保证人身和设备安全。

图 2-17　光幕传感器

本实训平台中采用的光幕传感器型号为 NA2-N20P-PN，电源采用直流 24V 电压供电，PNP 输出型，检测距离为 5m，投光器的同步线（橙色/紫色）与受光器的同步线（橙色/紫色）相连接，投光器的输入线（粉红色）开路悬空，受光器的输出信号线（黑色）与 PLC 的输入端口（I2.3）相连。

本实训平台中光幕传感器的工作模式可由位于投光器下方的工作模式转换开关进行设置，工作模式转换开关由四个拨码开关组成，拨码开关的功能各异，详细功能如表 2-19 所示。

表 2-19　光幕传感器工作模式转换开关

序号	名称
1	投光频率转换（OFF 侧频率 A，ON 侧频率 B）
2	作业指示灯模式转换开关
3	作业指示灯模式转换开关
4	作业指示灯 / 投光停止转换（OFF 侧投光功能打开，ON 侧投光功能关闭）

作业指示灯（红色）的模式由 2 和 3 处拨码开关的组合状态进行控制。详细作业指示灯模式选择如表 2-20 所示。

表 2-20　作业指示灯模式选择

作业指示灯（红色）操作		
转换开关组合状态	PNP 输出型 作业指示灯输入：低	
	熄灭	
	亮	
	闪烁	
	闪烁	

本实训平台中的工作模式转换开关全部在 OFF 侧，即投光频率为频率 A，作业指示灯（红色）处于熄灭状态，投光功能处于打开状态，投光器上的投光显示灯（绿色）长亮。

2.2.2　中间继电器硬件连接

本实训平台中有两处用到了中间继电器，第一处用于控制直流减速电动机的正反转，实现传送带正反向运行控制。此处使用到的中间继电器为日本和泉公司研发的 RJ1S-C-D24，采用 DC 24V 供电，一个公共端，一个常开触点，一个常闭触点，触点吸合时间为 15ms 以下，触点释放时间为 10ms 以下，如图 2-18 所示。

另一处应用到中间继电器的位置为安全回路部分，该处用到的中间继电器型号为 RJ2S-CLD D24，如图 2-19 所示。当光幕传感器的受光器正常接收投光器发出的光时，光幕传感器输出为 ON 状态，继电器线圈得电，常开触点闭合，工业机器人控制柜的 X11-4 和 X11-13 接口能够接收到 X11-3 和 X11-12 接口发出的脉冲电压，此时工业机器人正常运行；当光幕传感器的受光器不能接收到投光器发出的光时，光幕传感器输出为 OFF 状态，继电器线圈失电，常开触点断开，工业机器人控制柜的 X11-4 和 X11-13 接口不能够接收到 X11-3 和 X11-12 接口发出的脉冲电压，此时工业机器人停止工作，起到安全保护的作用。

图 2-18　控制传送带正反转的中间继电器

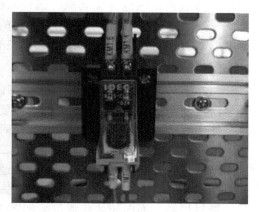

图 2-19　起安全作用的中间继电器

2.2.3　直流电动机硬件连接

本实训平台所用的直流电动机型号为 ZYTD38S-R-009-190424，供电电源为 DC 24V，转速为 4000r/min。减速器型号为 ZGB37REE 64i，转速为 60r/min，如图 2-20 所示。采用的是二线制连接形式，将两根导线对调连接即可实现直流减速电动机的正反转控制。

本实训平台中直流电动机正反转的控制是由驱动模块（CTATC-M-24V）控制中间继电器实现的。两个驱动器的 F+ 端口分别与 PLC 的输出端口（Q0.0 和 Q0.2）相连接，驱动器的 R+ 端口分别与 PLC 的输出口（Q0.1 和 Q0.3）相连接。驱动器的 +24V 和 0V 端口分别与 DC 24V 电源的正极和负极相连接。驱动器的 OUT+ 和 OUT– 分别与直流减速电动机的红色导线、黑色导线相连接。

图 2-20　直流电动机

当 F+ 输入端为高电平时，直流电动机正转；当 R+ 输入端为高电平时，直流电动机反转，以此实现对传送带的正反向运行的控制，直流电动机驱动模块引脚说明见表 2-21。

表 2-21　直流电动机驱动模块引脚说明

输入端		输出端	
+24V	直流电源正极	OUT+	电动机驱动输出端
0V	直流电源负极	OUT−	电动机驱动输出端
F+	正转控制端	L1m+	
R+	反转控制端	L1m−	

2.2.4　气动元件硬件连接

1. 气缸

气缸是气动系统的执行元件之一，它是将压缩空气的压力能转换为机械能并驱动执行机构做往复直线运动或摆动的装置。本实训平台中用于推动物料的气缸为 SMC 公司研发的 CDJ2B16-60Z-B 双作用气缸，如图 2-21 所示。

图 2-21　气缸

2. 换向阀

气缸的伸缩状态是通过电磁换向阀的状态来控制的。换向阀是方向控制阀的一种，属于气压控制系统中的气压控制元件，主要作用是通过改变阀芯在阀体内的位置，控制气压传动系统中气路的接通或关闭，从而实现对执行元件的换向或启动、停止的控制。

按工作位置数分类，换向阀可分为二位阀、三位阀和四位阀。

按通气路数分类，换向阀可分为二通阀、三通阀、四通阀和五通阀。

换向阀的"位"是指阀芯相对于阀体的工作位置数。换向阀的"通"是指阀体对外连接的主要气口数。换向阀的职能符号如图 2-22 所示（以三位四通换向阀的职能符号为例），其中"位"用方格表示，几"位"即几个方格，"通"用↑、↓、↖、↗、↘、↙等符号表示，"不通"用┬、┴表示。箭头首尾和堵截符号与一个方格有几个交点即为几通。换向阀的口用 P、A、B、T（O）几个字母表示，均有固定方位，P 是进气口，T（O）是回气口，A、B 是与执行元件连接的工作气口。

本实训平台采用的电磁换向阀是由 SMC 公司研发的 SY3000 系列电磁阀，型号为 SY3120-5G-C4，为二位五通阀，额定电压为直流 24V，接管口径为 ϕ4mm，如图 2-23 所示。当气缸伸出时，物料从料井中被推出；当气缸收缩时，下一个物料就位，为下一次动作做准备，前后两个电磁换向阀分别由 PLC 的 Q0.5 和 Q0.4 输出来控制。

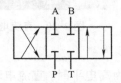

图 2-22　换向阀的职能符号

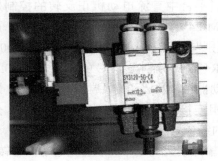

图 2-23　电磁换向阀

3. 空气压缩机

本实训平台中的气源来自空气压缩机，简称空压机，如图 2-24 所示，可将原动机输出的机械能转化为气体的压力能。

4. 过滤器

来自空气压缩机的高压气体经过空气过滤器，可滤除压缩空气中的水分、油滴及杂质，以达到气动系统所要求的净化程度。这个过滤器属于二次过滤器，大多与减压阀、油雾器一起构成气动三联件，安装在气动系统的入口。压缩空气

图 2-24　空气压缩机

从输入口进入后，被引入旋风叶子，旋风叶子上有许多形成一定角度的缺口，迫使空气沿切线方向产生强烈旋转，这样夹杂在空气中的较大水滴、油滴和灰尘等便依靠自身的惯性与存水杯的内壁碰撞，并从空气中分离出来沉到杯底，而微粒灰尘和雾状水汽则由滤芯滤除。为防止气体旋转将存水杯中的污水卷起，滤芯的下部设有挡水板。此外，存水杯中的污水应通过手动排水阀及时排放。过滤器的结构如图 2-25 所示。

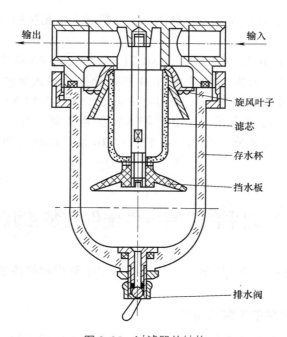

图 2-25　过滤器的结构

2.2.5　供电及安全电路硬件连接

1. 供电电路硬件连接

单相交流电经过断路器分别给 PM1207 电源模块、SM1223 模块、SITOP PSU100S 模块、SCALANCE 模块、工业机器人控制柜、西门子 V90 伺服驱动器供电。其他设备的 24V 电源全部由 SITOP PSU100S 模块的输出供电。

2. 安全保护电路硬件连接

工业机器人控制柜的 X11 接口为安全接口，X11-3 接口（测试信号 A）和 X11-12（测试信号 B）接口与中间继电器常开触点的一端相连，并持续发出脉动电压信号；X11-4 和 X11-13 接口分别与常开触点的另一端相连。

当光幕传感器的受光器正常接收投光器发出来的光时，输出为 ON 状态，输出信号同时输送给 PLC 的 I2.3 端口和中间继电器线圈的正极端口（即 8 处端口），中间继电器线圈的负极端口（即 1 处端口）与电源负极相连，此时工业机器人控制柜的 X11-3 接口（测试信号 A）和 X11-12（测试信号 B）接口发出的脉冲电压通过中间继电器的常开触点分别传输到 X11-4 和 X11-13 接口，工业机器人正常运行。

在自动运行模式下，当光幕传感器的受光器接收不到投光器发出的光信号时，受光器没有输出信号，中间继电器的线圈不得电，常开触点不动作，此时工业机器人控制柜上的 X11-3 接口（测试信号 A）和 X11-12（测试信号 B）接口发出的脉冲电压信号不能通过中间继电器的常开触点传输到 X11-4 和 X11-13 接口，工业机器人的驱动装置断开，停止工作，起到安全保护的作用。

HMI 右侧急停按钮的两组常闭触点分别和工业机器人控制柜的安全接口 X11 相连接，连接方式如下：

EMG11 → X11-1；EMG12 → X11-2；EMG21 → X11-10；EMG22 → X11-11。

X11-1 和 X11-10 端口分别向信道 A 和 B 的每个接口输入端供应脉冲电压，当正常状态下（即急停按钮没有按下时），常闭触点闭合，X11-2 和 X11-11 分别接收到来自 X11-1 和 X11-10 端口的脉冲电压，工业机器人控制柜正常工作。当急停按钮按下时，X11-2 和 X11-11 均不能接收到来自 X11-1 和 X11-10 端口的脉冲电压，工业机器人控制柜紧急停止。

实训项目二 ▶ 实训平台外围器件硬件安装和调试

实训要求：将实训平台的外围器件，包括平台中所有用到的传感器和直流电动机按规范进行安装与调试。

1. 漫反射式光电开关的安装和调试

本实训平台应用了两个漫反射式光电开关，位于传送带的末端，用于检测物料是否传送到位，其安装和调试方法相同，具体步骤如表 2-22 所示。

表 2-22　漫反射式光电开关安装和调试

步骤	说明	实施内容	图示
1	器件准备	准备好漫反射式光电开关 SICK GTB6 P1211 1052440 ）	

（续）

步骤	说明	实施内容	图示
2	工具准备	剥线钳、十字旋具、φ2mm 针型端子、压线钳	
3	安装	将固定支架固定在铝型材的适当位置，使用旋具将传感器固定在安装支架上	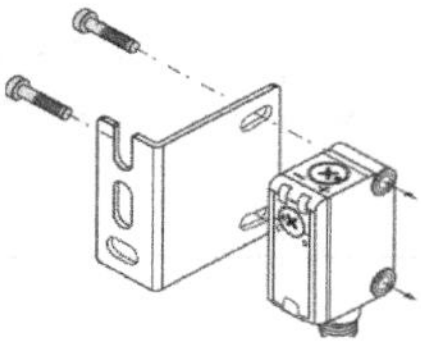
4	连接	首先使用剥线钳将导线的绝缘层剥掉，再使用压线钳将铜线压入针型端子，最后按如下的连接形式进行硬件连接 1）棕色导线→ L+（+24V） 2）蓝色导线→ M（0V） 3）黑色导线→ CTATC-J25-1111（右）IN1（SQ10）/IN2（SQ11）→ I2.1/I2.2	
5	上电检查	查看传感器上的绿色 LED 指示灯是否亮，亮说明供电正常，连接正确	
6	调试	1）使用旋具将亮通 L/暗通 D 旋钮旋转到需要的位置：亮通即检测到物料输出高电平，暗通即没有检测到物料输出高电平	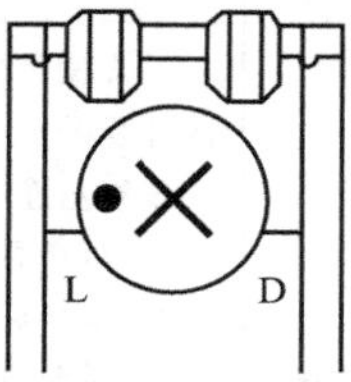
		2）将物料放置在传感器需要检测的位置	
		3）使用旋具顺时针或逆时针旋转灵敏度设置旋钮，直到传感器上的黄色光接收状态指示灯亮，此刻即表示传感器检测到物料	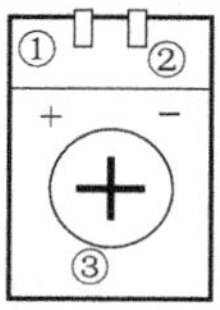 ①黄色 LED 指示灯：光接收状态 ②绿色 LED 指示灯：供电电压激活 ③灵敏度设置：电位计

2. 对射式光电传感器的安装和调试

本实训平台应用了两个对射式光电传感器，位于料井底端，用于检测料井中是否有物料。两个传感器的安装和调试方法相同，具体步骤见表 2-23。

表 2-23 对射式光电传感器安装和调试

步骤	说明	实施内容	图示
1	器件准备	准备好对射式光电传感器（发射器 GS6-D1311 2058063，接收器 GE6-P1211 2066449）	
2	工具准备	剥线钳、十字旋具、φ2mm 针型端子、压线钳	
3	安装	1）将固定支架固定在料井两端 2）使用旋具将传感器固定在固定支架上，通过水平和垂直转动，确保发射器对准接收器	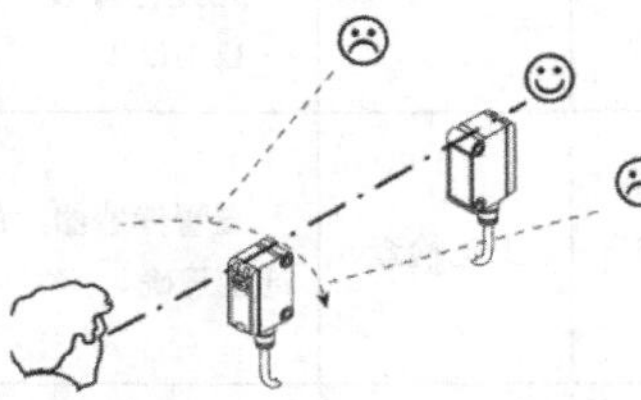
4	连接	首先使用剥线钳将导线的绝缘层剥掉，再使用压线钳将铜线压入针型端子，最后按如下的连接形式连接 发射器连接： 1）棕色导线→L+（+24V） 2）蓝色导线→M（0V） 3）黑色导线→不接 接收器连接： 1）棕色导线→L+（+24V） 2）蓝色导线→M（0V） 3）黑色导线→CTATC-J25-1111（左）IN7（SQ8）/（右）IN1（SQ9）→I0.7/I2.0	
5	上电检查	查看传感器上的绿色 LED 指示灯是否亮，亮说明供电正常，连接正确	
6	调试	1）使用旋具将亮通 L/ 暗通 D 旋钮旋转到需要的位置：亮通即检测到物料输出高电平，暗通即检测到物料输出高电平	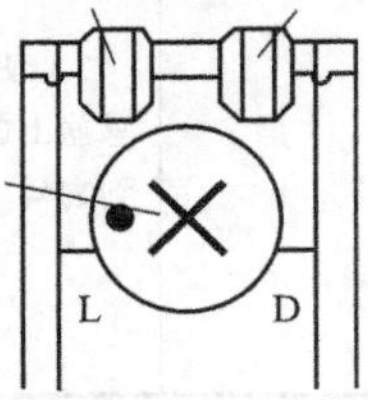

（续）

步骤	说明	实施内容	图示
6	调试	2）顺时针调节发射器的灵敏度设置按钮，直到发射器的黄色LED指示灯亮	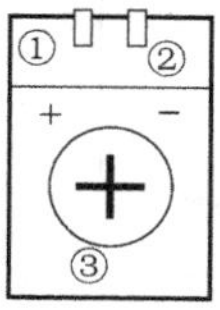 ①黄色LED指示灯：光接收状态 ②绿色LED指示灯：供电电压激活 ③灵敏度设置：电位计
		3）将物料置于料井中，观察传感器的黄色LED指示灯是否熄灭，熄灭则表示检测到物料	

3. 反射型光纤式光电传感器的安装和调试

本实训平台应用反射型光纤式光电传感器对物料进行定位。反射型光纤式光电传感器安装和调试的具体步骤如表 2-24 所示。

表 2-24　反射型光纤式光电传感器安装和调试

步骤	说明	实施内容	图示
1	器件准备	反射型光纤式光电传感器 FD-65、数字光纤传感放大器 FX-551P-C2	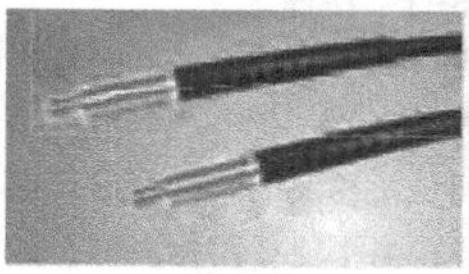 
2	工具准备	剥线钳、十字旋具、针型端子、压线钳	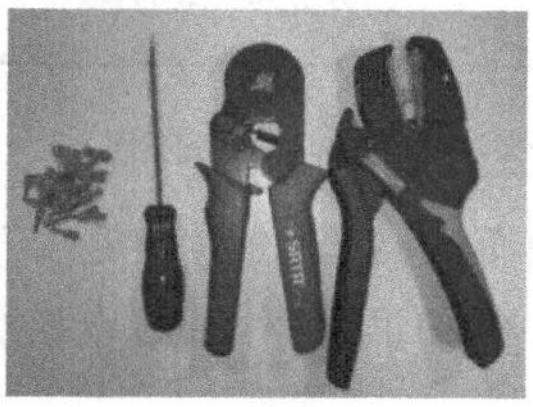
3	反射型光纤式光电传感器安装	首先将反射型光纤式光电传感器安装在固定支架上，然后将传感器放大器后部嵌入 DIN 导轨，最后将前部压入 DIN 导轨	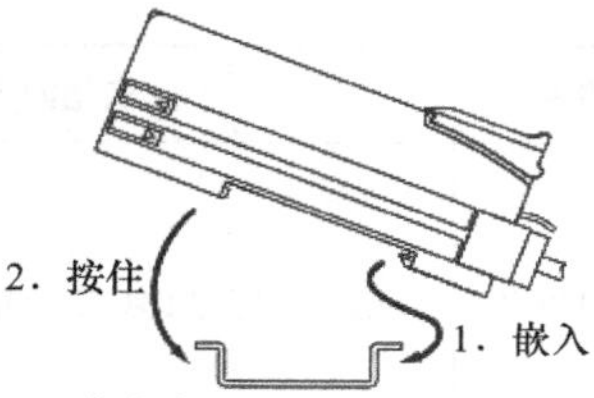 2. 按住 1. 嵌入 宽度为 35mm 的 DIN 导轨

（续）

步骤	说明	实施内容	图示
4	光纤传感器连接	1）放下光纤固定杆，直至其停止 2）将受光侧光纤插入 IN 端，投光侧光纤插入 OUT 端，直至停止 3）将光纤固定杆推回初始位置，直至停止	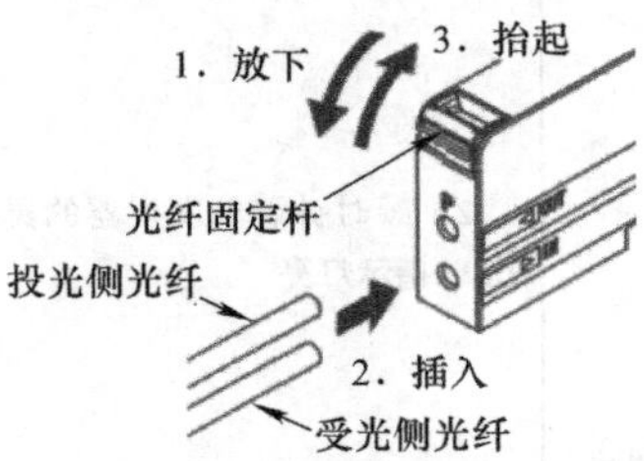
5	放大器连接	首先使用剥线钳将导线的绝缘层剥掉，然后使用压线钳将铜线压入针型端子，最后按如下的连接形式连接 1）棕色导线→ +24V 2）蓝色导线→ 0V 3）黑色导线→ CTATC-J25-1111（右）IN4（SQ13）→ I2.4	
6	调试	设置输出动作模式： 1）按"MODE"键，直到模式指示灯 L/D（黄色）亮 2）按"+"键 /"−"键，分别对应的为暗通 D-on 和亮通 L-on 3）选定模式后按"SET"键 注：本实训平台设定的为暗通模式，即没有检测到物料时，输出为高电平	
		参数设置：2 点教导法 1）将物料放于传感器上方并挡住光线时，按"SET"按键 2）当光线通过物料上的圆孔穿过时，按"SET"按键 3）当可稳定检测时，数字显示部分显示 9ood 字样；当不能稳定检测时，数字显示部分显示 HHrd 字样	

4. 磁性开关的安装和调试

本实训平台应用的磁性开关位于气缸上，主要作用是用来检测气缸活塞杆的伸出状态。磁性开关安装和调试的具体步骤如表 2-25 所示。

表 2-25　磁性开关安装和调试

步骤	说明	实施内容	图示
1	器件准备	磁性传感器 D-C73 及钢带等套件	

（续）

步骤	说明	实施内容	图示
2	工具准备	十字旋具、剥线钳、压线钳、针型端子	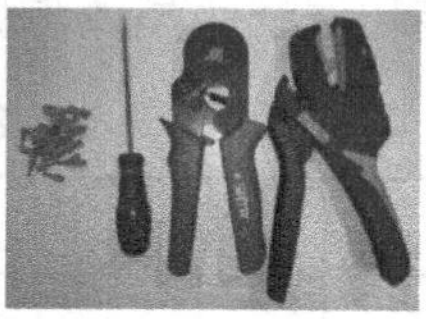
3	连接	1）使用剥线钳将磁性开关的导线外部绝缘层剥掉 2）将剥好的导线套入到针型端子内，使用压线钳将导线压实 3）按着如下的连接形式进行连接 ① 红色导线 → +24V ② 黑色导线 → CTATC-J25-1111（左）IN5（SQ6）/IN6（SQ7）→ I0.5/I0.6	
4	安装	1）将气缸的活塞推至端点位置 2）将磁性开关紧贴气缸壁向前滑行，当为 ON 时（即红色状态指示灯亮），在气缸壁记下位置 1 3）继续滑行至磁性开关为 OFF 后（即指示灯熄灭），停止向前滑行 4）反向滑行直到磁性开关再度为 ON 时，记下位置 2 5）将位置 1 和位置 2 的中间位置作为磁性开关的最佳安装位置 6）使用旋具将磁性开关拧紧固定	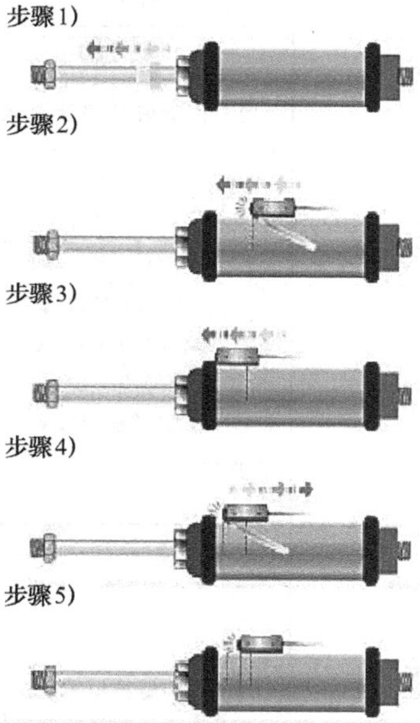 步骤1) 步骤2) 步骤3) 步骤4) 步骤5)
5	调试	将气缸的活塞杆伸出，检测磁性开关的红色状态指示灯是否亮。若亮，则传感器连接和位置安装正确；若不亮，可能是安装位置不对或者连接错误	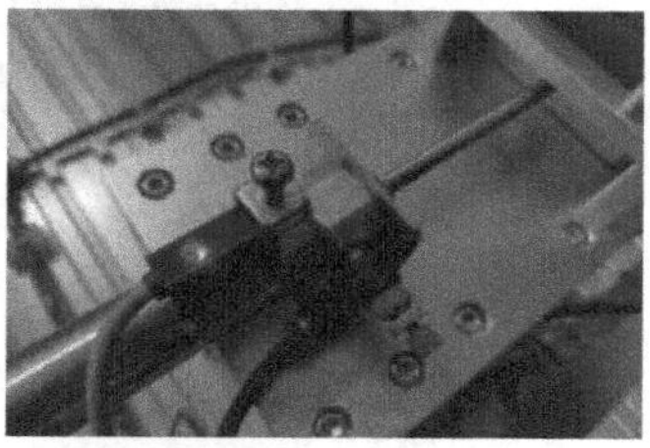

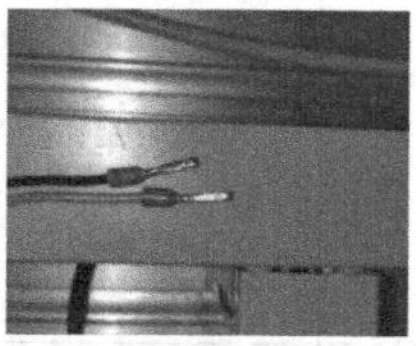

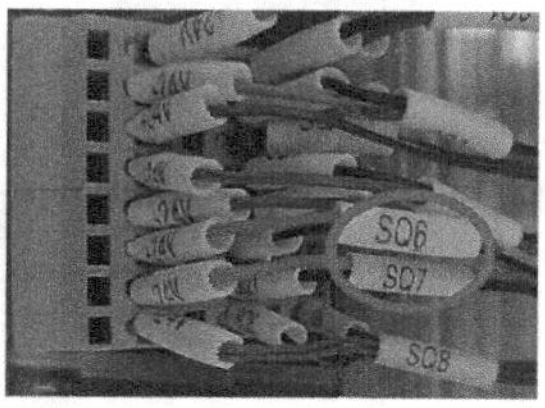

5. 原点检测电感传感器的安装和调试

本实训平台所用的电感传感器用来检测水平轴和竖轴是否处于原点位置。原点检测电感传感器安装和调试的具体步骤见表 2-26。

表 2-26　原点检测电感传感器安装和调试

步骤	说明	实施内容	图示
1	器件准备	准备电感传感器 BLJ12A4-4-Z/BZ 及安装套件	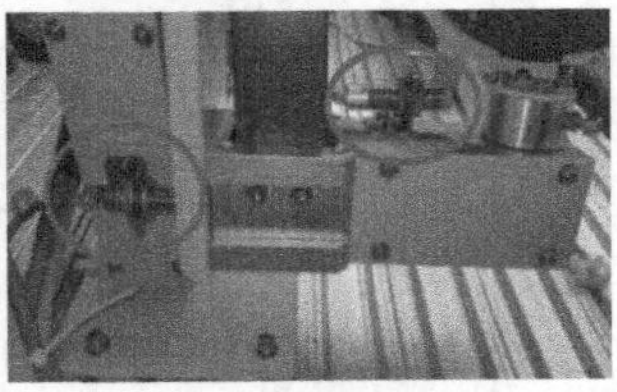
2	工具准备	十字旋具、剥线钳、压线钳、针型端子	
3	连接	1）使用剥线钳将传感器的导线外部绝缘层剥掉 2）将剥好的导线套入到针型端子内，使用压线钳将导线压实	
		3）按着如下的连接形式进行连接 ① 棕色导线→ +24V； ② 蓝色导线→ 0V； ③ 黑色导线→ CTATC-J25-1111（左）IN0（SQ1）/IN1（SQ2）→ I0.0/I0.1。	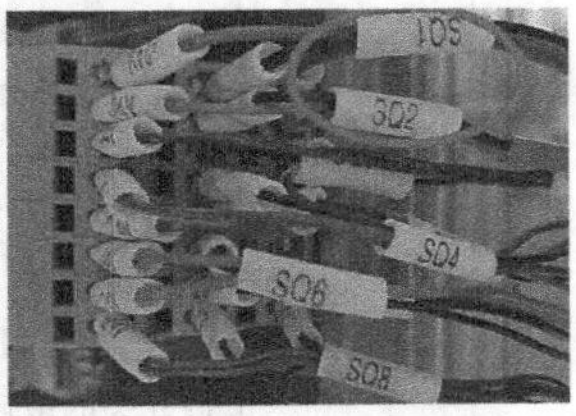
4	安装	1）使用旋具将固定支架安装到平台上 2）将电感传感器穿过固定支架 3）将原点靠近传感器，通过调节两侧的固定螺母来调节传感器距离原点的距离，直到传感器上的指示灯亮 4）拧紧两侧的固定螺母，注意拧紧过程中不要改变传感器与原点的检测距离	 

（续）

步骤	说明	实施内容	图示
5	测试	当被检测物体靠近原点传感器时，传感器指示灯亮，则连接正确且距离调节合适；若靠近时不亮，则可能连接错误或距离太大检测不到	 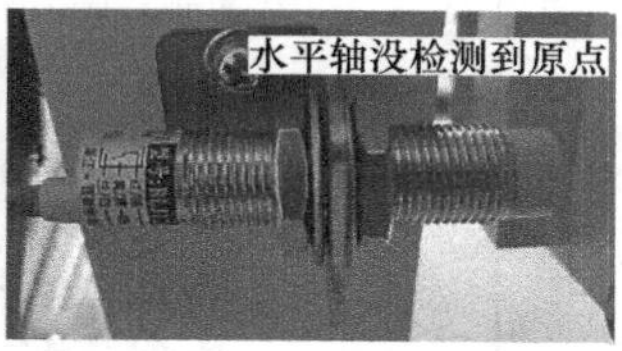  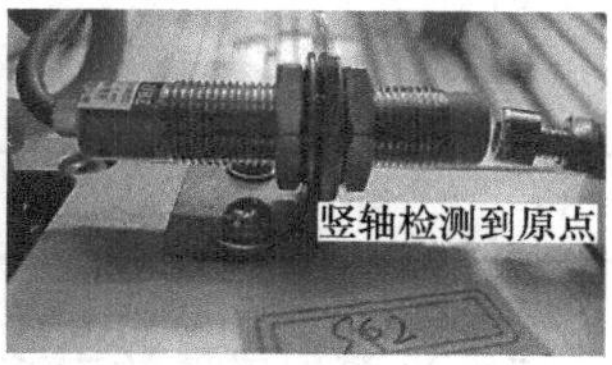 水平轴检测到原点／水平轴没检测到原点／竖轴没有检测到原点／竖轴检测到原点

6. 材质检测电感传感器的安装与调试

本实训平台的材质检测电感传感器用来检测物料的材质是否为金属材质。材质检测电感传感器安装与调试的具体步骤如表 2-27 所示。

表 2-27 材质检测电感传感器安装与调试步骤

步骤	说明	实施内容	图示
1	器件准备	准备电感传感器 IME18-08NPSZW2S 及安装套件	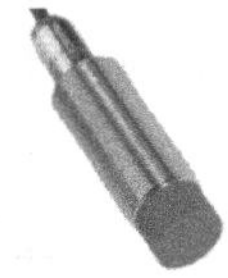
2	工具准备	十字旋具、剥线钳、压线钳、针型端子	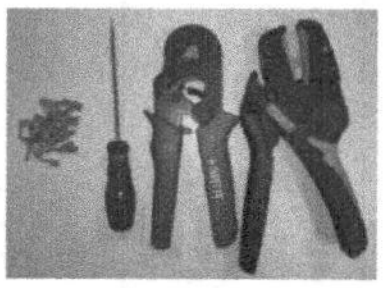
3	安装	1）将电感传感器穿过固定支架上的安装孔 2）通过两侧的固定螺母将电感传感器固定在支架上 注：此过程不要将螺母拧得太紧，以方便后续的调试	
4	连接	1）使用剥线钳将电感传感器的导线外部绝缘层剥掉 2）将剥好的导线套入到针型端子内，使用压线钳将导线压实	

（续）

步骤	说明	实施内容	图示
4	连接	3）按着如下的连接形式进行连接： ① 棕色导线→ +24V ② 蓝色导线→ 0V ③ 黑色导线→ CTATC-J25-1111（左）IN2（SQ3）→ I0.2	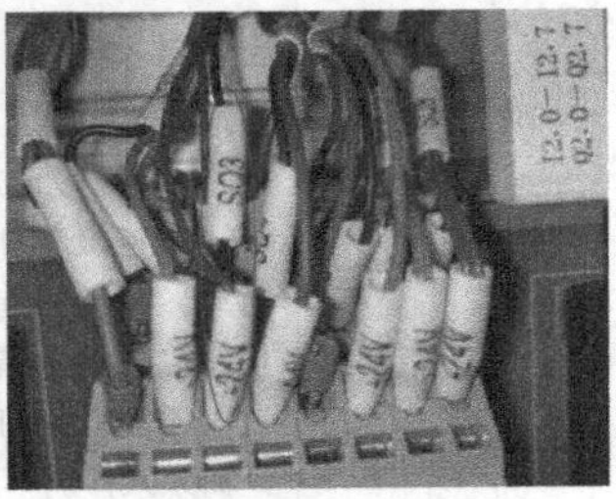
5	调试	若金属材质物料靠近，指示灯亮，非金属材质物料靠近，指示灯熄灭，则连接正确；反之错误	

7. 光幕传感器的安装与调试

当检测操作者的手或身体其他部位进入危险区域时，光幕传感器让工业机器人自动停止，作为人体保护装置使用。光幕传感器安装与调试的具体步骤如表 2-28 所示。

表 2-28　光幕传感器安装与调试步骤

步骤	说明	实施内容	图示
1	器件准备	光幕传感器 NA2-N20P-PNS 及安装套件	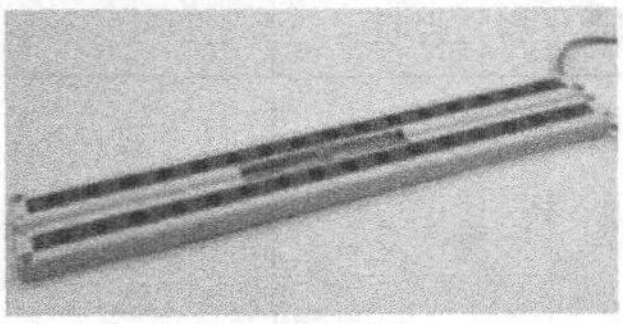
2	工具准备	ϕ4mm 十字旋具、剥线钳、压线钳、针型端子	
3	安装	1）使用带垫圈 M4 螺钉和螺母将光幕传感器固定在安装支架上，紧固扭矩应为 0.5N·m 以下 注：安装过程中，请勿用力弯曲或扭转传感器 2）将安装支架固定在设备固定支架上 注：此刻不要紧固得太紧，以方便后续的调试	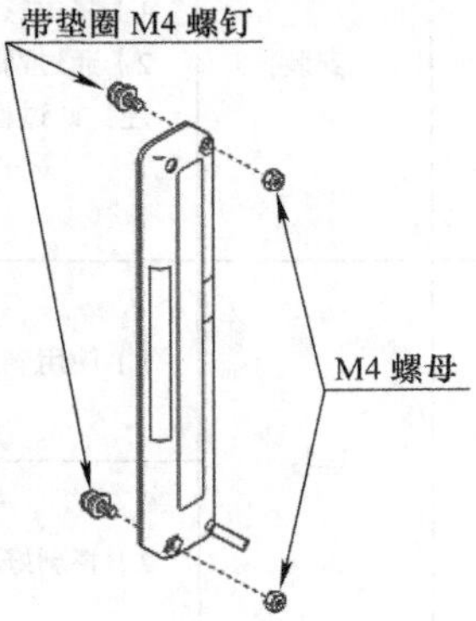

（续）

步骤	说明	实施内容	图示
4	连接	投光器连接： 1）使用剥线器将投光器导线外的绝缘层剥离 2）将剥离好的导线放入针型端子，并用压线钳压实 3）按着如下的方式进行连接 ① 褐色导线→ +24V ② 粉红色导线→悬空不接 ③ 蓝色导线→ 0V ④ 橙色 / 紫色导线与受光器的橙色 / 紫色导线相连接，为同步线 受光器连接： 1）使用剥线器将受光器导线外的绝缘层剥离 2）将剥离好的导线放入针型端子，并用压线钳压实 3）按着如下的方式进行连接 ① 褐色导线→ +24V ② 蓝色导线→ 0V ③ 黑色导线→ CTATC-J25-1111（右）IN3（SQ12）→ I2.3 ④ 橙色 / 紫色导线与受光器的橙色 / 紫色导线相连接，为同步线	
5	工作模式设置	将投光器下方的模式转换开关全部拨到 OFF 侧	
6	光轴调整	1）将投光器和受光器沿直线相对放置 2）正确连接电缆后，接通电源 3）上下左右移动投光器，确保受光器上的稳定入光显示灯（绿色）亮 4）用物体挡住光轴，工作状态显示灯（红色）亮的同时稳定入光显示灯（绿色）熄灭，去掉遮挡物体稳定入光显示灯（绿色）亮的同时工作状态显示灯（红色）熄灭，表明光幕传感器正常工作 注：当 5 个光轴都在稳定入光状态时，稳定入光显示灯亮（绿色）	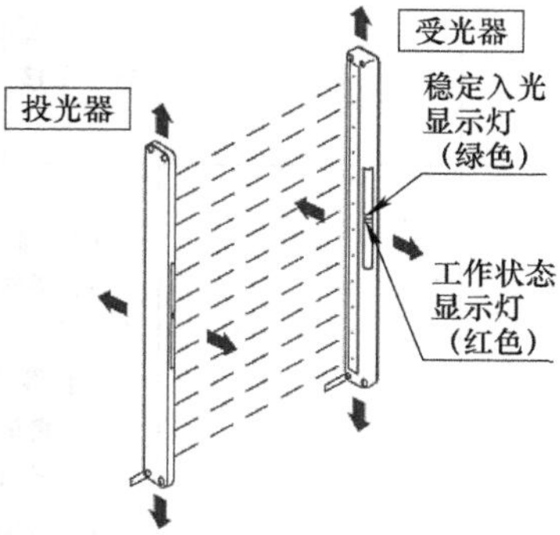

8. 色标传感器的安装与调试

本实训平台的色标传感器主要用于区分蓝色和黄色物料。色标传感器安装与调试的具体步骤如表 2-29 所示。

表 2-29　色标传感器安装与调试步骤

步骤	说明	实施内容	图示
1	器件准备	色标传感器 KTM-MB31111P、M3 螺钉	
2	工具准备	剥线钳、M3 旋具、针型端子、压线钳、蓝色和黄色物料	
3	安装	使用 M3 螺钉将色标传感器固定在安装支架上	
4	连接	1）使用剥线钳将色标传感器的导线外层绝缘剥离 2）将剥离好的导线插入针型端子并用压线钳压实 3）按如下方式进行连接： ① 棕色导线→ +24V ② 蓝色导线→ 0V ③ 黑色导线→ CTATC-J25-1111（左）IN4（SQ5）→ I0.4 注：因该型号色标传感器为 PNP 输出型，白色导线悬空不接	
5	设置	1）将模式开关转换到 L 亮通模式 2）将黄色物料放置到色标传感器前方，从 "+" 方向向 "−" 方向转动电位计，直到黄色 LED 显示灯熄灭，记下位置 1 3）将蓝色物料置于传感器前方，反向转动电位计，直到黄色 LED 显示灯再次亮，记下位置 2 4）将电位计转动到位置 1 和位置 2 的中间，即为最佳开关阈值位置	

9. 直流减速电动机的连接和调试

本实训平台的两个直流减速电动机的连接和调试方式相同，具体步骤如表 2-30 所示。

表 2-30　直流减速电动机连接和调试步骤

步骤	说明	实施内容	图示
1	器件准备	直流减速电动机及安装套件	
2	工具准备	剥线钳、压线钳、针型端子、旋具	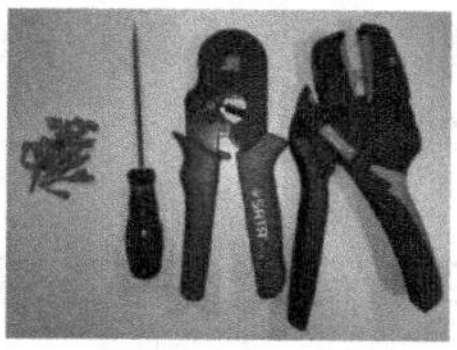
3	直流电动机安装	1）将直流减速电动机安装在固定支架上 2）将电动机轴与同步轮连接，以此带动同步带	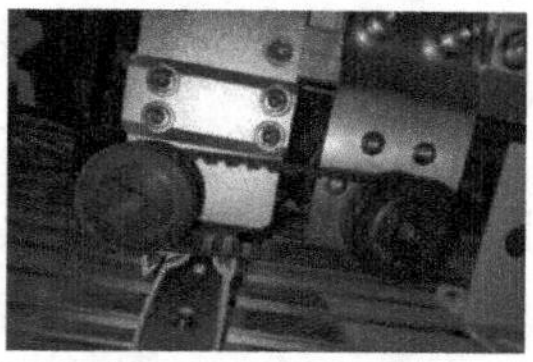
4	连接	1）使用剥线钳将直流电动机的导线绝缘层剥离，再将去除绝缘层的导线放入针型端子中，使用压线钳压实	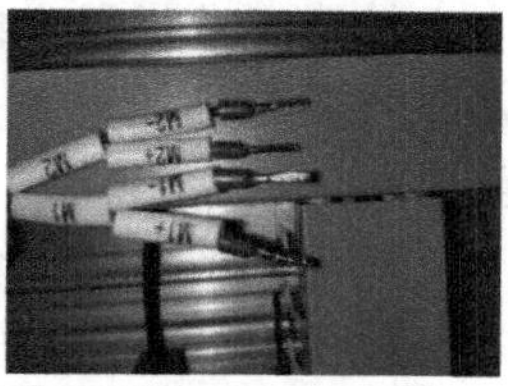
		2）将直流电动机的导线按着以下形式连接： ① 红色导线→ CTATC-M-24V（OUT+） ② 黑色导线→ CTATC-M-24V（OUT−）	
5	调试	为了安全起见，可通过后续的打点程序进行调试	

2.3　实训平台安全上电前检查

知 识目标

掌握实训平台安全上电过程。

技 能目标

能够按照上电规范，完成实训平台上电测试。

相关知识

2.3.1 安全上电基本原则

实训平台上电之前，需要先使用绝缘测试仪对相线之间、相线与中性点之间、相线与接地之间、中性点与接地之间的绝缘电阻进行测量，确保测量的绝缘电阻不小于 $1M\Omega$。然后再使用电路测试器对接地导通电阻进行测量，在主接地和装置中需要接地的任何一个点之间，最大电阻不能大于 0.5Ω。按照上电顺序，从主电源进线一级一级测量进线和出线电压，逐步合上断路器。

2.3.2 安全上电注意事项

1. 工业机器人控制柜检查

上电之前确保工业机器人控制柜内的温度与环境温度相适应，防止因为工业机器人控制柜内与环境的温差太大，使得控制柜内形成凝结水而导致电气元器件受损。

2. 常规检查

1）检查工业机器人位置是否合适，固定是否牢靠。

2）检查工业机器人是否存在由于外力作用而产生的损伤，若损伤严重，必须更换相应的组件。

3）确保工业机器人内没有异物或损坏、脱落、松散的部件。

4）检查确认所有必需的防护装置已正确安装且功能完好。

5）检查确认工业机器人的设备功率与当地的电源电压和电网制式相符。

6）检查确认连接电缆已正确连接，插头已闭锁。

3. 安全功能检查

对下列安全功能必须进行功能测试，以确保其正常工作：

1）本机紧急停止装置。

2）外部紧急停止装置（输入端和输出端）。

3）操作人员防护装置。

4）所有其他使用的与安全相关的输入端和输出端。

5）其他外部安全功能。

实训项目三 ▶ 实训平台安全上电　　　　　　　　　　　　　

实训要求： 按照上述上电规范，完成实训平台及工业机器人的上电。

1. 实训平台安全上电

实训平台安全上电的具体步骤如表 2-31 所示。

表 2-31　实训平台安全上电步骤

步骤	实施内容	图示
1	检查实训平台安装连接的完整性（硬件连接完整、标签贴完整、线槽盖都扣好、断路器都处于 OFF 状态）	
2	使用万用表测量供电电源是否在 200～400V 之间	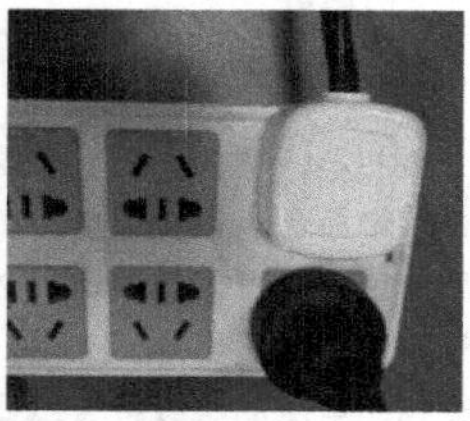
3	使用万用表检查输入端子输入电压是否在 200～400V 之间	
4	检查 2P 断路器输入电压是否在 200～400V 之间	
5	合上 2P 断路器，检查 1P 断路器输入电压是否在 200～400V 之间	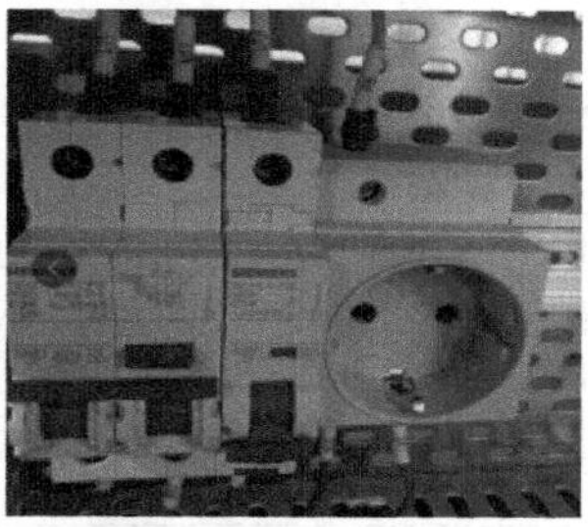
6	插上工业机器人电源，合上 1P 断路器	

2. 工业机器人安全上电

工业机器人安全上电的具体步骤如表 2-32 所示。

表 2-32　工业机器人安全上电步骤

步骤	实施内容	图示
1	检查是否已安装了所有必需的防护装置且防护装置的功能完好。不得有人员在设备防护范围内逗留	
2	检查工业机器人本体、工业机器人控制柜、PLC 等设备是否正确连接。在做好电气连接后，工业机器人通电前，必须用万用表测量控制柜的供电电压大小，确认电源没有缺相、电压的等级符合工业机器人对电源的要求，确认完毕后打开控制柜上的电源开关	
3	工业机器人第一次上电，示教器有时会出现右边所示界面，此时请耐心等待工业机器人最后的上电完成，进入 KSS 系统	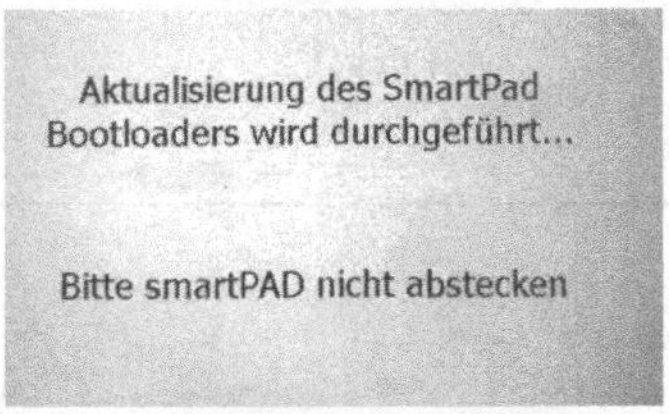 Aktualisierung des SmartPad Bootloaders wird durchgeführt... Bitte smartPAD nicht abstecken
4	工业机器人 KSS 系统会提示选择工业机器人信息的对话框，选择"机器人"按钮	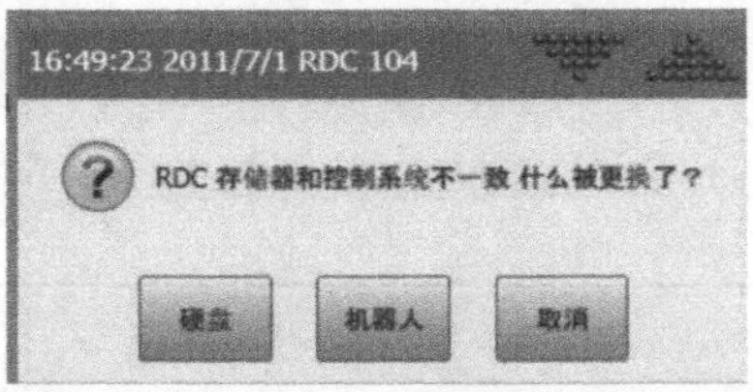
5	通过示教器确认所有消息，单击消息提示区域，此时会弹出右边的报警信息，需要确认工业机器人的安全配置	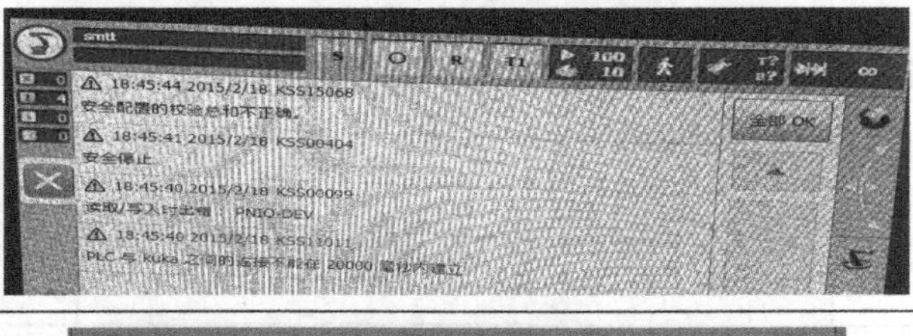
6	根据自身需求设置示教器的显示语言	

3. 安全配置

工业机器人安全配置步骤如表 2-33 所示。

表 2-33　工业机器人安全配置步骤

步骤	实施内容	图示
1	登录到"Safety Maintenance"（安全调试人员），进入主菜单，选择"配置"→"用户组"，选中对应用户组，输入登录密码"kuka"完成登录	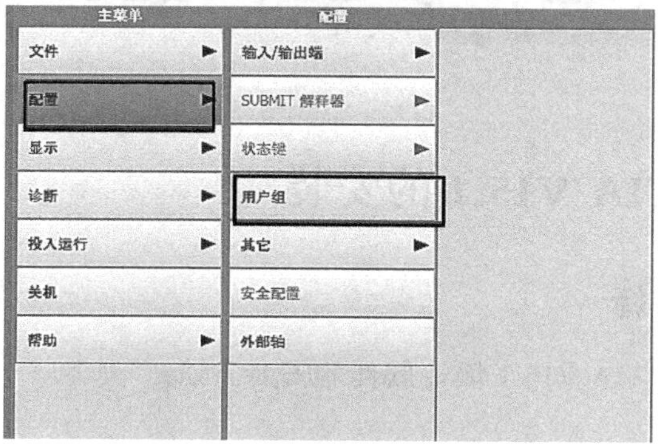
2	进入主菜单，单击"配置"→"安全配置"，在弹出的界面单击"是"	
3	完成上述两步，示教器界面弹出"故障排除助手"对话框，选择"机器人或 RDC 存储器首次投入运行"字段，然后单击"现在激活"	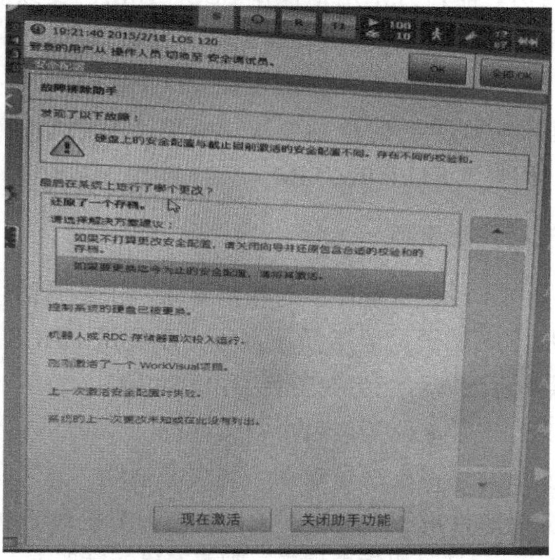

第 3 章

西门子 S7-1200 PLC 控制基础

3.1 TIA V15.1 的安装

知 识目标

了解 TIA V15.1 博途软件的安装方法。

技 能目标

能够正确安装 TIA V15.1 博途软件。

相 关知识

1. 软件组成

博途软件的软件包包含博途 STEP7、博途 WINCC、博途 Startdrive 和博途 STEP PLCSIM 等。其中，博途 STEP7 和博途 WINCC 是博途的主要构成部分，博途 STEP PLCSIM 是西门子 PLC 的仿真器，分别用于操作 PLC、HMI、变频器和伺服驱动器等硬件设备以及仿真。软件包不必全部安装，按需安装即可。所有软件包安装后，会形成唯一的一个操作平台 TIA Portal V15.1，使用时打开 TIA Portal V15.1 即可。

根据本实训平台的控制要求，需要下载的软件包有博途 STEP7、博途 WINCC、博途 Startdrive 和博途 STEP PLCSIM。

2. 安装注意事项

TIA V15.1 对于安装环境有较高要求，安装时需注意以下事项：

1）操作系统须是原版操作系统，不能是 GHOST 版本或是其他优化后的版本。如果不是原版操作系统，可能会在安装中出现故障。

2）文件安装路径不能包含中文字符。

3）安装时须退出杀毒软件、防火墙软件、防木马软件及优化软件。

4）安装软件解压完成后，出现重启计算机对话框，选择"重启"启动后，计算机将自动进行安装。如果还弹出重启提示，则需要修改注册表。具体方法是，在搜索栏里输入"regedit"

打开注册表，如图 3-1 注册表文件路径所示，打开 \HKEY_LOCAL_MACHINE\SYSTEM\ CurrentControlSet001\Control\Session Manager，删除 PendingFileRenameOperations 键值。此处删除前建议备份该文件，以防出现其他问题时可恢复。

5）安装完后按提示重启计算机，安装授权，期间不要运行软件，完成后再重启计算机。

6）打开控制面板→程序→启用或关闭 Windows 功能，安装 NET3.5 运行环境和 msMQ 服务器。

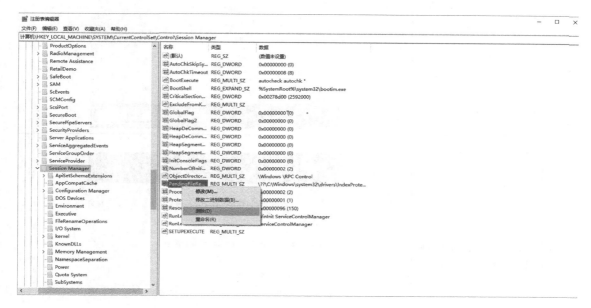

图 3-1　修改注册表路径

建议计算机系统使用 Win10 64 位专业版，内存不低于 16GB，并建议使用西门子配套工控机。

3. 安装步骤

软件下载完成后，需按要求一步步安装，并建议在安装完成之后使用 Ghost 软件将系统进行备份，以保证系统出现问题时能在短时间内将系统恢复到能使用的状态。博途软件安装步骤如表 3-1 所示。

表 3-1　博途软件安装步骤

步骤	实施内容	图示
1	双击 TIA Portal_STEP_7_ Pro_WINCC_Adv_V15.exe，然后一直单击"下一步"	TIA Portal STEP 7 Pro WINCC Adv V15 TIA_Portal_STEP_7_Pro_WINCC_Pro_V15 TIA Portal STEP 7 Pro WINCC Pro V15

（续）

步骤	实施内容	图示
2	选择安装语言为"简体中文"	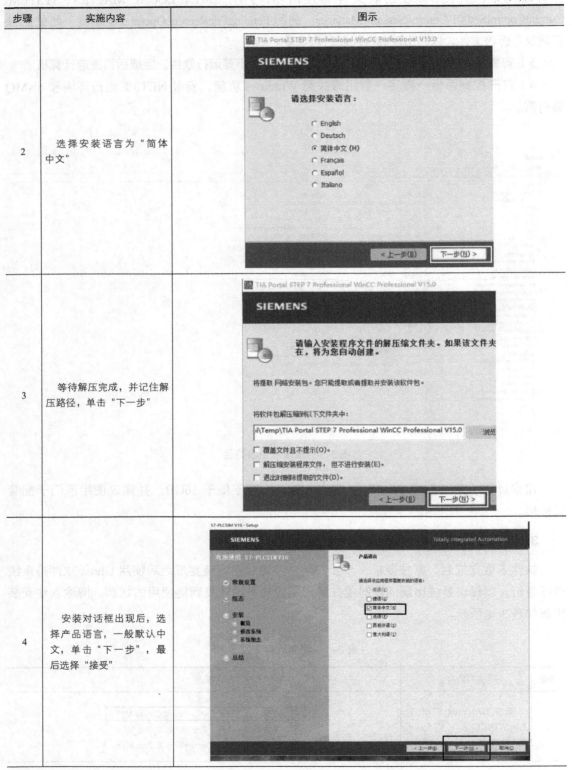
3	等待解压完成，并记住解压路径，单击"下一步"	
4	安装对话框出现后，选择产品语言，一般默认中文，单击"下一步"，最后选择"接受"	

（续）

步骤	实施内容	图示
5	选择安装语言为中文，单击"下一步"	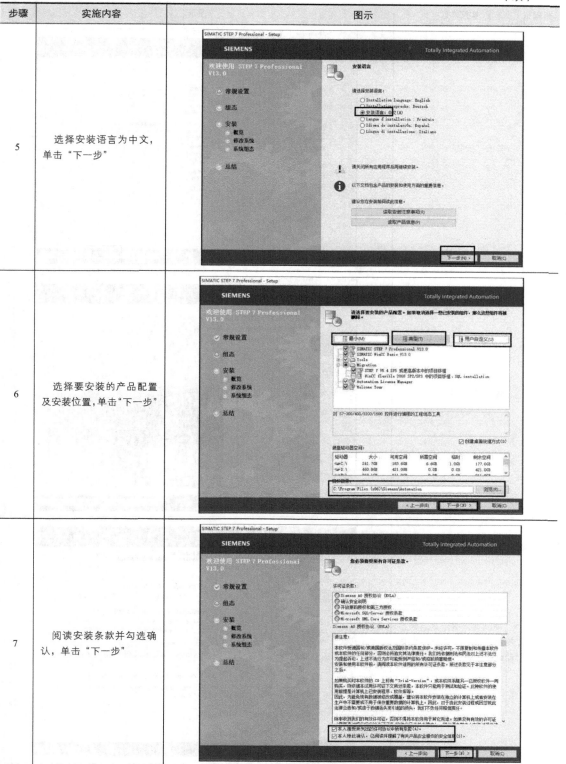
6	选择要安装的产品配置及安装位置，单击"下一步"	
7	阅读安装条款并勾选确认，单击"下一步"	

（续）

步骤	实施内容	图示
8	单击"安装"	
9	等待安装过程	
10	期间如果提示重启则根据提示重启，重启后会自动继续安装	

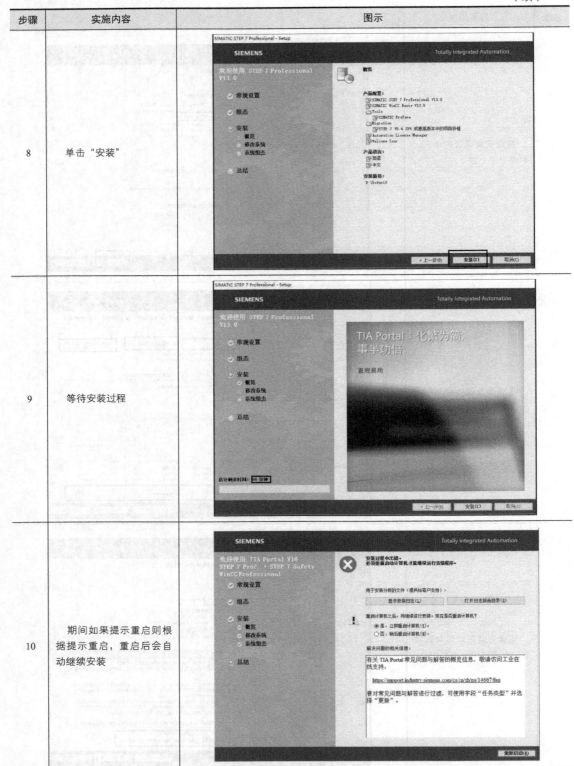

（续）

步骤	实施内容	图示
11	跳过许可密钥传送（如有密钥可输入）	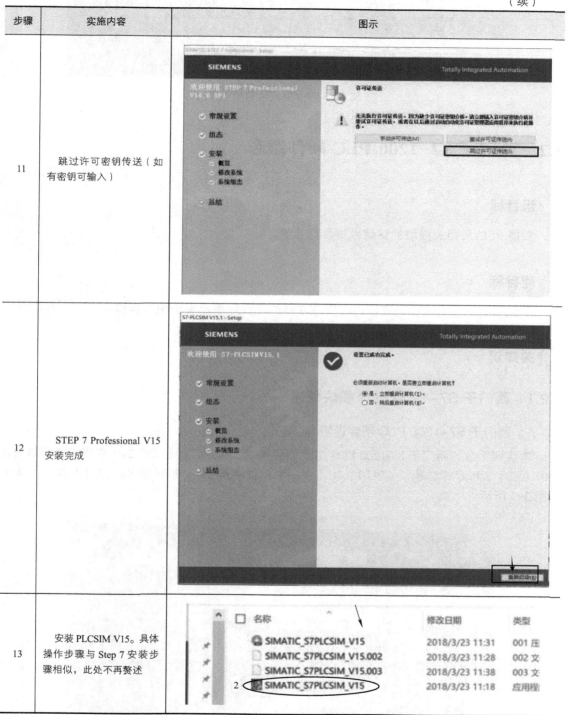
12	STEP 7 Professional V15 安装完成	
13	安装 PLCSIM V15。具体操作步骤与 Step 7 安装步骤相似，此处不再赘述	

软件包安装完成后，界面如图 3-2 所示。

图 3-2　博途软件安装后界面

3.2　西门子 S7-1200 PLC 硬件组态

知识目标

掌握 PLC 及相关模块的铭牌数据和订货号。

技能目标

掌握实训平台的硬件组成，熟悉博途软件的编程环境及设备组态步骤。

相关知识

3.2.1　西门子 S7-1200 PLC 模块概述

1. 西门子 S7-1200 PLC 硬件说明

本实训平台的西门子 S7-1200 PLC 由三部分构成，包括西门子 DC 24V 稳压电源模块 PM 1207（左）、PLC 本体模块 CPU 1214C（中间）、数字量 I/O 扩展模块 SM 1223（右），具体如图 3-3 所示。

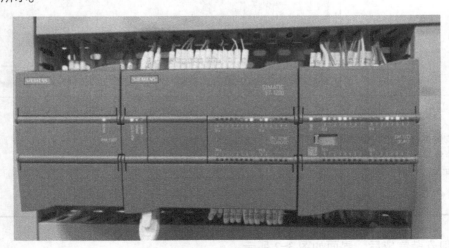

图 3-3　西门子 S7-1200 PLC 硬件组成

具体硬件介绍如表 3-2 所示。

表 3-2　西门子 S7-1200 PLC 硬件介绍

序号	硬件名称	功能介绍	图示
1	稳压电源模块 PM 1207	为 DC 24V 直流电源设备提供电源	
2	电源接口	用于向 CPU 模块供电的接口，有交流和直流两种供电方式。本 PLC 供电方式为直流 24V 供电 L+：接 24V M：接 0V ⏚：接地线	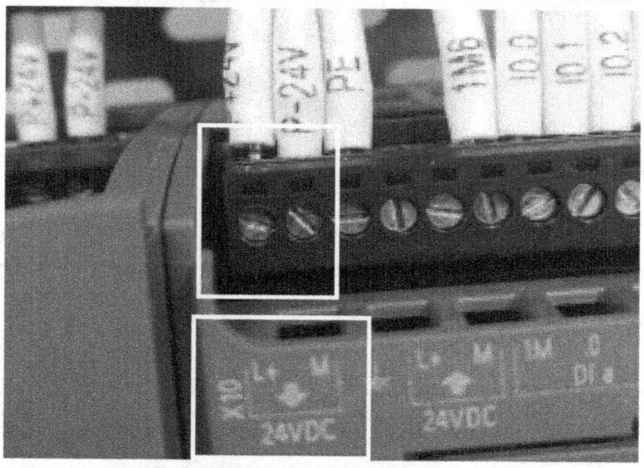
3	存储卡插槽	位于上部保护盖下面，用于安装 SIMATIC 存储卡。本 PLC 可不加装内存卡	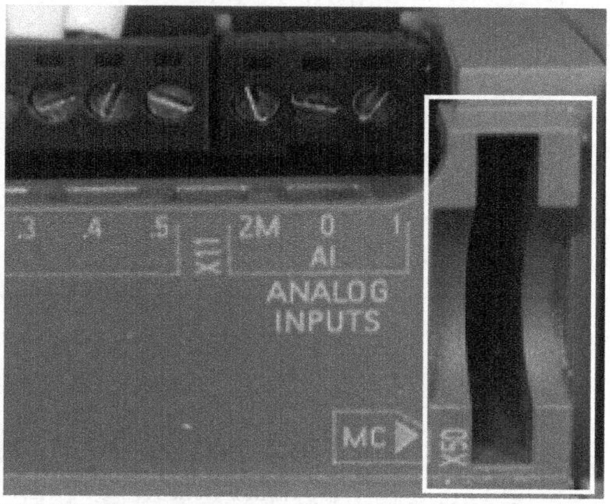
4	接线连接器	也称为接线端子，位于保护盖下面。接线连接器具有可拆卸的优点，便于 CPU 模块的安装和维护	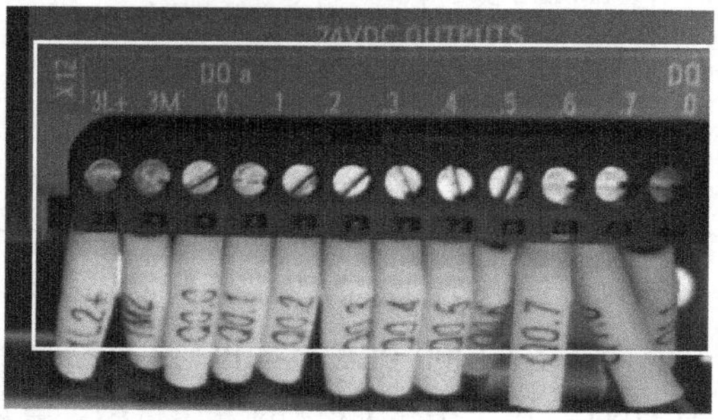

（续）

序号	硬件名称	功能介绍	图示
5	板载 I/O 状态 LED	通过板载 I/O 状态 LED 指示灯（绿色）的亮灭显示各输入或输出的状态，亮为 "1"，灭为 "0"	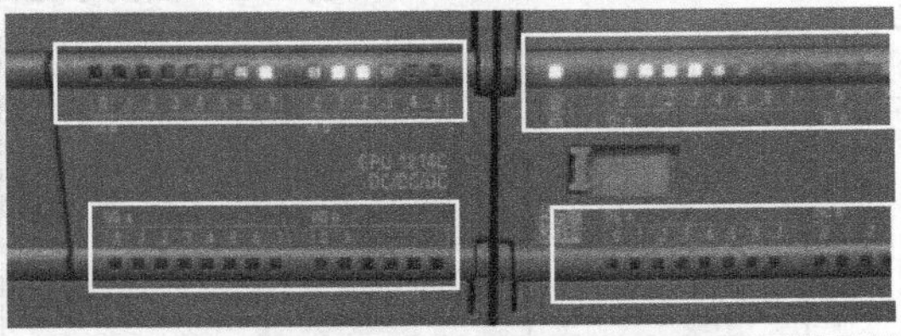
6	集成以太网口（PROFINET 连接器）	位于 CPU 的底部，用于程序下载及设备组网等	
7	运行状态 LED	用于显示 CPU 工作状态，如运行状态、停止状态和强制状态等	
8	SM 1223 模块	西门子 S7-1200 PLC 的数字量输入输出扩展模块，此模块含有 16 个数字量输入点位，16 个数字量输出点位	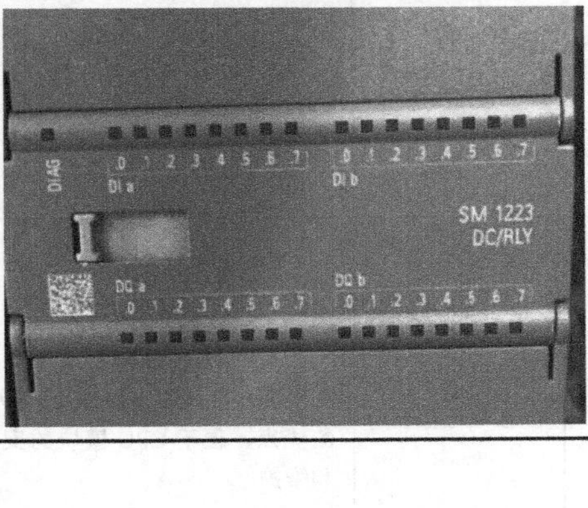

2. 西门子 S7-1200 PLC 运行状态指示

西门子 S7-1200 PLC 的 CPU 上有三盏状态 LED 指示灯，分别是 STOP/RUN、ERROR 和 MAINT，用于指示 CPU 的工作状态，具体含义如表 3-3 所示。

表 3-3　西门子 S7-1200 PLC 的 CPU 状态指示灯含义

CPU 工作状态	STOP/RUN（黄色／绿色）	ERROR（红色）	MAINT（黄色）
断电	灭	灭	灭
启动、自检或固件更新	闪烁（黄色和绿色交替）		灭
停止模式	亮（黄色）		
运行模式	亮（绿色）		
取出存储卡	亮（黄色）		闪烁
错误	亮（黄色或绿色）	闪烁	
请求维护、强制 I/O、需要更换电池	亮（黄色或绿色）		亮
硬件出现故障	亮（黄色）	亮	灭
LED 测试或 CPU 固件出现故障	闪烁（黄色和绿色交替）	闪烁	闪烁
CPU 组态版本未知或不兼容	亮（黄色）	闪烁	闪烁

　　另外，西门子 S7-1200 PLC 的 CPU 还配备两个可指示 PROFINET 通信状态的 LED 指示灯。打开底部端子块的盖板可看到这两个 LED 指示灯，分别是 LINK 和 Rx/Tx，如图 3-4 所示。LINK（绿色）点亮，表示通信连接成功；Rx/Tx（黄色）点亮，表示通信传输正在进行。

图 3-4　西门子 S7-1200 PLC 的通信指示灯

3. 西门子 S7-1200 PLC 的 CPU 模块

　　西门子 S7-1200 PLC 的 CPU 规格虽然较多，但接线方式类似。本书仅以设备中用到的 CPU 1214C 为例进行介绍。

　　CPU 1214C（DC/DC/DC）的数字量输入端必须接入直流电源。

　　CPU 1214C（DC/DC/DC）的含义是：第一个 DC 表示供电电源电压为 DC 24V；第二个 DC 表示输入端的电源电压为 DC 24V；第三个 DC 表示输出电压为 DC 24V。

　　在 CPU 的输出点接线端子旁边印刷有 "24V DC OUTPUTS" 字样，含义是晶体管输出。CPU 1214C（DC/DC/DC）的数字量输出目前只有一种形式，即 PNP 型输出，也就是常说的高电平输出，输出电压为 DC 24V。

4. 西门子 S7-1200 PLC 的信号模块

　　西门子 S7-1200 PLC 的 CPU 可根据系统的需要进行扩展。各种 CPU 的正面都可增加一块扩展信号板，以扩展其数字量或模拟量的点数。本 PLC 加装的扩展信号板为 SM 1223，具体如图 3-5 所示。

图 3-5　西门子 S7-1200 PLC 扩展信号板 SM 1223

3.2.2　TIA 博途软件

1. 博途视图

TIA Portal 视图的结构如图 3-6 所示，下面分别对各个主要部分进行说明。

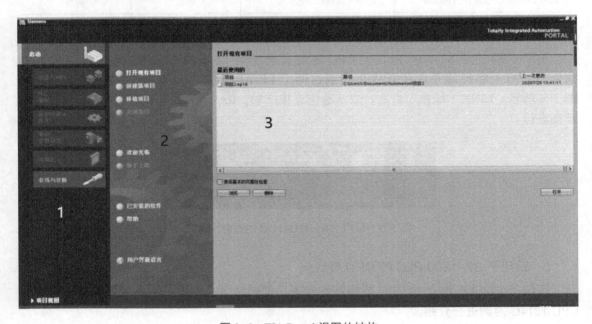

图 3-6　TIA Portal 视图的结构

1）如图 3-6 所示的 1 为登录选项，为各个任务区提供了基本功能。在 Portal 视图中提供的登录选项取决于所安装的产品。

2）如图 3-6 所示的 2 为所选登录选项中可使用的操作。可在每个登录选项对应的操作目录选项中调用上下文相关的帮助功能。

3）如图 3-6 所示的 3 为所选登录选项中项目选择面板。该面板的内容取决于操作者的当前选择。

2. 项目视图

项目视图是项目所有组件的结构化视图，是项目组态和编程的界面。项目视图界面如图 3-7 所示。包含如下区域：

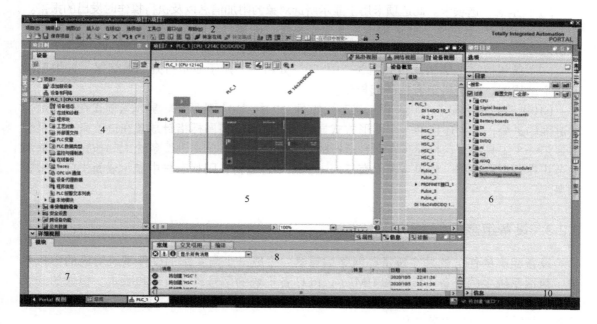

图 3-7　项目视图界面

（1）标题栏　项目名称显示在标题栏中，如图 3-7 中"1"处所示。

（2）菜单栏　菜单栏如图 3-7 中"2"处所示，包含工作所需要的全部命令。

（3）工具栏　工具栏如图 3-7 中"3"处所示，工具栏提供了常用命令的按钮，可更快地访问"复制""粘贴""上传"和"下载"等命令。

（4）项目树　项目树如图 3-7 中"4"处所示。使用项目树功能，可访问所有组件和项目数据。可在项目树中执行添加新组件、编辑现有组件、扫描和修改现有组件的属性等相关任务。

（5）工作区　工作区如图 3-7 中"5"处所示，在工作区内显示打开的对象。编辑器、视图和表格在工作区可打开若干个对象，但通常每次在工作区中只能看到其中一个对象。在编辑器栏（图 3-7 中"9"处）中，所有其他对象均显示为选项卡。在执行某些任务时如果要同时查看两个对象，则可以水平或垂直方式平铺工作区，或浮动停靠工作区的元素。如果没有打开任何对象，则工作区是空的。

（6）任务卡　任务卡如图 3-7 中"6"处所示，根据所编辑对象或所选对象，提供了用于执行附加操作的任务卡。这些操作包括：从库中或者从硬件目录中选择对象、在项目中搜索和替换对象、将预定义的对象拖拽到工作区等。

（7）详细视图　详细视图如图 3-7 中"7"处所示，显示总览窗口或项目树中所选对象的特定内容。其中可包含文本列表或变量，但不显示文件夹的内容。要显示文件夹的内容，可使用项目树或巡视窗口。

（8）巡视窗口　巡视窗口如图 3-7 中"8"处所示，对象或所执行操作的附加信息均显示在巡视窗口中。巡视窗口有三个选项卡：属性、信息和诊断。

1）"属性"选项卡。此选项卡用于显示或编辑所选对象的属性。

2）"信息"选项卡。此选项卡用于显示所选对象的附加信息以及执行操作时发出的报警。

3）"诊断"选项卡。此选项卡用于显示系统诊断事件、已组态消息事件以及连接诊断等信息。

（9）编辑器栏　编辑器栏如图 3-7 中"9"处所示，用于显示打开的编辑器。如果已打开多个编辑器，它们将组合在一起显示。

（10）带有进度显示的状态栏　状态栏如图 3-7 中"10"处所示，显示当前正在后台运行的进程的进度，其中还包括一个图形方式显示的进度条。将鼠标指针放置在进度条上，系统将显示一个工具提示，描述正在后台运行的进程相关信息。单击进度条边上的按钮，可取消后台正在运行的进程。如果当前没有任何进程在后台运行，则状态栏中显示最新生成的报警信息。

3.2.3　设备组态

设备组态的任务就是在设备和网络编辑器中生成一个与实际的硬件系统对应的虚拟系统，包括系统中的设备（PLC 和 HMI），PLC 各模块的型号、订货号和版本。模块的安装位置和设备之间的通信连接，都应与实际的硬件系统完全相同。此外，还应设置模块的参数，即给参数赋值，或称为参数化。

1. 网络设置

设备组态前，必须设置计算机网关与硬件的网络连接。具体实施内容如表 3-4 所示。

表 3-4　网络设置步骤

步骤	实施内容	图示
1	连接以太网通信电缆。设备端将以太网电缆接入交换机 P3 口中	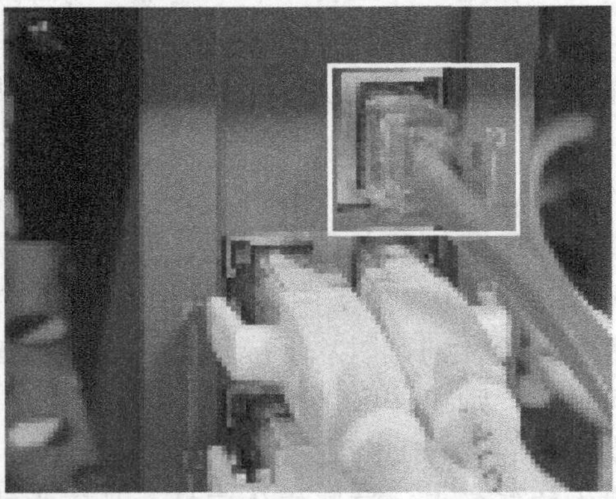
2	设备上电，PLC 与数字量扩展模块上指示灯均开始闪烁，刚上电时 PLC 设备会有 1min 左右的开机自检时间，等待响应	

（续）

步骤	实施内容	图示
3	打开计算机控制面板，找到"网络和共享中心"，单击"更改适配器设置"，进入右图所示界面，右击"以太网"，单击"属性（R）"进入下一界面	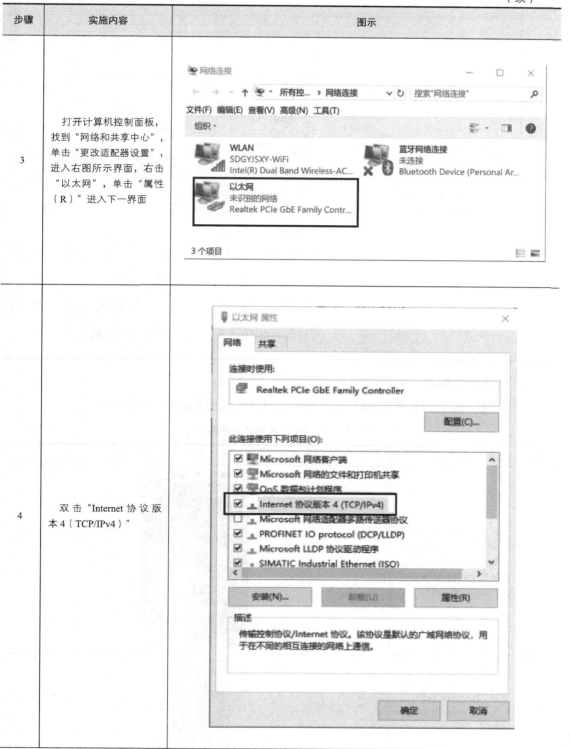
4	双击"Internet 协议版本 4（TCP/IPv4）"	

（续）

步骤	实施内容	图示
5	选择"使用下面的 IP 地址"并参考右图所示分配 IP 地址，可根据需要将 IP 地址改为 192.168.1.1 ～ 255 之间的任意数，以避免 IP 地址冲突	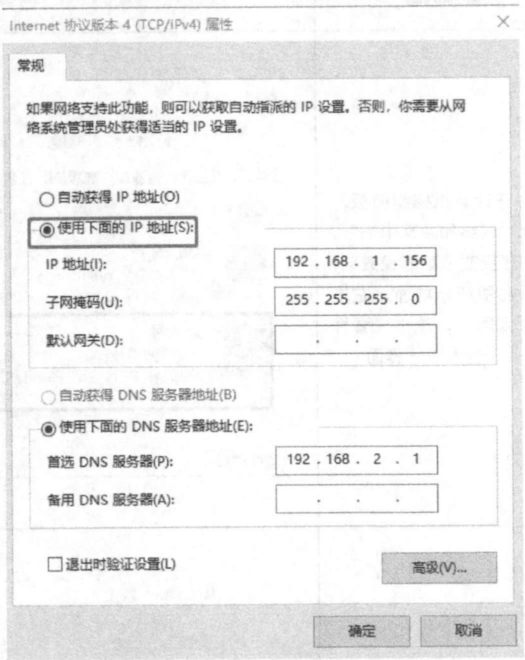

2. PLC 硬件组态

网络设置好后，开始准备 PLC 硬件组态。具体实施内容如表 3-5 所示。

表 3-5　PLC 硬件组态步骤

步骤	实施内容	图示
1	打开计算机，连接以太网通信电缆，如右图所示。设备端将以太网电缆接入交换机 P3 口，计算机端找到此接口接入即可	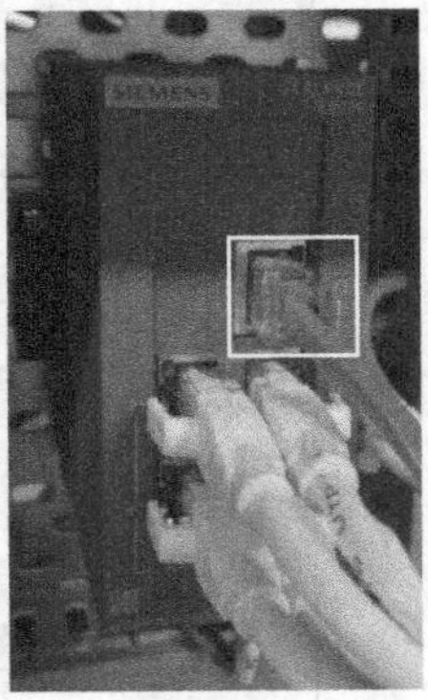
2	双击桌面已经安装好的博途"TIA Portal V15.1"，打开博途软件，进行硬件组态	

（续）

步骤	实施内容	图示
3	单击"创建新项目"	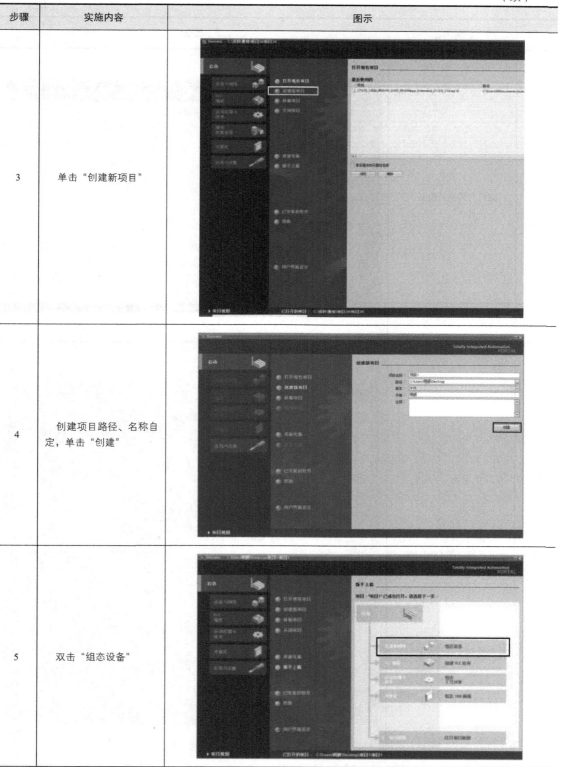
4	创建项目路径、名称自定，单击"创建"	
5	双击"组态设备"	

工业机器人与西门子 S7-1200 PLC 技术及应用

（续）

步骤	实施内容	图示
6	双击"添加新设备"	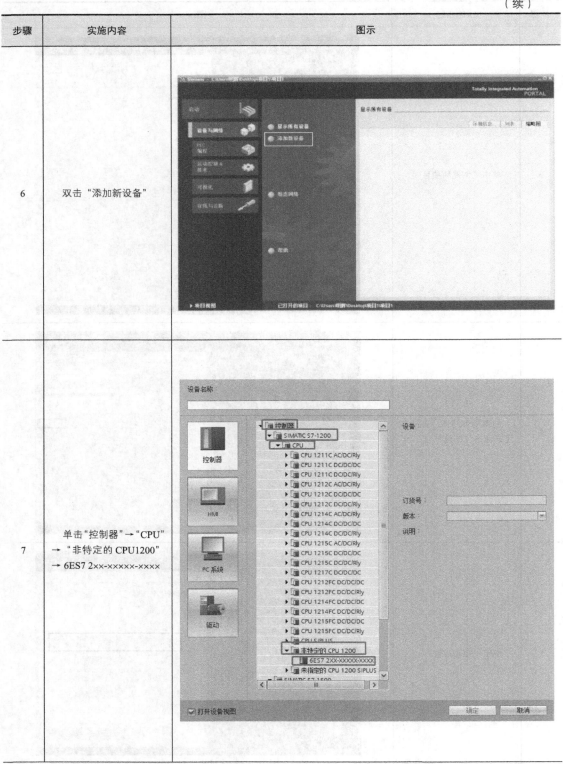
7	单击"控制器"→"CPU" → "非特定的 CPU1200" → 6ES7 2××-×××××-××××	

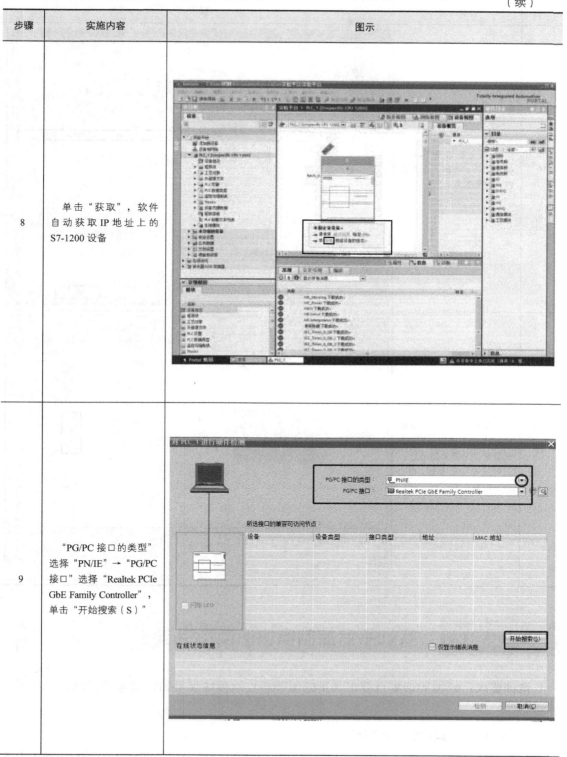

（续）

步骤	实施内容	图示
8	单击"获取"，软件自动获取 IP 地址上的 S7-1200 设备	
9	"PG/PC 接口的类型"选择"PN/IE"→"PG/PC 接口"选择"Realtek PCIe GbE Family Controller"，单击"开始搜索（S）"	

（续）

步骤	实施内容	图示
10	单击 1 处选中 PLC，单击 2 处"检测"，上载 PLC 硬件信息	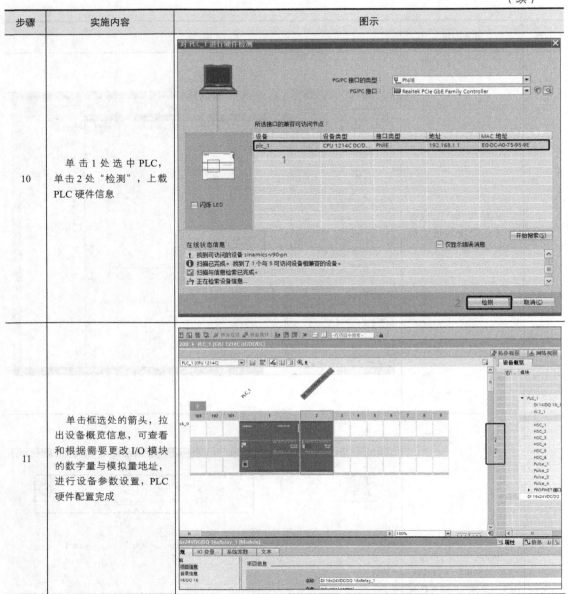
11	单击框选处的箭头，拉出设备概览信息，可查看和根据需要更改 I/O 模块的数字量与模拟量地址，进行设备参数设置，PLC 硬件配置完成	

实训项目四 ▶ 实训平台控制模块识读及组态

实训要求：根据实训平台要求，正确识读各控制模块型号和订货号等信息，并完成硬件组态。

1. 确认控制模块型号和订货号

如图 3-8 所示，本实训平台中的西门子 S7-1200 PLC 由左侧的西门子 DC 24V 稳压电源

（PM 1207）、中间的 1200 CPU 本体模块，以及右侧的数字量 I/O 扩展模块（SM 1223）组成。详细的订货号和版本号如表 3-6 所示。

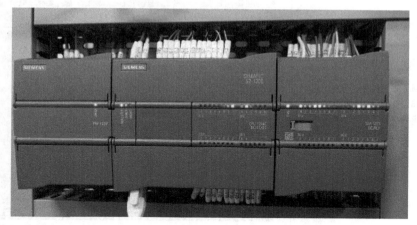

图 3-8　西门子 S7-1200 PLC

表 3-6　订货号和版本号

序号	硬件名称	订货号	版本号
1	PM 1207	6EP1332-1SH71	
2	CPU 1214C DC/DC/DC	6ES7 214-1AG40-0XB0	V4.2
3	SM 1223 DI16/DQ16X 继电器输出	6ES7 223-1PL32-0XB0	V2.0

2. 根据平台实际硬件进行组态

设备组态的具体实施步骤如表 3-7 所示。

表 3-7　设备硬件组态

步骤	实施内容	图示
1	根据表 3-5 中 PLC 硬件组态步骤，完成对 PLC 的组态。然后单击 1 处 PLC，再单击 2 处 "属性"，选择 3 处 "PROFINET 接口"，在 4 处更改设备的 IP 地址。注意不要与之前设置的计算机端 IP 地址相同	

（续）

步骤	实施内容	图示
2	找到 1 处 "系统和时钟存储器" 并单击，勾选 3、4 处 "启用系统存储器字节" 和 "启用时钟存储器字节"，单击 5 处 "确定"	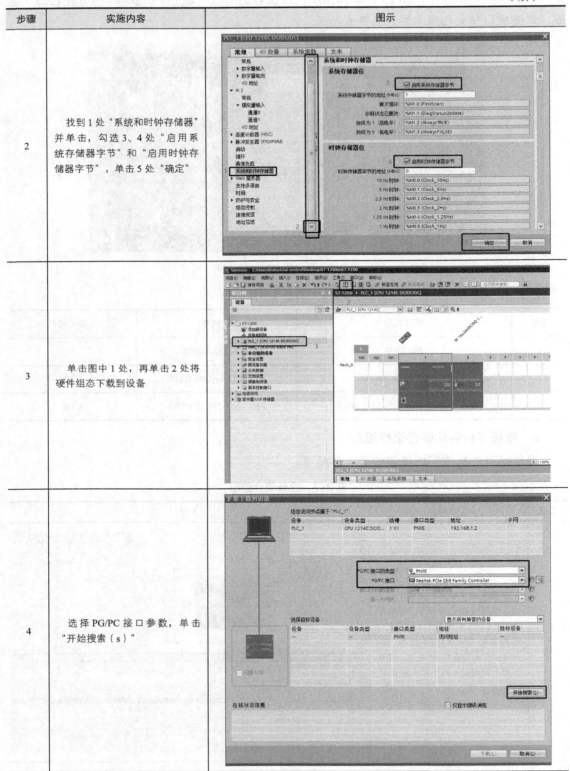
3	单击图中 1 处，再单击 2 处将硬件组态下载到设备	
4	选择 PG/PC 接口参数，单击 "开始搜索（s）"	

（续）

步骤	实施内容	图示
5	单击右下角"下载（L）"	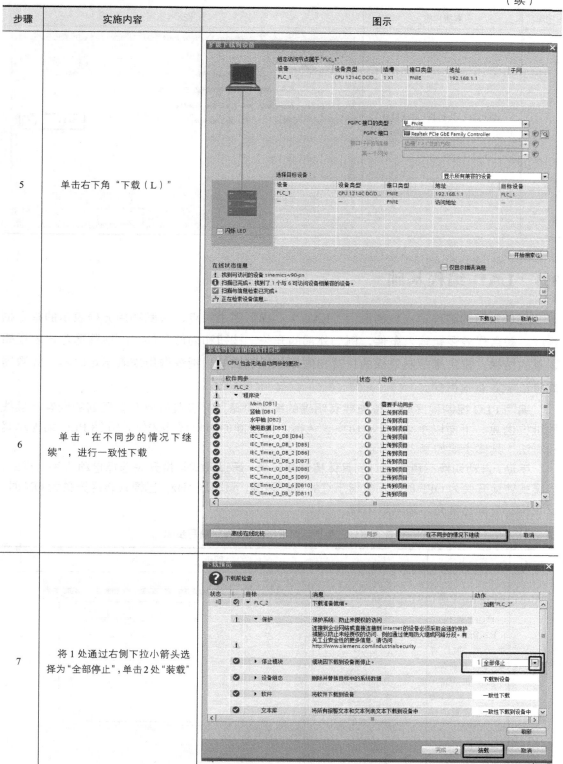
6	单击"在不同步的情况下继续"，进行一致性下载	
7	将 1 处通过右侧下拉小箭头选择为"全部停止"，单击 2 处"装载"	

（续）

步骤	实施内容	图示
8	装载完成后，选择"启动模块"，单击"完成"，完成硬件组态下载	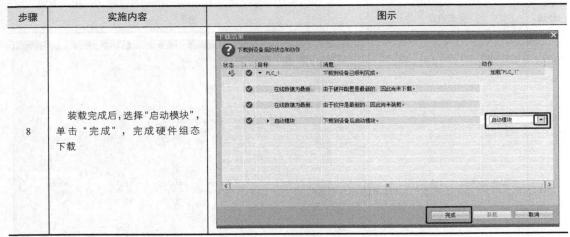

3.3 LAD 编程基础

PLC 常用的编程语言是梯形图（LAD）。梯形图由触点、线圈和用方框表示的指令框组成。触点代表逻辑输入条件，例如外部的开关、按钮和内部条件等。线圈通常代表逻辑运算的结果，常用来控制外部的负载和内部的标志位等。指令框用来表示定时器、计数器或者数学运算等指令。

编写 PLC 控制程序时，首先要有明确的编程思路，并设置好所有要用到的变量及接线地址位信息。下面以手动 / 自动切换三色指示灯控制的简单程序为例，介绍 PLC 编程思路和方法，具体步骤如表 3-8 所示。

手动 / 自动切换三色指示灯的具体控制要求是：通过模式转换开关选择自动或手动模式，当模式转换开关为 OFF 时，三色指示灯的黄灯闪烁，频率是 1Hz；当模式转换开关为 ON 时，三色指示灯绿色常亮，频率是 1Hz。

表 3-8　三色指示灯 PLC 控制程序编写步骤

步骤	实施内容	图示
1	单击 1 处 PLC_1 下拉箭头，再单击 2 处 "PLC 变量"的下拉箭头，然后双击"显示所有变量"，3 处即 PLC 变量的编辑工作界面	

（续）

步骤	实施内容	图示
2	打开 PLC 的系统和时钟存储器，启用系统存储器字节和时钟存储器字节	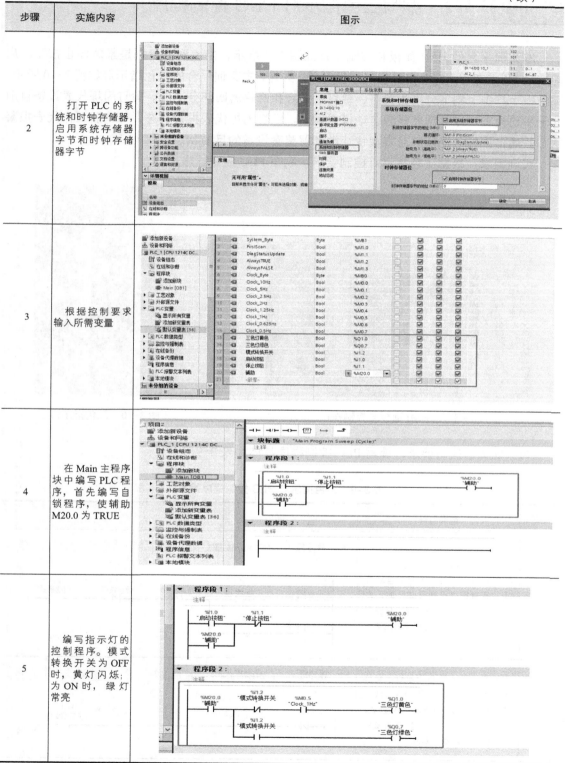
3	根据控制要求输入所需变量	
4	在 Main 主程序块中编写 PLC 程序，首先编写自锁程序，使辅助 M20.0 为 TRUE	
5	编写指示灯的控制程序。模式转换开关为 OFF 时，黄灯闪烁；为 ON 时，绿灯常亮	

实训项目五 ▷ 编写三色指示灯 PLC 控制程序 ▶▶

本实训平台的 HMI 面板和控制按钮如图 3-9 所示，由上到下分别是紧急停止按钮、启动按钮、停止按钮和手 / 自动模式切换开关。另外，本实训平台的三色指示灯如图 3-10 所示，三色指示灯由上到下分别由黄灯、绿灯、红灯和蜂鸣器四部分组成。黄灯闪烁代表设备目前处于手动模式，绿灯常亮代表自动模式运行，红灯闪烁代表报警状态，蜂鸣器工作代表报警状态。通过该三色指示灯可直观快速地了解整套设备的目前状态。

实训要求：根据三色指示灯控制要求，编写 PLC 控制程序。

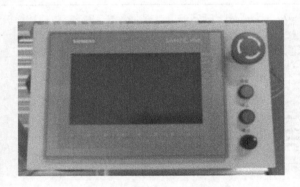

图 3-9　HMI 面板与控制按钮

图 3-10　三色指示灯

为实现上述控制要求，编写 PLC 控制程序具体如表 3-9 所示。

表 3-9　三色指示灯 PLC 控制程序编写

步骤	实施内容	图示
1	如右图编程，其中变量 "SA" 模式切换状态位为 1 时为自动模式，此时按 "启动按钮" 时，自动模式被激活。当按 "停止按钮" 或 "急停按钮" 时自动模式被停止	**程序段 1：** 启动停止自动模式 注释 %I1.2 "SA" — %I1.0 "启动按钮" — %M1.0 "急停按钮" — %I1.1 "停止按钮" — %M54.0 "自动模式" %M54.0 "自动模式"
2	右图所示为三色指示灯中黄灯的应用程序，当变量 "SA" 模式切换状态位为 OFF 时为手动模式，此时黄灯 1Hz 闪烁。若手动模式不在位，黄灯输出 OFF	**程序段 2：** 三色灯黄灯状态 注释 %I1.2 "SA" — %M0.5 "Clock_1Hz" — %Q1.0 "三色灯黄色"

（续）

步骤	实施内容	图示
3	右图所示为三色指示灯中红灯和蜂鸣器的应用程序，当"急停按钮"按下时，红灯 1Hz 闪烁，蜂鸣器开始工作，当报警取消时红灯和蜂鸣器均输出 OFF	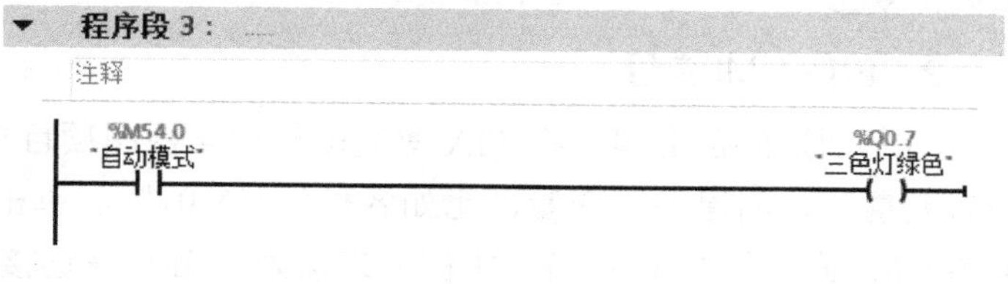 程序段 3： 注释 %M54.0 "自动模式" — %Q0.7 "三色灯绿色"
4	自动模式启动后绿灯常亮	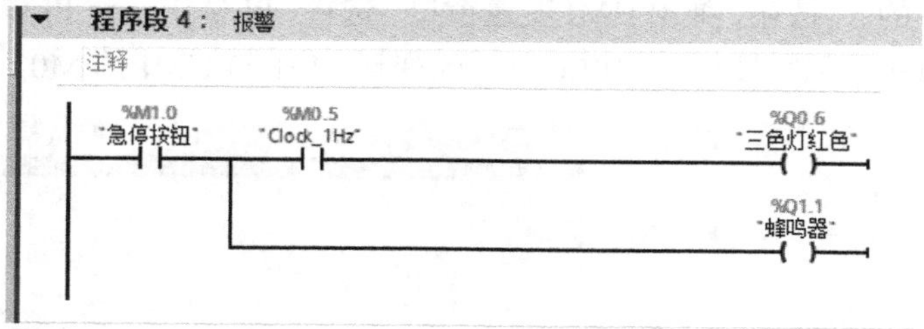 程序段 4：报警 注释 %M1.0 "急停按钮" — %M0.5 "Clock_1Hz" — %Q0.6 "三色灯红色" %Q1.1 "蜂鸣器"

3.4 HMI 触摸屏画面组态

知 识目标

掌握 HMI 触摸屏基础知识和使用方法。

技 能目标

能够根据控制要求，组态 HMI 画面控制 PLC 程序运行。

相 关知识

HMI 触摸屏最基本的功能是通过监控画面中的按钮向 PLC 发出各种命令、修改 PLC 寄存器中的参数，以及显示现场设备（通常是 PLC）中位变量的状态和寄存器中数字变量的值等。本实训平台使用的触摸屏型号是 KTP700 Basic。

3.4.1 HMI 变量

触摸屏中使用的变量类型和选用的控制器（PLC）的变量是一致的，例如若选用的是西门子 S7-1200 PLC，那么触摸屏中使用的变量类型就和西门子 S7-1200 PLC 的变量类型一致。

1. HMI 变量的分类

HMI 变量（Tag）分为外部变量和内部变量，每个变量都有一个符号名称和数据类型。外部变量是触摸屏和 PLC 进行数据交换的桥梁，是 PLC 中定义的存储单元的映像，其值随着 PLC 控制程序的执行而改变。HMI 和 PLC 均可访问外部变量。

内部变量存储在 HMI 存储器中，用于 HMI 内部运算或执行其他任务。只有 HMI 能访问内部变量。

2. 创建 HMI 变量

（1）创建外部变量　在 TIA 博途软件项目视图项目树中，选中"HMI 变量"→"显示所有变量"，创建外部变量，比如名称为"M01"。单击"连接"栏目下面的 ... 按钮，选择与 HMI 通信的 PLC 设备，本例的连接为"HMI→连接→ 2"；再单击"PLC 变量"栏目下的 ... 按钮，弹出 HMI 变量窗口，选择"PLC_1"→"PLC 变量"→"默认变量表"→"M01"，单击"☑"按钮，"PLC_1"的变量 M01 与 HMI 的 M01 关联在一起了，如图 3-11 所示。

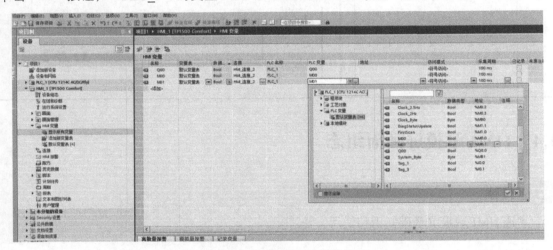

图 3-11　创建 HMI 外部变量

（2）创建内部变量　在 T1A 博途软件项目视图的项目树中，选中"HMI 变量"→"显示所有变量"，创建内部变量，比如名称为"X"，如图 3-12 所示。

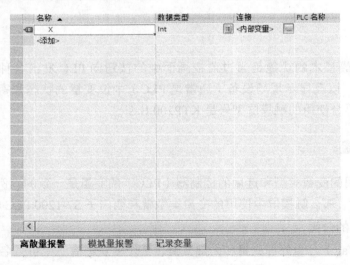

图 3-12　创建 HMI 内部变量

3.4.2　HMI 画面创建与组态

　　HMI 的画面创建与组态，包括图形和文字等基本对象的创建和组态，如直线、椭圆、圆、矩形、文本域、图片等；还包括元素的创建与组态，如按钮、开关、I/O 域等。

　　下面以三色指示灯的手动控制为例，简单说明 HMI 画面的创建与组态方法。

　　具体控制要求是：按下"启动 1"按钮，黄灯亮并闪烁，按下"停止 1"按钮，黄灯灭；按下"启动 2"按钮，绿灯亮并闪烁，按下"停止 2"按钮，绿灯灭；按下"启动 3"按钮，红灯亮并闪烁，按下"停止 3"按钮，红灯灭。另外，通过画面显示目前三色指示灯处于手动控制模式。

　　HMI 画面的创建和组态实施步骤见表 3-10。

表 3-10　HMI 画面创建与组态实施步骤

步骤	实施内容	图示
1	双击"添加新设备"	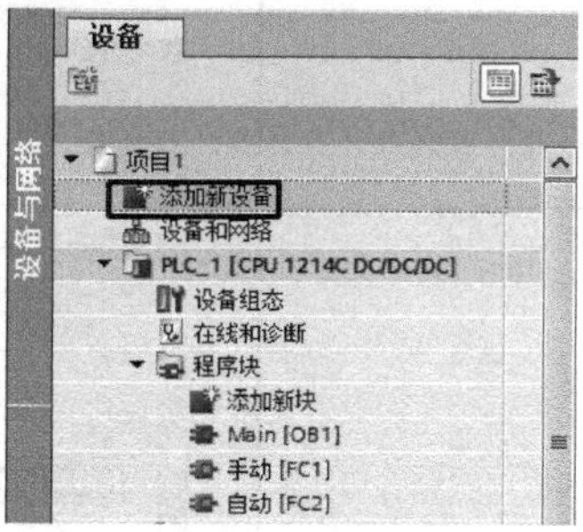
2	根据控制要求创建所需的变量表	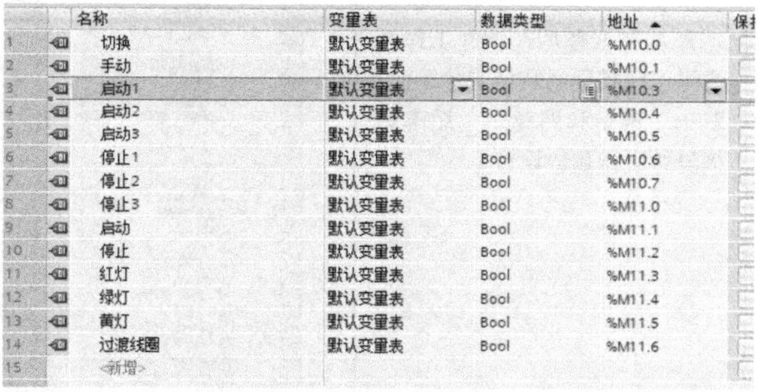
3	按照图中的数字顺序操作，先选择 1 处设备类型"HMI"，再选择 2 处"精简系列面板"、3 处"7"显示屏"、4 处"KTP700 Basic"、5 处"6AV2 123-2GB03-0AX0"，如果版本 15.1 过高可选择 15.0，6 处单击"确定"，即可添加触摸屏到项目中	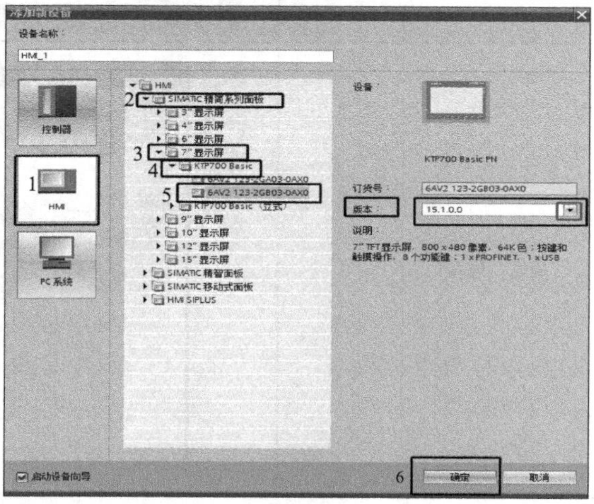

（续）

步骤	实施内容	图示
4	单击"取消"	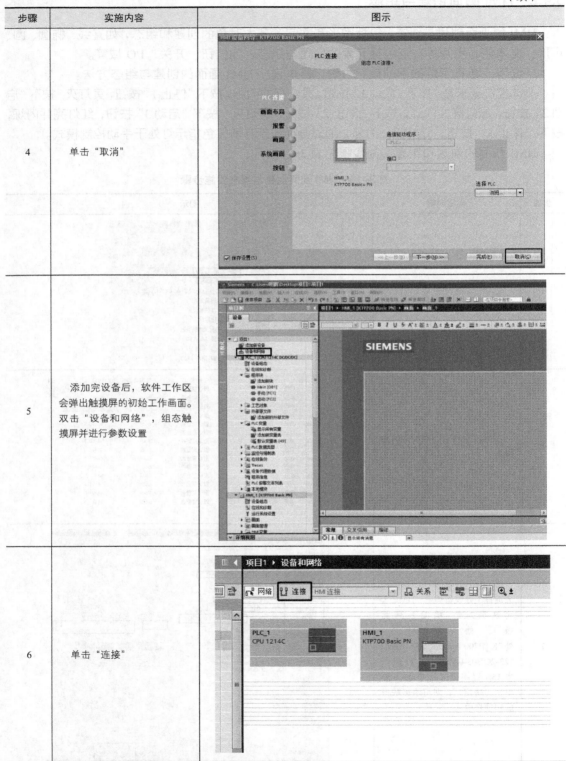
5	添加完设备后，软件工作区会弹出触摸屏的初始工作画面。双击"设备和网络"，组态触摸屏并进行参数设置	
6	单击"连接"	

（续）

步骤	实施内容	图示
7	单击图中1处绿色小方框（网口）不松开，并移动至2处绿色小方框（网口）后再松开	
8	建立 PLC 与 HMI 之间的连接。单击图中框选处图标，可显示设备的 IP 地址并可进行更改	
9	选中图中的 1 处 HMI_1 设备站，再单击 2 处的下载图标，下载一次空的触摸屏设备，以保证触摸屏与 PLC 连接正常	
10	使用基本对象中的"矩形"组合成三色指示灯，在元素中找到"按钮"并添加。添加"圆形"作为手动模式状态指示灯	

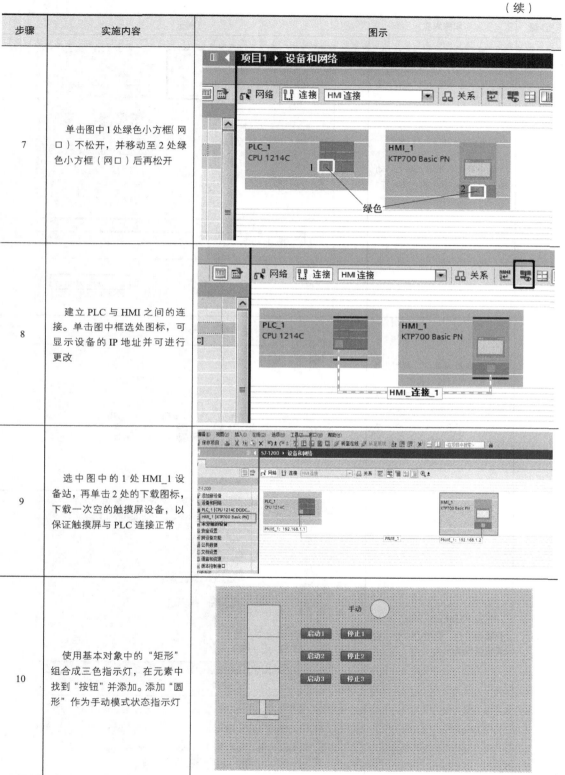

（续）

步骤	实施内容	图示
11	选中第一个矩形，单击"动画"，单击"动态化颜色和闪烁"	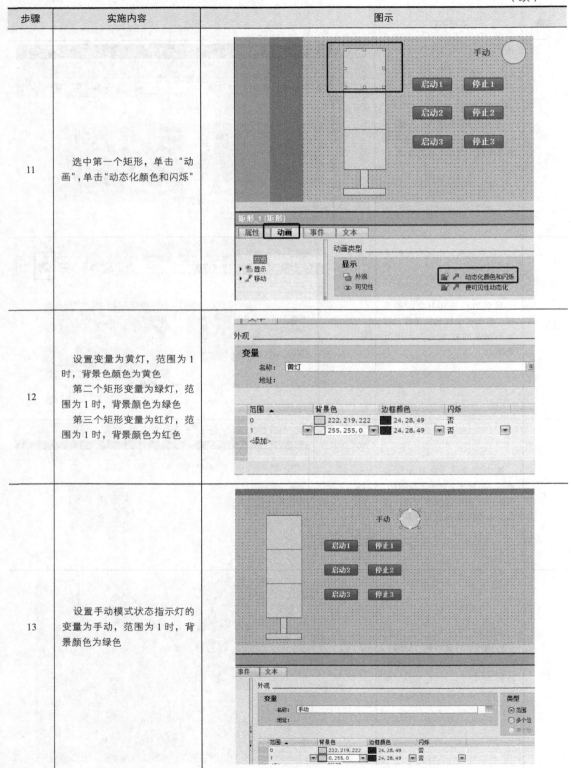
12	设置变量为黄灯，范围为 1 时，背景色颜色为黄色 第二个矩形变量为绿灯，范围为 1 时，背景颜色为绿色 第三个矩形变量为红灯，范围为 1 时，背景颜色为红色	
13	设置手动模式状态指示灯的变量为手动，范围为 1 时，背景颜色为绿色	

（续）

步骤	实施内容	图示
14	找到启动 1 的按钮，单击"事件"，选择"按下""按下按键时置位位"，设置变量为"启动 1"，并修改按钮的名称为"启动 1"	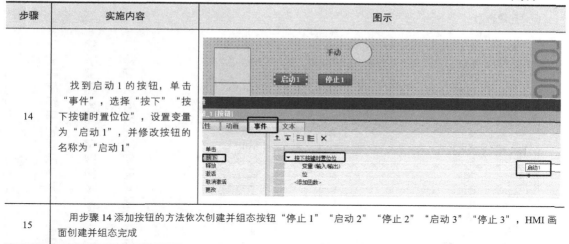
15	用步骤 14 添加按钮的方法依次创建并组态按钮"停止 1""启动 2""停止 2""启动 3""停止 3"，HMI 画面创建并组态完成	

实训项目六 ▶ 三色指示灯控制的画面组态编程

本项目控制要求如下：

1）手动控制模式。单击模式切换按钮切换至手动控制模式，手动控制模式指示灯由灰色变为绿色。按下"启动 1"，黄色指示灯由灰色变为黄色，直到按下"停止 1"按钮时熄灭。按下"启动 2"，绿色指示灯由灰色变为绿色，直到按下"停止 2"按钮时熄灭。按下"启动 3"，红色指示灯由灰色变为红色，直到按下"停止 3"按钮时熄灭。

2）自动控制模式。单击模式切换按钮切换至自动控制模式，自动控制模式指示灯由灰色变为绿色。按下"启动"按钮，5s 之后，黄色指示灯由灰色变为黄色，再过 5s 后，绿色指示灯由灰色变为绿色，再过 5s 后，红色指示灯由灰色变为红色。按下"停止"按钮，指示灯全部熄灭。

要求根据以上控制要求，组态三色指示灯控制的 HMI 画面并编写 PLC 控制程序。

具体实施步骤如下：

1. 创建 HMI 变量表

根据控制要求，创建 HMI 的变量表，如图 3-13 所示。

2. 创建 HMI 画面

根据控制要求，创建 HMI 画面，如图 3-14 所示。

HMI 画面的组态方法可参考表 3-10 所述的实施步骤，此处不再赘述。

3. 编写 PLC 控制程序

根据控制要求，编写 PLC 控制程序，参考程序如图 3-15 所示。

变量表_1

		名称	数据类型	地址	保持	从 H...	从 H...	在 H...
1		切换	Bool	%M10.0		☑	☑	☑
2		手动	Bool	%M10.1		☑	☑	☑
3		自动	Bool	%M10.2		☑	☑	☑
4		启动1	Bool	%M10.3		☑	☑	☑
5		启动2	Bool	%M10.4		☑	☑	☑
6		启动3	Bool	%M10.5		☑	☑	☑
7		停止1	Bool	%M10.6		☑	☑	☑
8		停止2	Bool	%M10.7		☑	☑	☑
9		停止3	Bool	%M11.0		☑	☑	☑
10		启动	Bool	%M11.1		☑	☑	☑
11		停止	Bool	%M11.2		☑	☑	☑
12		红灯	Bool	%M11.3		☑	☑	☑
13		绿灯	Bool	%M11.4		☑	☑	☑
14		黄灯	Bool	%M11.5		☑	☑	☑
15		过渡线圈	Bool	%M14.0		☑	☑	☑
16		<新增>				☑	☑	☑

图 3-13　HMI 变量表

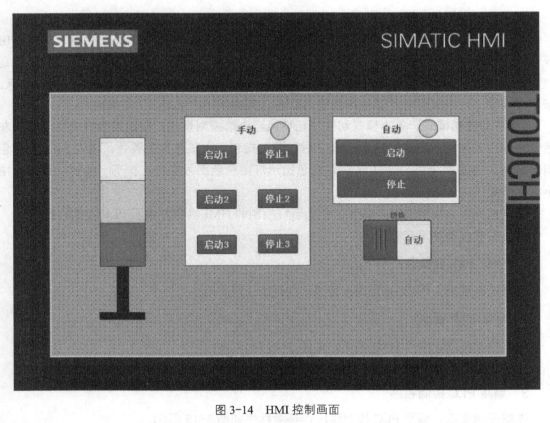

图 3-14　HMI 控制画面

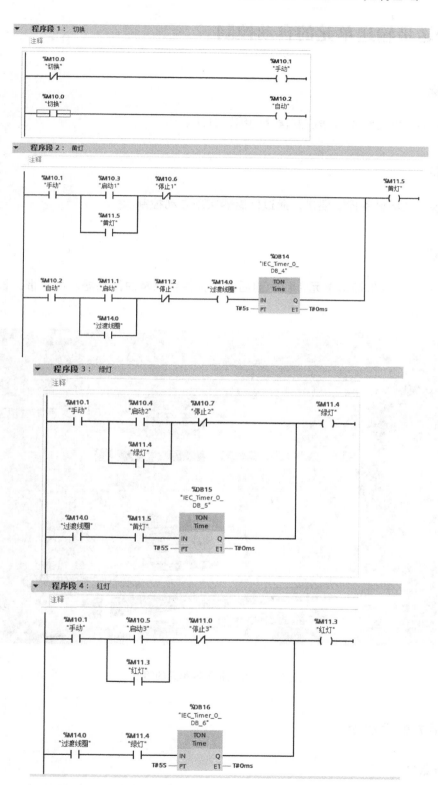

图 3-15 PLC 控制程序

3.5　传送带输送单元的自动控制

知 识目标

掌握现场传感器和执行器控制程序的编写方法。

技 能目标

能够根据现场设备控制要求，通过传感器实现自动控制。

相 关知识

　　图 3-16 为传送带输送单元，包含前后两组，每组都是由传感器、传送带、直流电动机和气缸等组成。

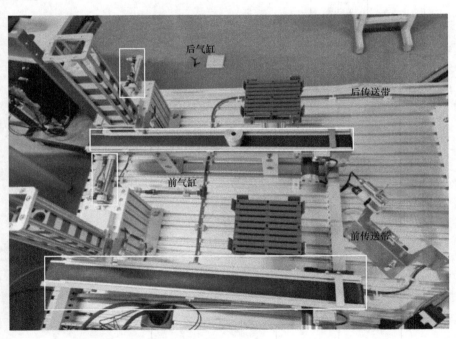

图 3-16　传送带输送单元的组成

3.5.1　相关编程指令

1. 计数器

西门子 S7-1200 PLC 的计数器为 IEC 计数器，用户程序中可使用的计数器数量仅受

CPU 存储器的容量限制。计数器包含 3 种计数器，分别是计数器（CTU）、减计数器（CTD）和加减计数器（CTUD）。

2. 定时器

西门子 S7-1200 PLC 的定时器为 IEC 定时器，用户程序中可使用的定时器数量仅受 CPU 存储器的容量限制。

3. FC 函数

FC 函数是不含存储区的代码块，常用于对一组输入值执行特定运算。例如可使用 FC 函数执行标准运算和可重复使用的运算（例如数学计算），或者执行工艺功能（如使用位逻辑运算执行独立的控制）。FC 函数也可在程序中的不同位置多次调用，以简化对经常重复发生的任务的编程。FC 函数的创建步骤如表 3-11 所示。

表 3-11 FC 函数创建步骤

步骤	实施内容	图示
1	添加一个 FC 函数	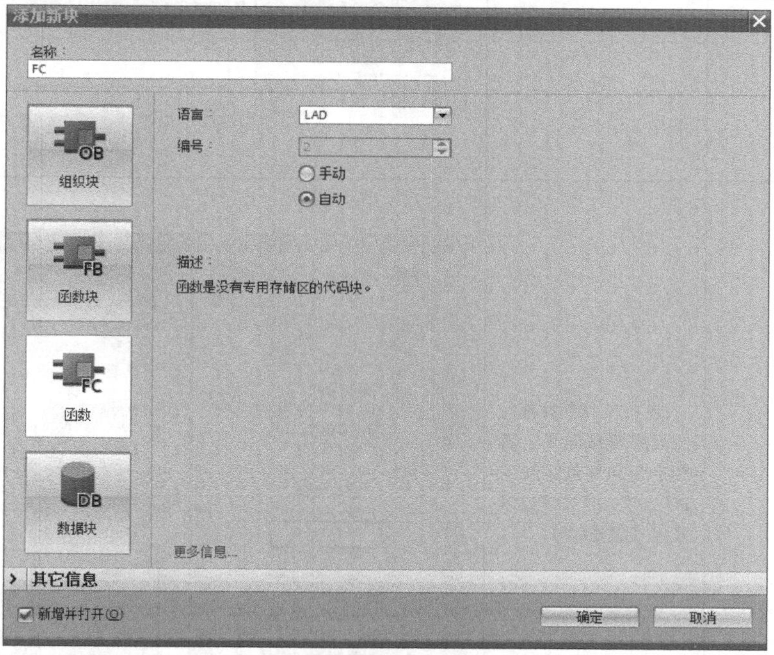
2	在 FC 函数中添加输入输出局部变量 X 和 Y	

（续）

步骤	实施内容	图示
3	编写一个点动程序	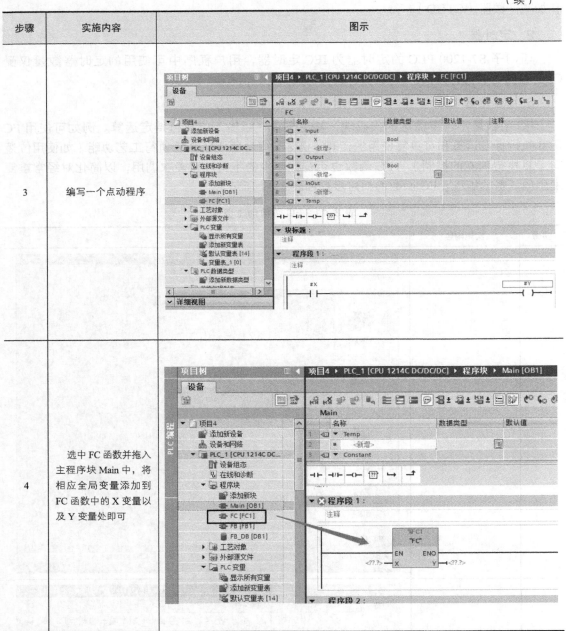
4	选中 FC 函数并拖入主程序块 Main 中，将相应全局变量添加到 FC 函数中的 X 变量以及 Y 变量处即可	

4. FB 函数块

FB 函数块是一种代码块，它将输入、输出和输入 / 输出参数永久地存储在背景数据块中，在执行块后，这些值依然有效。所以 FB 函数块也称为 "有存储器" 的块，其创建步骤如表 3-12 所示。

表 3-12　FB 函数块创建步骤

步骤	实施内容	图示
1	添加一个 FB 函数块	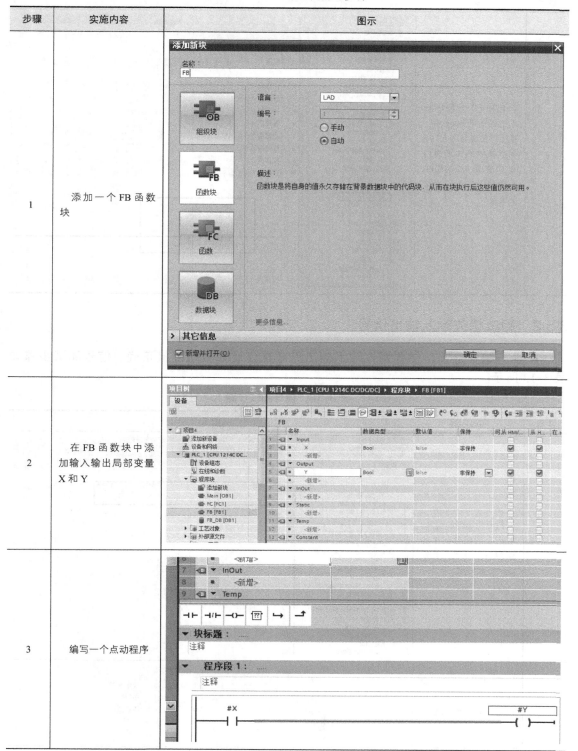
2	在 FB 函数块中添加输入输出局部变量 X 和 Y	
3	编写一个点动程序	

（续）

步骤	实施内容	图示
4	选中 FB 函数块拖入主程序块 Main 中，将全局变量添加到 FB 函数块中的 X 变量以及 Y 变量处，用 FB 函数块时变量不必全部填写	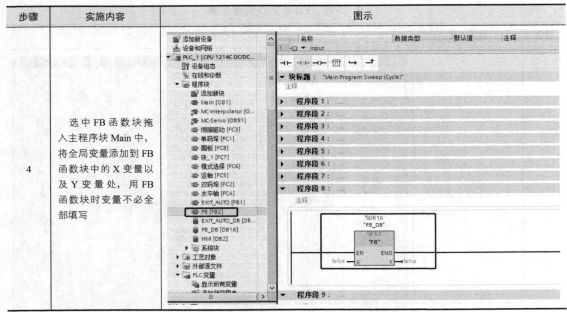

3.5.2　测试相关输入输出信号

在进行编程之前，需要测试输入输出点来保证硬件接线连接正确。信号测试步骤如表 3-13 所示。

表 3-13　信号测试步骤

步骤	实施内容	图示
1	打开组态好的项目，单击左边任务树中的监控与强制表，并新建一个监控表	
2	添加两个监控对象 Q0.6 和 Q0.7，分别对应绿色指示灯和黄色指示灯	

对于步骤2的图示：

	名称	地址	显示格式
1	"HL2"	%Q0.7	布尔型
2	"HL1"	%Q0.6	布尔型
3		<新增>	

（续）

步骤	实施内容	图示
3	单击小眼镜标志，进入在线监控状态	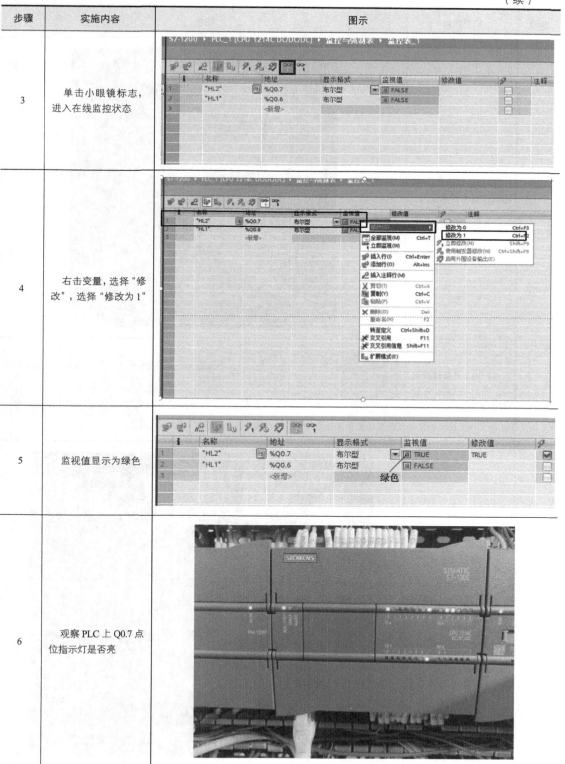
4	右击变量，选择"修改"，选择"修改为1"	
5	监视值显示为绿色	
6	观察 PLC 上 Q0.7 点位指示灯是否亮	

（续）

步骤	实施内容	图示
7	观察实际设备三色指示灯绿灯是否亮	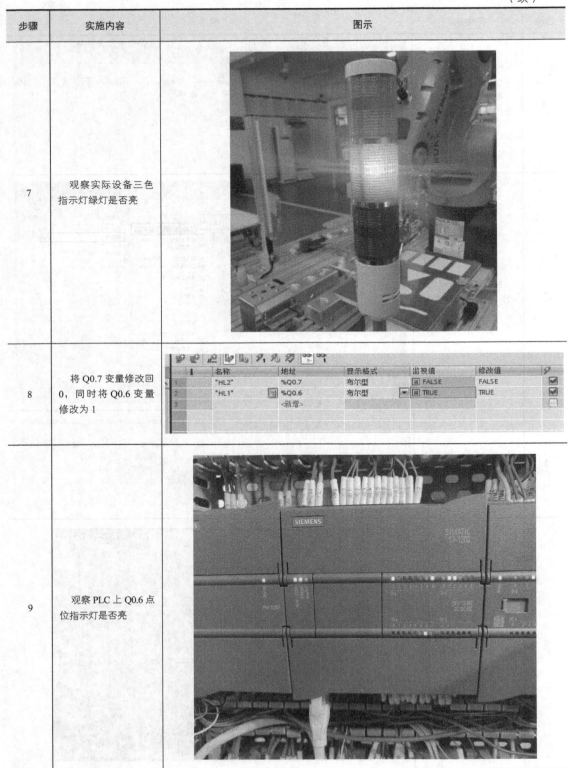
8	将 Q0.7 变量修改回 0，同时将 Q0.6 变量修改为 1	
9	观察 PLC 上 Q0.6 点位指示灯是否亮	

（续）

步骤	实施内容	图示
10	观察实际设备三色指示灯红灯是否亮	
11	使数轴原点触碰 SQ1 接近开关	

（续）

步骤	实施内容	图示
12	观察 PLC I0.0 点位灯是否亮，如果亮则表示接近开关接线正确	
13	用物体接近 SQ2 接近开关	
14	观察 PLC I0.1 点位灯是否亮，如果亮则表示接近开关接线正确	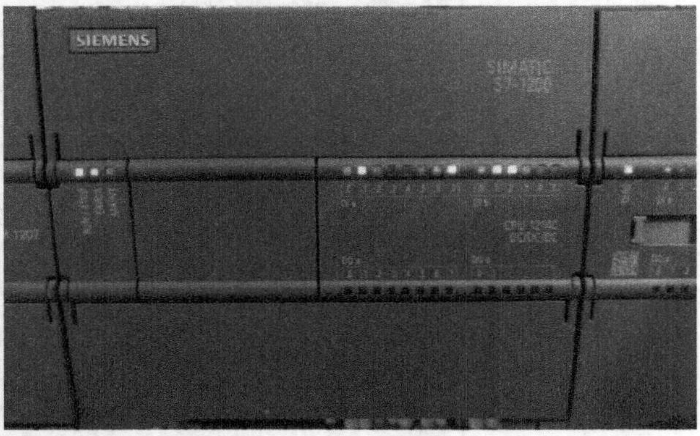
15	用如上方法，对 PLC 所有输入输出信号进行测试	

实训项目七 ▶ 编写传送带输送单元控制程序 ▶▶

实训要求： 首先检测料井有料，气缸动作将物料推出至传送带上并回位，传送带开始向右动作，光电开关检测到物料被传送到最右端后，传送带停止运行，拿走物料，HMI 画面上计数器加 1。物料拿走以后，如果料井有料，则开始循环。直到料井无料，传送带自动停止。

本实训项目的具体实施过程可参照前面所述内容自行完成，此处不再赘述。HMI 画面、PLC 变量表和 PLC 控制程序可分别参考图 3-17 ~ 图 3-19 所示内容。

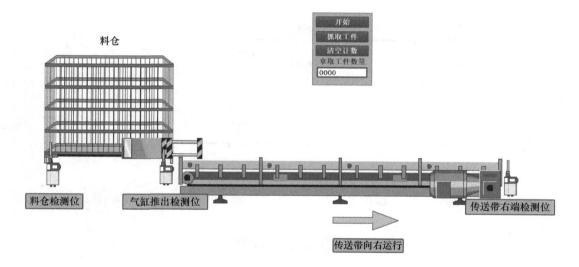

图 3-17　HMI 画面

		名称	变量表	数据类型	地址	保持	从 H…	从 H…	在 H…	注释
1		SB1	默认变量表	Bool	%I1.0	☐	☑	☑	☑	
2		SQ9	默认变量表	Bool	%I2.0	☐	☑	☑	☑	
3		YV2	默认变量表	Bool	%Q0.5	☐	☑	☑	☑	
4		SQ11	默认变量表	Bool	%I2.2	☐	☑	☑	☑	
5		M2-F	默认变量表	Bool	%Q0.2	☐	☑	☑	☑	
6		步	默认变量表	Int	%MW100	☐	☑	☑	☑	
7		停	默认变量表	Bool	%M50.2	☐	☑	☑	☑	
8		SB2	默认变量表	Bool	%I1.1	☐	☑	☑	☑	
9		HL2	默认变量表	Bool	%Q0.7	☐	☑	☑	☑	
10		SQ7	默认变量表	Bool	%I0.5	☐	☑	☑	☑	
11		出料…	默认变量表	Int	%MW200	☐	☑	☑	☑	
12		<新增>					☑	☑	☑	

图 3-18　PLC 变量表

程序段 1:

注释

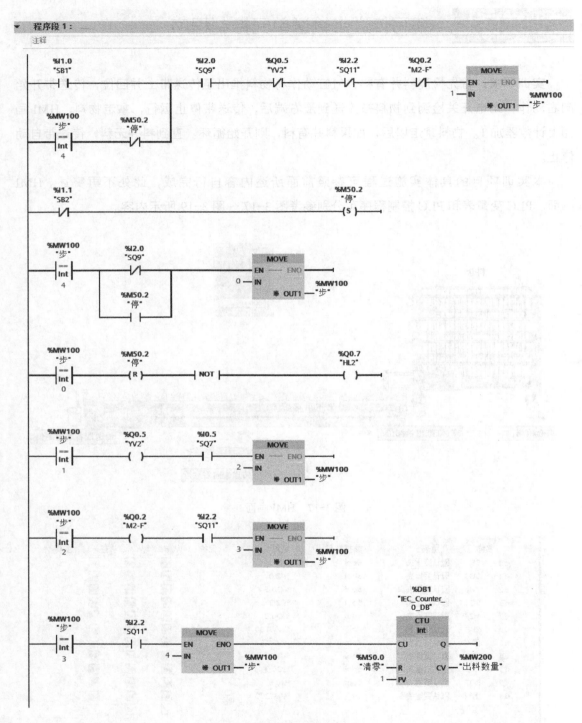

图 3-19　PLC 控制程序

3.6　V90 伺服驱动器组态和应用

(知)**识目标**

掌握 V90 伺服驱动器参数配置的方法。

(技)**能目标**

能够根据控制要求，完成伺服配置并编写 PLC 控制程序。

(相)**关知识**

3.6.1　伺服控制原理及硬件接线

每一个西门子 S7-1200 PLC 都有运动控制功能的组件，以支持轴的定位控制。使用时，可通过 PROFINET 通信方式连接 V90 伺服驱动器。具体硬件连接如图 3-20 所示。

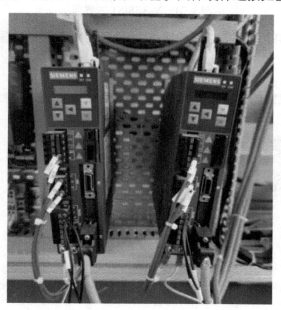

图 3-20　西门子 V90 伺服驱动器接线图

3.6.2　使用 V-ASSIST 调试

V90 伺服驱动器在初次使用时，需要进行参数优化。可选用 V-ASSIST 调试软件进行参数优化。具体调试过程如下。

1）使用 V-ASSIST 调试软件，在线检查 V90 伺服驱动器的控制模式为"速度控制"。具体如图 3-21 所示。

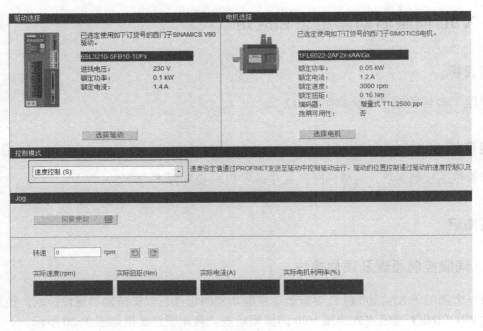

图 3-21　V-ASSIST 主界面

2）选择"设置 PROFINET"→"配置网络"，设置 V90 伺服驱动器的 IP 地址及设备名称。具体如图 3-22 所示。

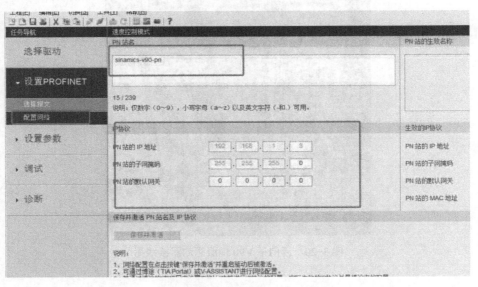

图 3-22　PROFINET 网络设置

⚠注意：设置的设备名称一定要与西门子 S7-1200 PLC 项目中配置的相同。另外，参数保存后需要重启驱动器才能生效。

3）设置 V90 伺服驱动器的控制报文为标准报文 3。具体如图 3-23 所示。

■ 西门子 S7-1200 PLC 控制基础

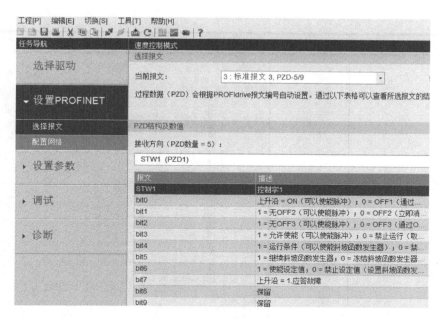

图 3-23　控制报文设置

4）如需要连接现场急停按钮，可将 DI1 至 DI4 中的某个数字量输入端子定义为"EMGS"功能。

5）通过软件的点动程序控制 V90 伺服驱动器，如能正常工作则说明硬件连接正常。

3.6.3　使用 TIA Portal 调试

在博途 V15.1 中，可以通过使用硬件支持包（HSP）在 TIA 博途中添加和组态西门子 V90 伺服驱动器。TIA 博途中 V90 伺服驱动器的组态、调试操作及参数优化步骤如下。

1. 硬件组态

首先根据 3.2.3 节所述内容完成设备组态，然后进行 V90 伺服驱动器的硬件组态，具体步骤如表 3-14 所示。

表 3-14　V90 伺服驱动器硬件组态步骤

步骤	实施内容	图示
1	在硬件目录中单击"其它现场设备"→"PROFINET"→"SINAMICS"	▶ 🗀 控制器 ▶ 🗀 HMI ▶ 🗀 PC 系统 ▶ 🗀 驱动器和起动器 ▶ 🗀 网络组件 ▶ 🗀 检测和监视 ▶ 🗀 分布式 I/O ▶ 🗀 供电与配电 ▶ 🗀 现场设备 ▼ 🗀 其它现场设备 　▶ 🗀 其它以太网设备 　▼ 🗀 PROFINET IO 　　▼ 🗀 Drives 　　　▼ 🗀 SIEMENS AG 　　　　▶ 🗀 SINAMICS 　　　　　🗋 SINAMICS DC MASTER CBE20 V1.1

（续）

步骤	实施内容	图示
2	找到 SINAMICS V90 PN V1.0 文件并拖拽到画面中	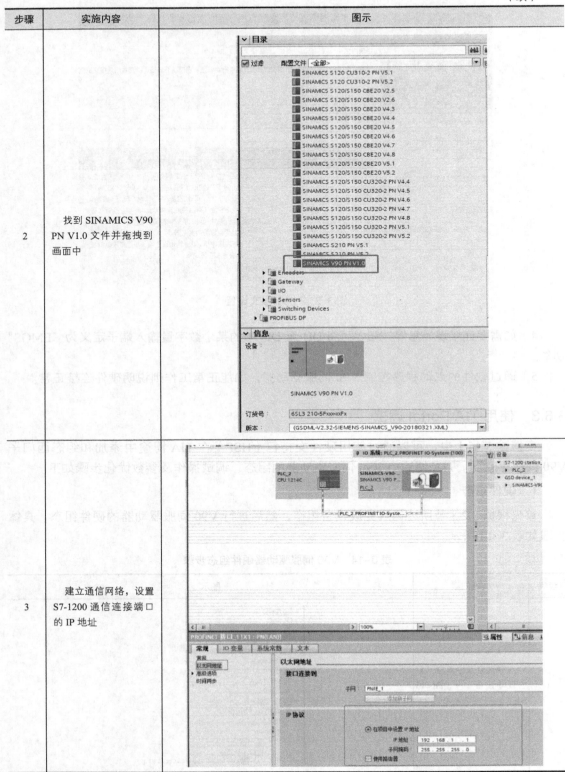
3	建立通信网络，设置 S7-1200 通信连接端口的 IP 地址	

（续）

步骤	实施内容	图示
4	设置 V90 PN 通信连接端口的 IP 地址及设备名称	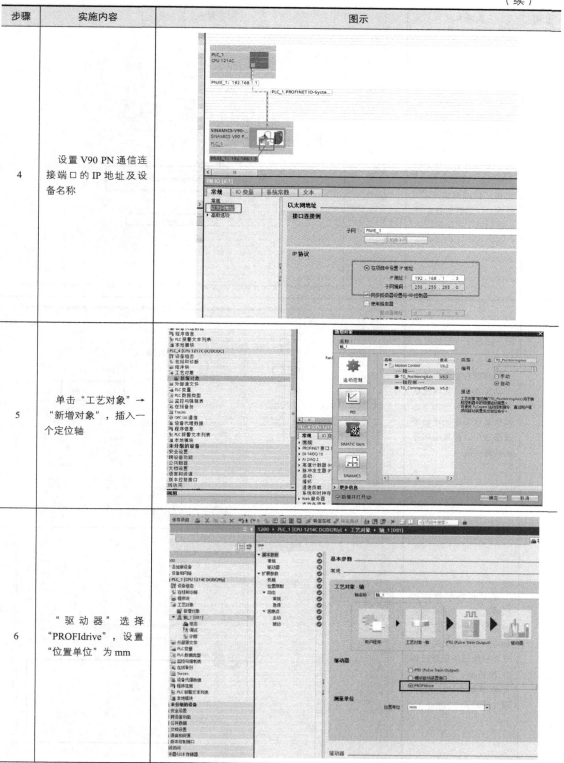
5	单击"工艺对象"→"新增对象"，插入一个定位轴	
6	"驱动器"选择"PROFIdrive"，设置"位置单位"为 mm	

步骤	实施内容	图示
7	单击"驱动器"，配置轴的驱动，"驱动器"选择"SINAMICS V90 PN_1 驱动_1"，连接到 PROFINET 总线上的 V90 PN，"驱动器报文"选择"标准报文 3"，并选中"运行时自动应用驱动值（在线）"	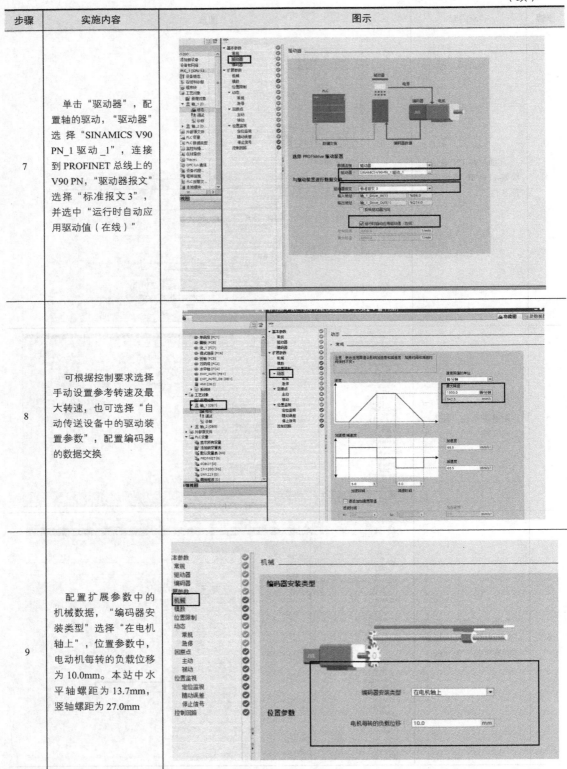
8	可根据控制要求选择手动设置参考转速及最大转速，也可选择"自动传送设备中的驱动装置参数"，配置编码器的数据交换	
9	配置扩展参数中的机械数据，"编码器安装类型"选择"在电机轴上"，位置参数中，电动机每转的负载位移为 10.0mm。本站中水平轴螺距为 13.7mm，竖轴螺距为 27.0mm	

（续）

步骤	实施内容	图示
10	启用模数，设置"模数长度"为360.0mm，"模数起始值"为0.0mm	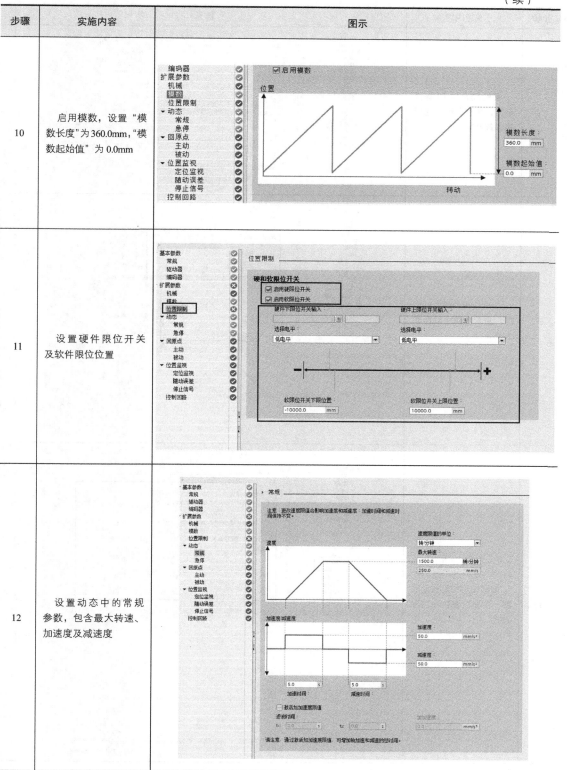
11	设置硬件限位开关及软件限位位置	
12	设置动态中的常规参数，包含最大转速、加速度及减速度	

步骤	实施内容	图示
13	设置动态中的急停参数，包含急停减速时间或紧急减速度	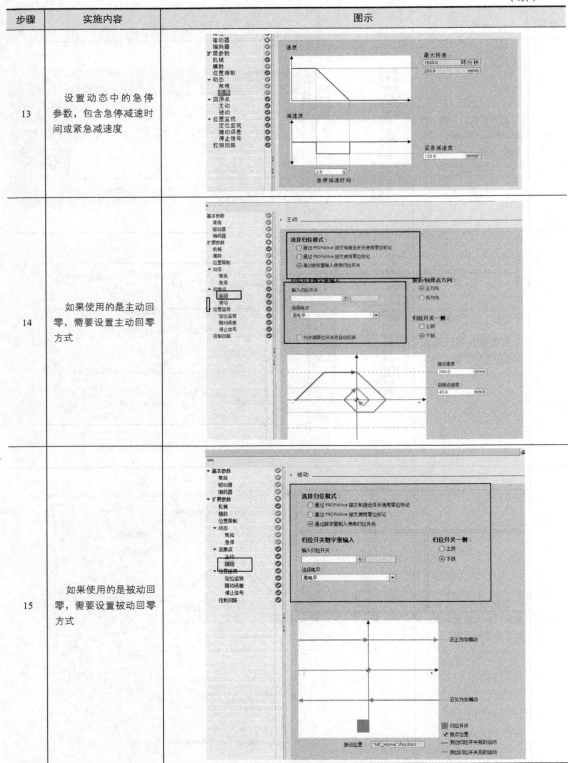
14	如果使用的是主动回零，需要设置主动回零方式	
15	如果使用的是被动回零，需要设置被动回零方式	

（续）

步骤	实施内容	图示
16	设置定位监视	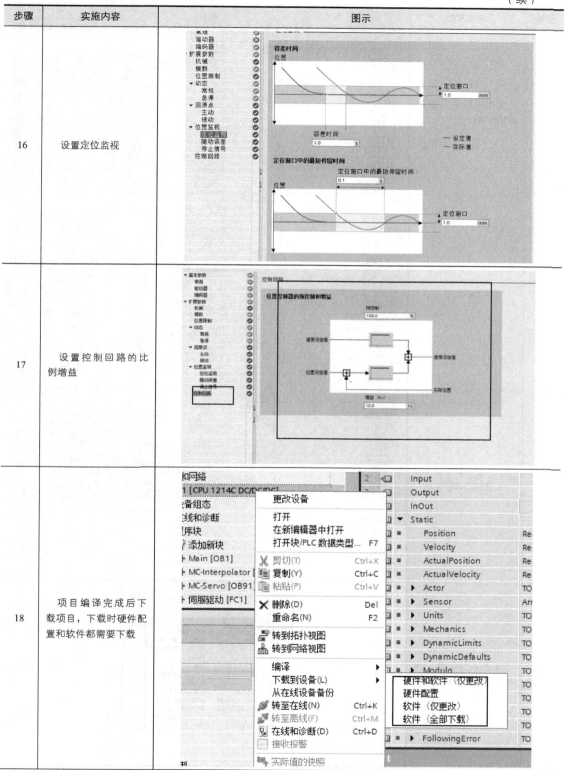
17	设置控制回路的比例增益	
18	项目编译完成后下载项目，下载时硬件配置和软件都需要下载	

步骤	实施内容	图示
19	使用轴控制面板测试轴的运行	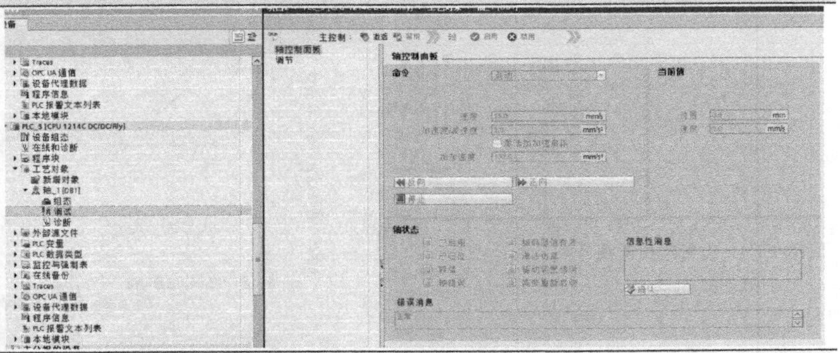
20	轴的性能优化	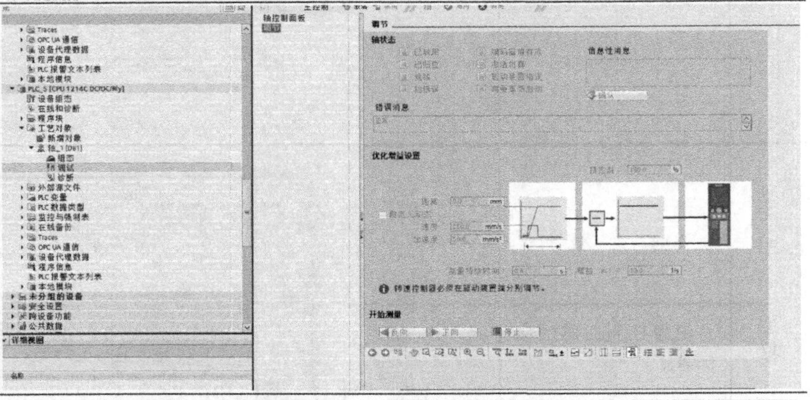
21	检查轴的诊断信息	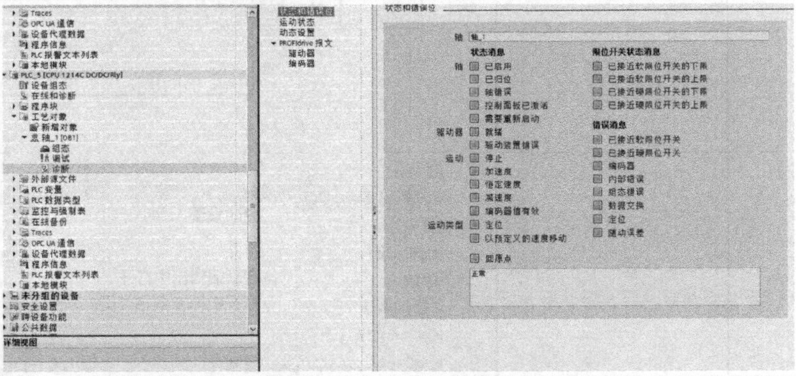
22	可使用工艺中的"Motion Control"指令进行运动控制编程，注意选择版本为 V6.0	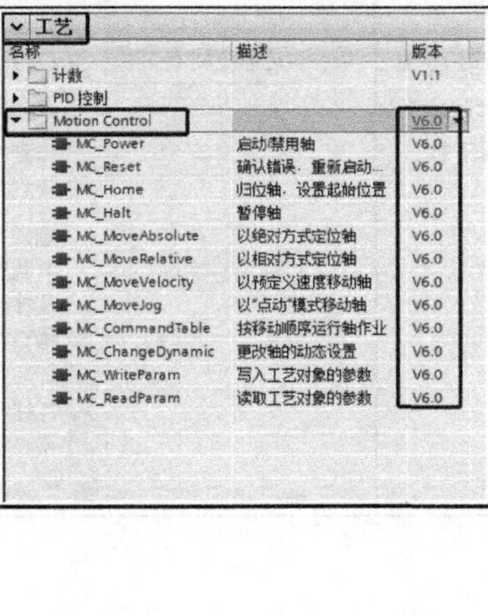

选择回零模式说明:

1)通过 PROFIdrive 报文和接近开关使用零位标记。在到达接近开关并置于指定的归位方向后,可通过 PROFIdrive 报文启用零位标记检测。在预先选定的方向上到达零位标记后,会将工艺对象的实际位置设置为归位标记位置。

2)通过 PROFIdrive 报文使用零位标记。当工艺对象的实际值按照指定的归位方向移动时,系统将立即启用零位标记检测。在指定的归位方向上到达零位标记后,会将工艺对象的实际位置设置为归位标记位置。

3)通过数字量输入使用原点开关。当轴或编码器的实际值在指定的归位方向上移动时,系统将立即检查数字量输入的状态。在指定的归位方向上到达归位标记(数字量输入的设置)后,会将工艺对象的实际位置设置为归位标记位置。如果是绝对值编码器,此处的设置无用。

2. V90 伺服驱动器编程常用指令

在博途 TIA Portal 软件中使用运动控制的编程指令进行 V90 伺服驱动器调试时,常用的编程指令说明见表 3-15。

表 3-15 V90 伺服驱动器编程常用的编程指令说明

序号	指令名称	功能说明	图示
1	启用/禁用轴指令 MC_Power	运动控制指令可启用或禁用轴	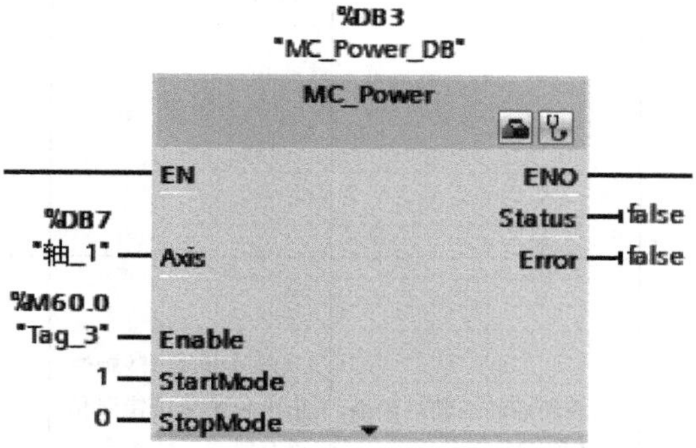
2	点动模式下移动轴指令 MC_Move Jog	在点动模式下以指定的速度连续移动轴。例如,可使用该运动控制指令进行测试和调试	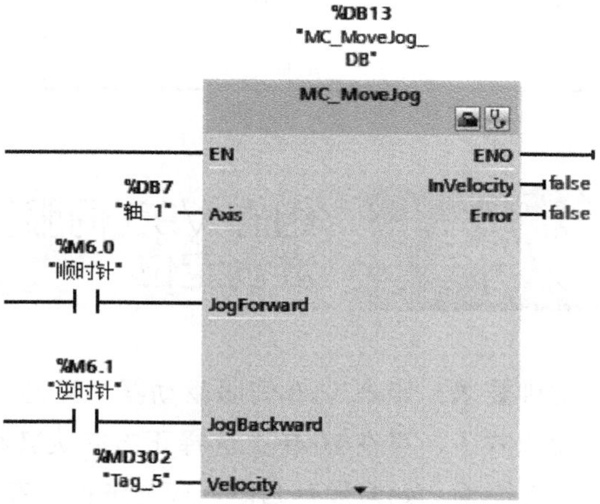

（续）

序号	指令名称	功能说明	图示
3	设置参考点指令 MC_Home	轴归位时，将轴坐标与实际物理驱动器位置匹配，轴的绝对定位回原点	%DB5 "MC_Home_DB" — MC_Home — EN ENO — Done false — Error false — %DB7 "轴_1" Axis — %I27.2 "主动回零" Execute — 0.0 Position — 3 Mode
4	轴的绝对定位指令 MC_Move Absolute	启动轴定位运动，可将轴移动到某个绝对位置	%DB6 "MC_MoveAbsolute_DB" — MC_MoveAbsolute — EN ENO — Done false — Error false — %DB7 "轴_1" Axis — %I27.3 "绝对定位" Execute — %MD300 "水平轴绝对定位位置" Position — %MD600 "绝对定位速度" Velocity
5	重新启动工艺对象指令 MC_Reset	用于确认伴随轴停止出现的运行错误和组态错误，并重启工艺对象	%DB16 "MC_Reset_DB_2" — MC_Reset — EN ENO — Done false — Error false — <???> Axis — false Execute

实训项目八 ▶ 组态 V90 伺服驱动器实现给定位置角度的准确定位

实训要求： 组态 V90 伺服驱动器，可通过选择模式实现手动模式和自动模式的转换。在手动模式下，可在 HMI 上选择正方向旋转和负方向旋转。在自动模式下，可使小车到达指定喷涂位置。如果没有归位，应先进行回零。

1. 编写 PLC 控制程序

组态 V90 伺服驱动器的 PLC 控制程序编写步骤如表 3-16 所示。

表 3-16　组态 V90 伺服驱动器 PLC 控制程序编写步骤

步骤	实施内容	图示
1	建立新项目，添加新设备，选择对应的 PLC 型号和版本	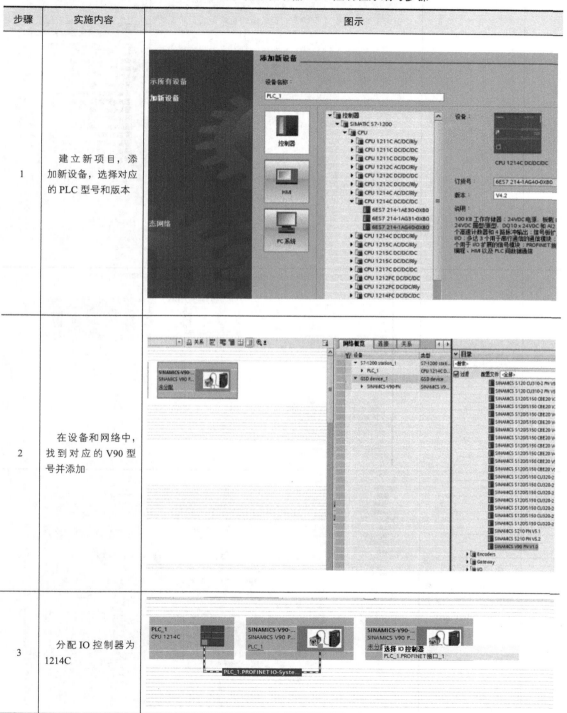
2	在设备和网络中，找到对应的 V90 型号并添加	
3	分配 IO 控制器为 1214C	

步骤	实施内容	图示
4	双击 V90，选择标准报文 3 并添加	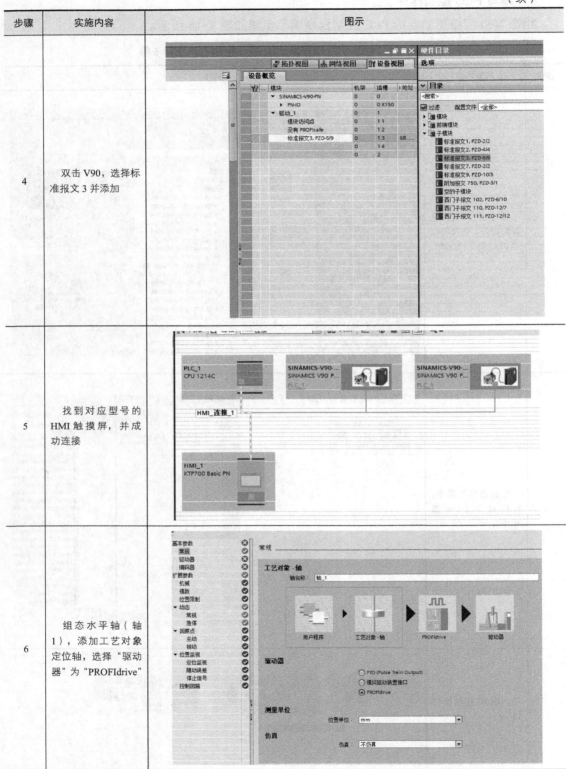
5	找到对应型号的 HMI 触摸屏，并成功连接	
6	组态水平轴（轴 1），添加工艺对象定位轴，选择"驱动器"为"PROFIdrive"	

（续）

步骤	实施内容	图示
7	根据上面的选择，"驱动器"选择驱动1，"编码器连接"选择"PROFINET/PROFIBUS 上的编码器"	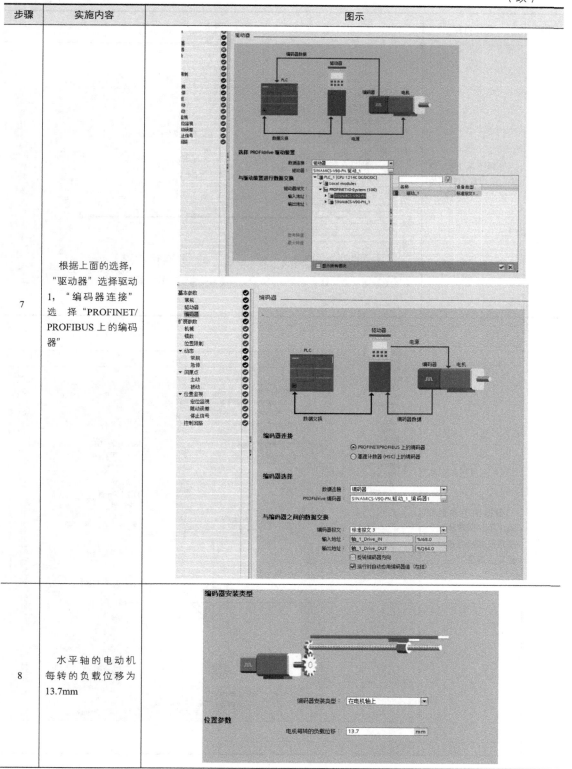
8	水平轴的电动机每转的负载位移为13.7mm	

（续）

步骤	实施内容	图示
9	竖轴不可360°旋转，所以启用软限位开关	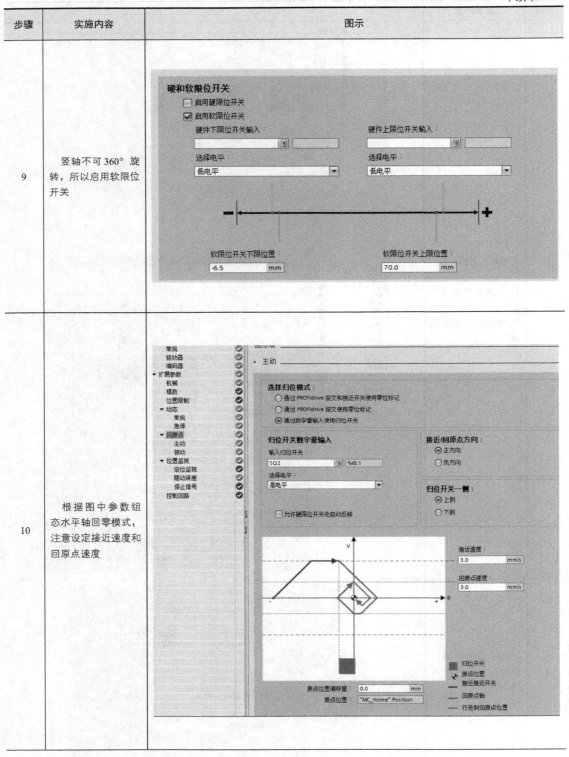
10	根据图中参数组态水平轴回零模式，注意设定接近速度和回原点速度	

（续）

步骤	实施内容	图示
11	竖轴回零模式组态方法与水平轴类似，选择"通过数字量输入使用归位开关"，"输入归位开关"设置为"SQ1"，"接近速度"设为20.0，"回原点速度"设为10.0	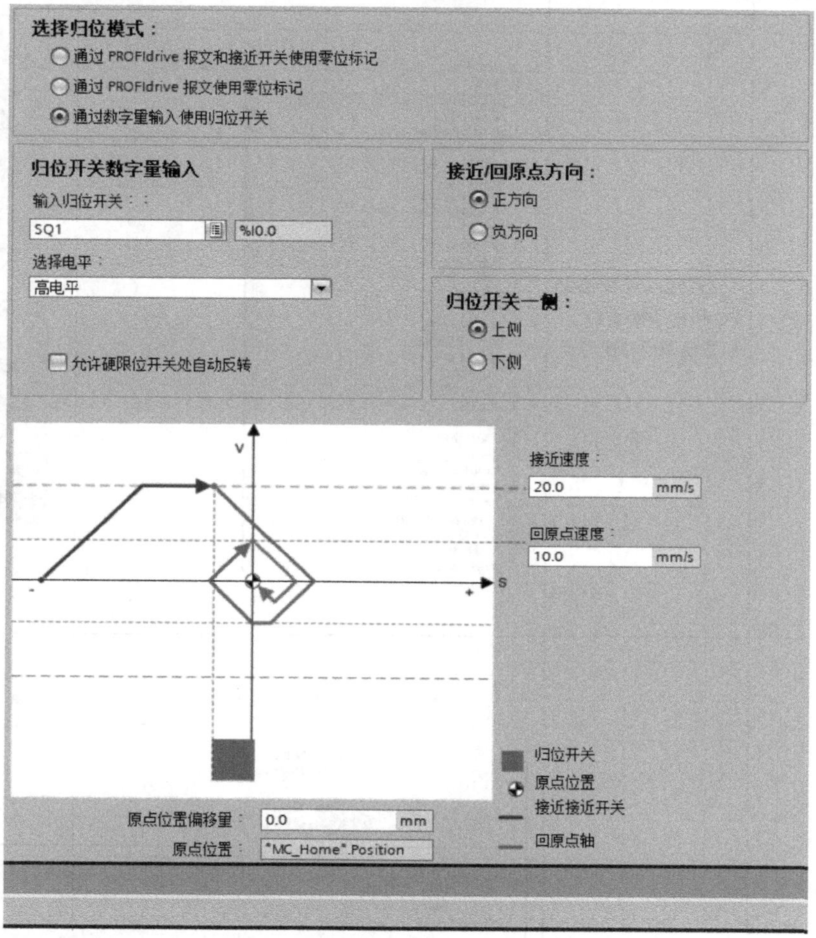
12	下载硬件和软件后，在工艺对象调试画面，看是否能正确运动	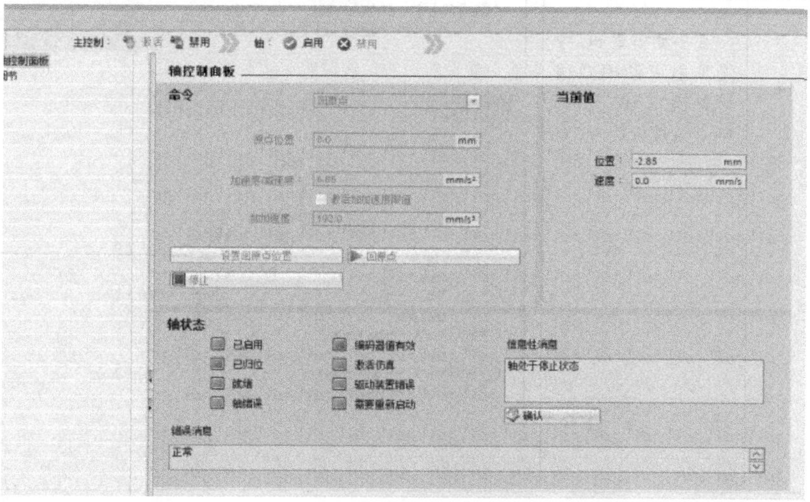

（续）

步骤	实施内容	图示
13	分别建立手动模式 FC 和自动模式 FC，以方便调用和使用	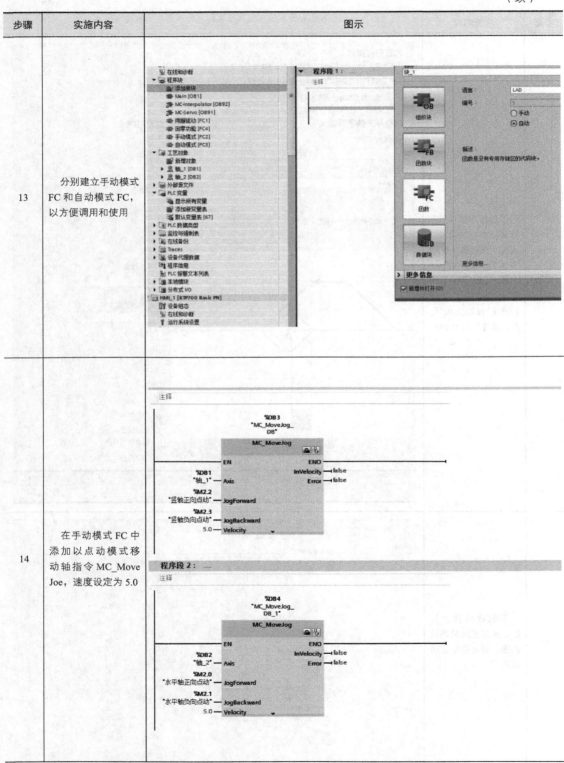
14	在手动模式 FC 中添加以点动模式移动轴指令 MC_Move Joe，速度设定为 5.0	

（续）

步骤	实施内容	图示
15	添加使轴归位指令 MC_Home，设置参考点，回零模式选择为 3	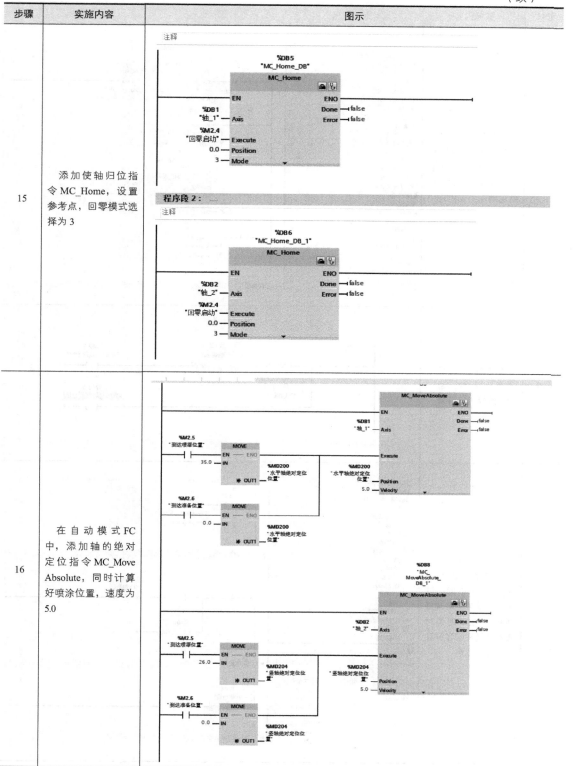
16	在自动模式 FC 中，添加轴的绝对定位指令 MC_Move Absolute，同时计算好喷涂位置，速度为 5.0	

（续）

步骤	实施内容	图示
17	在伺服驱动 FC 中添加启用 / 禁用轴指令 MC_Power，使能开关设置为 SB2，默认启动	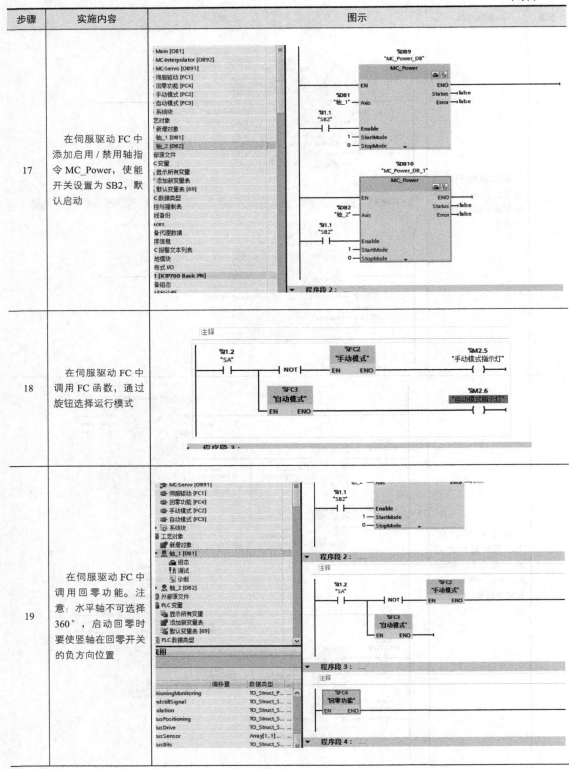
18	在伺服驱动 FC 中调用 FC 函数，通过旋钮选择运行模式	
19	在伺服驱动 FC 中调用回零功能。注意：水平轴不可选择360°，启动回零时要使竖轴在回零开关的负方向位置	

（续）

步骤	实施内容	图示
20	在 Main 主程序中调用伺服驱动 FC	**程序段 1：** 注释 %FC1 "伺服驱动" EN ENO **程序段 2：** 注释
21	编译无误后下载	

2. 组态 HMI 画面

首先根据 3.4 节操作方法，将表 3-17 中的 PLC 变量添加到 HMI 画面中。然后参考图 3-24 所示画面创建并组态 HMI 控制画面。具体步骤不再赘述。

表 3-17 PLC 变量

名称	PLC 变量
喷涂位置	到达喷涂位置
准备位置	到达准备位置
回零启动	回零启动
水平轴正向	水平轴正向点动
水平轴负向	水平轴负向点动
竖轴正向	竖轴正向点动
竖轴负向	竖轴负向点动
自动模式指示灯	自动模式指示灯
手动模式指示灯	手动模式指示灯
水平轴已归位指示灯	轴 _1_Status Bits_Homing Done（该变量在轴工艺对象的详细视图中）
竖轴已归位指示灯	轴 _2_Status Bits_Homing Done

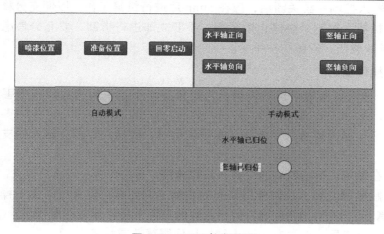

图 3-24 HMI 控制画面

第 4 章

KUKA 工业机器人硬件配置

4.1 KUKA 工业机器人的安全配置

知 识目标

了解工业机器人的安全运行措施。

技 能目标

能够运用正确的方法处理工业机器人运行现场的安全问题。

相 关知识

4.1.1 工业机器人安全使用规范

1. 安全注意事项

1）工业机器人电气或机械方面的维修工作只允许由专业人员进行。

2）在工业机器人系统的导电部件上作业前必须将主开关关闭，并采取措施以防重新接通，之后必须再次确定没有电压输入。

3）工业机器人控制系统关断后，应在 5min 后进行维修工作，以便充分释放残余电压。

4）在工业机器人控制系统停止运行后，不要立即进行拆卸，要充分考虑到散热器的表面温度可能会导致烫伤，应戴防护手套。

2. 示教器操作规范

示教器是一种高品质的手持式终端，为避免操作不当引起的故障或损害，在操作时应遵循以下说明：

1）不要摔打、抛掷或重击示教器。在不使用时，应挂到专门存放它的支架上，以防意外掉到地上。

2）示教器在使用和存放时应避免被人踩踏电缆。

3）为防止触摸屏受损，切勿使用锋利的物体（例如螺钉旋具或笔尖）操作触摸屏，应用手指或触摸笔（位于带有 USB 端口的示教器的背面）操作示教器触摸屏。

4）定期清洁触摸屏，以防灰尘和小颗粒挡住屏幕造成故障。

5）切勿使用溶剂、洗涤剂或擦洗海绵清洁示教器，应使用软布蘸少量水或中性清洁剂清洁。

3. 手动操作安全规范

在手动减速模式下，工业机器人只能以较低的速度（250mm/s 或更慢）移动。只要在安全保护空间之内工作，就应始终以手动速度进行操作。

在手动全速模式下，工业机器人以程序预设速度移动。只有所有人员都位于安全保护空间之外时，才能使用手动全速模式，且操作人员必须经过特殊训练，熟知潜在的危险。

4.1.2 安全相关装置

1. 急停装置

工业机器人有两种急停装置，一种为示教器上的内部急停装置，另一种为外接的急停装置。当有紧急情况发生时，必须按下急停装置。

特别注意：外部的急停装置是必需的，以确保示教器在拔下时，仍有急停装置可用。图 4-1 所示分别为示教器内部急停装置和现场外接急停装置，其中外部急停装置接在中间继电器上。

图 4-1　示教器内部急停装置和现场外接急停装置

2. 操作人员防护装置

操作人员的防护装置是一种安全隔离的防护装置：安全光幕，如图 4-2 所示。安全光幕只在自动运行方式下被激活。安全光幕信号接在 PLC 的输入点 I2.4 端子上。

3. 附加安全防护装置

（1）轴机械硬限位　为了防止工业机器人轴运动超出范围，导致工业机器人损坏，在工业机器人轴上设有机械硬限位。如果工业机器人在高速运行期间碰撞机械限位，需要重新进行零点校正。

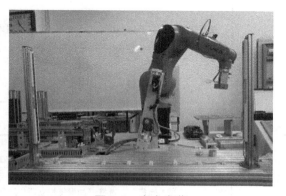

图 4-2　安全光幕

（2）轴软限位　轴软限位可限制轴运动范围，以防止工业机器人轴运动到机械硬限位。在示教器中可设定软限位的位置。

4.2 KUKA 工业机器人初次上电设置和硬件配置方法

知 识目标

了解 KUKA 工业机器人硬件配置方法。

技 能目标

能够对现场 KUKA 工业机器人进行硬件配置。

相 关知识

4.2.1 工业机器人初次上电设置

1. 初次上电步骤

KUKA 工业机器人在初次上电时，需要进行上电测试及必要的安全配置，具体步骤如表 4-1 所示。

表 4-1 KUKA 工业机器人初次上电步骤

步骤	实施内容	图示
1	将示教器和外部急停开关拔起后，用万用表测量控制柜的动力电源，确认电源电压正常（220V 左右）	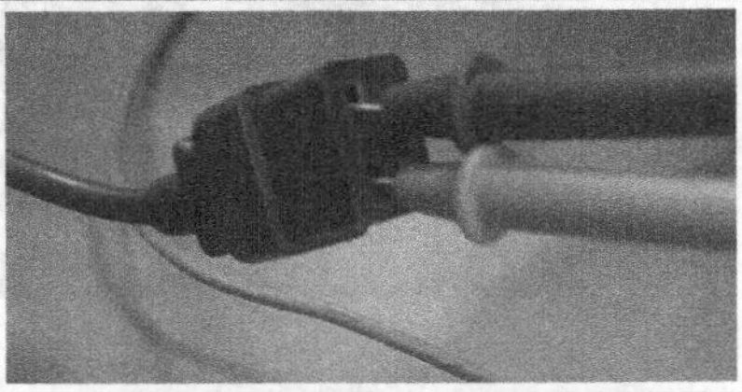
2	确认完毕后，打开控制柜主电源开关和工业机器人控制柜上的绿色开关，等待工业机器人启动	
3	在示教器上，单击"全部 OK"确认可确认信息。单击消息提示区域，此时会出现信息报警："KSS15068 安全配置的校验综合不正确"和"KSS00404 安全停止"	
4	需要确认工业机器人的安全配置，单击"主菜单"，在菜单中选择"配置""用户组"，然后单击"登录"，选择"用户登录"，设用户为"安全调试员"，密码为"kuka"	
5	单击"主菜单"，选择"配置""安全配置"，示教器弹出"故障排除助手"，选择"工业机器人或 RDC 存储器首次"→"投入运行"，选择"如果您想立即启用安全配置，请将其激活"，单击"现在激活"	
6	系统弹出一个确认对话框，选择"是"，以改变安全相关的配置部分	
7	等待安全参数配置完成，返回主界面，显示已成功保存改动	
8	返回主界面，单击"全部 OK"	

2. 投入运行模式

在工业机器人调试期间，外部的安全装置如果没有接好，可让工业机器人进入"投入运行模式"，允许工业机器人执行调试任务，此时工业机器人的 X11 端的安全信号无效。此模式存在一定的风险，所以要慎用。具体设置步骤如表 4-2 所示。

表 4-2　投入运行模式设置步骤

步骤	实施内容	图示
1	单击"主菜单"→"配置"→"用户组"	
2	进入登录界面，设"选择用户"为"Safety Maintenance"，"密码"为 kuka，单击"登录"	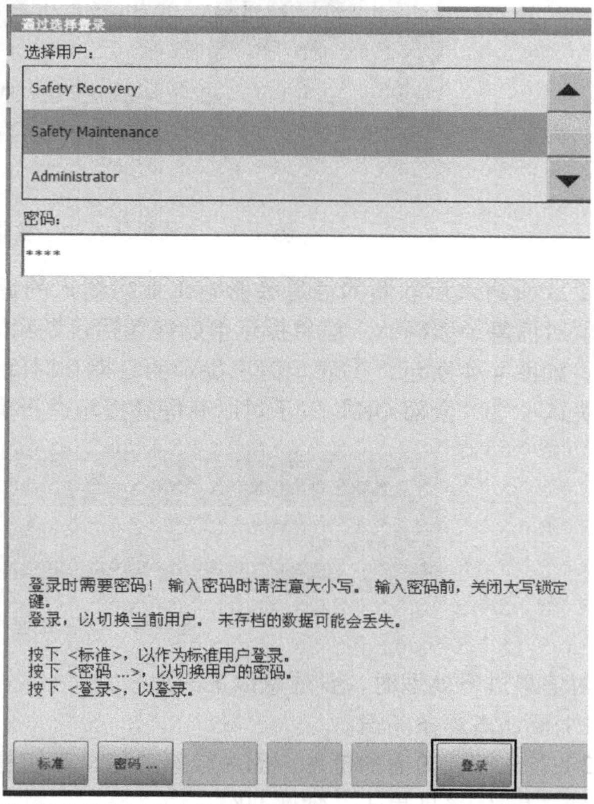

（续）

步骤	实施内容	图示
3	单击"主菜单"→"投入运行"→"售后服务"→"投入运行模式"	

3. 示教器信息处理

工业机器人示教器的信息提示主要包含确认信息、状态信息、提示信息和等待信息，如图 4-3 所示。

图 4-3　工业机器人的示教器信息提示

工业机器人示教器的信息会影响工业机器人的运动功能。为了使工业机器人运动，首先必须对信息予以确认。信息提示中始终包括日期和时间，以便为研究相关事件提供准确的时间。如图 4-4 所示，①表示信息提示的日期和时间；②"OK"表示对各条信息提示进行逐条确认；③"全部 OK"表示对所有信息提示进行确认。

图 4-4　信息处理栏

对信息进行处理时，要注意以下三点：

1）要认真逐条阅读。

2）首先阅读前面的信息，因为较新的信息可能是前面信息产生的后果。

3）切勿轻率地单击"全部 OK"。

4.2.2　KUKA 工业机器人硬件配置方法

不同型号的 KUKA 工业机器人其硬件参数不一样，所以需要进行硬件配置，以告诉工业机器人控制器所用的具体配置类型。

1. 软件使用

（1）软件界面　KUKA 工业机器人一般是应用 WorkVisual 软件进行配置，界面如图 4-5 所示。

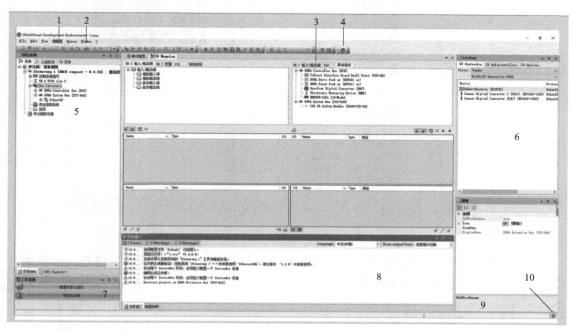

图 4-5　WorkVisual 界面

图 4-5 界面中各部分名称及功能如表 4-3 所示。

表 4-3　WorkVisual 界面各部分名称及功能

序号	名称及功能
1	菜单栏：包含所有的命令
2	工具栏：包括常用的命令
3	编辑器区域：设置工作将再次进行
4	帮助按键：单击可进入帮助文档（英文版）
5	项目结构窗口：可分类查看设置项目
6	样本窗口：该窗口中显示所有添加的样本，样本中的单元可通过窗口内拖放添加到选项卡设备或几何形状里
7	窗口工作范围：包含配置和投入运行、编程和诊断
8	窗口信息提示：对操作和报警等信息进行显示并记录
9	窗口属性：若选择了一个对象，则在此窗口中显示其属性
10	项目分析：图标 WorkVisual

（2）查找项目　凡是已经在控制器中激活过的项目，都能在"搜索"中显示。可选中并打开，以便进一步查看、编辑和下载等，如图 4-6 所示。

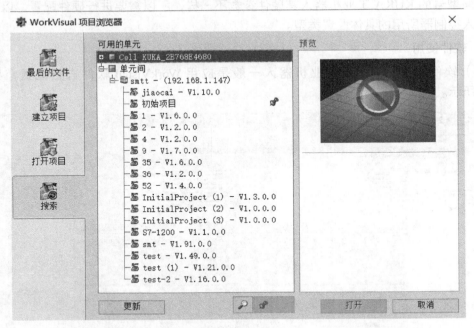

图 4-6　查找项目

（3）打开项目　打开项目中可显示保存在计算机中的项目，可选中并打开，以便进一步查看、编辑和下载等，如图 4-7 所示。

图 4-7　打开项目

2. 硬件配置内容

KUKA 工业机器人想正常运行，需要结合现场实际硬件进行配置，明确输入输出地址。主要包括配置工业机器人硬件、倍福模块、PROFINET 模块、I/O 扩展板模块等，具体步骤参见实训项目九。

实训项目九▶ 根据现场情况对 KUKA 工业机器人进行硬件配置 ▶▶

实训要求： 根据现场情况对 KUKA 工业机器人进行硬件配置。

在配置之前先规划好各设备的 IP 地址，具体如表 4-4 所示。

表 4-4　设备 IP 地址

序号	设备名称	IP 地址
1	计算机	192.168.1.156
2	KUKA 工业机器人	192.168.1.147
3	西门子 S7-1200 PLC	192.168.1.1

为了让工业机器人内部和外部信号能够进行通信，根据设备可用的地址范围，确定各设备的输入输出点，具体如表 4-5 所示。

表 4-5　设备的输入输出点范围

序号	设备名称	输入点范围	输出点范围
1	倍福模块	IN[1] ～ IN[5]	OUT[1] ～ OUT[8]
2	I/O 扩展板模块	IN[50] ～ IN[65]	OUT[50] ～ OUT[65]
3	PROFINET 模块	IN[100] ～ IN[355]	OUT[100] ～ OUT[355]

1. 工业机器人与计算机的通信设置

工业机器人的配置需要借助计算机软件进行，所以需要建立计算机和工业机器人之间的通信，具体步骤如表 4-6 所示。

表 4-6　工业机器人与计算机通信设置

步骤	实施内容	图示
1	将网线一端接在工业机器人控制柜 X66 端口（可通过交换机过渡），另一端接在计算机的网络端口	

（续）

步骤	实施内容	图示
2	在计算机控制面板选择"网络和共享中心"→更改适配器属性→选择"以太网"→右击选择"属性"	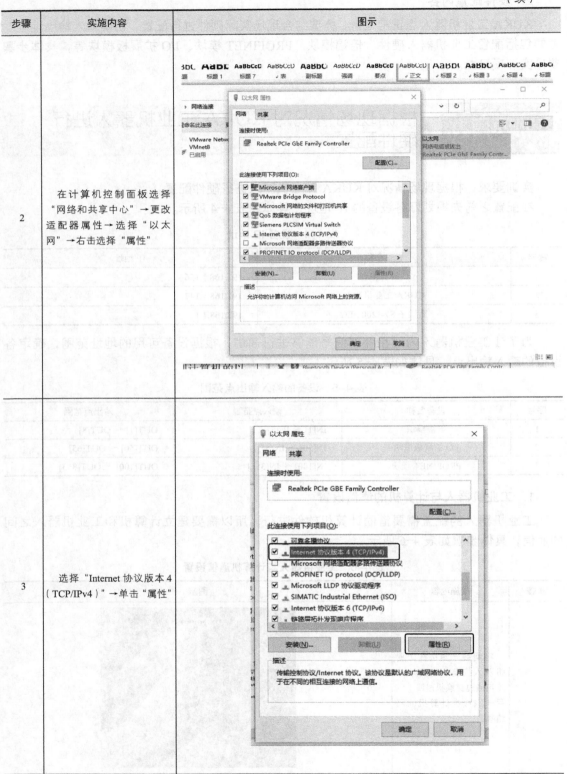
3	选择"Internet 协议版本 4（TCP/IPv4）"→单击"属性"	

（续）

步骤	实施内容	图示
4	使用右图的 IP 地址，将计算机的 IP 地址改成与工业机器人在同一网段中→单击"确定"，完成网络连接	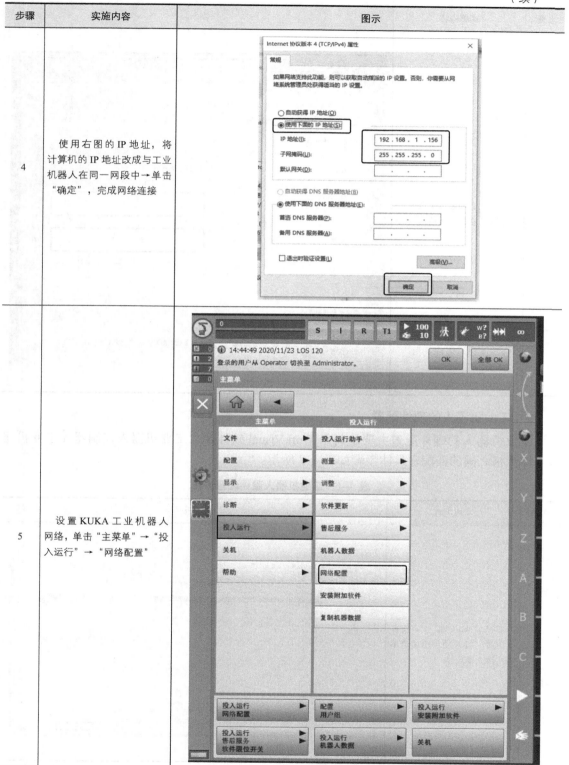
5	设置 KUKA 工业机器人网络，单击"主菜单"→"投入运行"→"网络配置"	

（续）

步骤	实施内容	图示
6	设置工业机器人网络地址与计算机在同一网段内	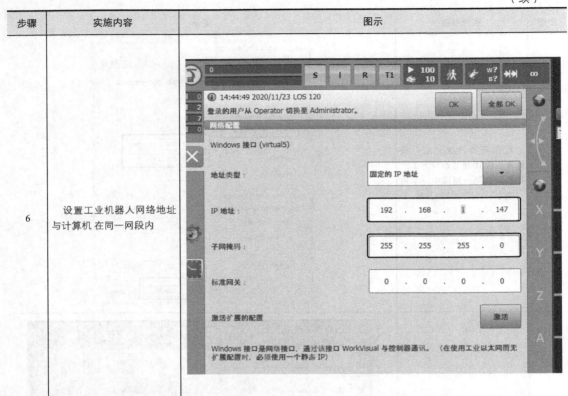

2. 工业机器人的硬件配置

工业机器人的硬件配置主要是利用 WorkVisual 软件建立工业机器人控制器和工业机器人本体规格之间的匹配，具体步骤如表 4-7 所示。

表 4-7　工业机器人硬件配置步骤

步骤	实施内容	图示
1	打开 "WorkVisual" 软件→选择 "打开项目" 或者单击 "建立项目"	

（续）

步骤	实施内容	图示
2	单击"File"→"编目管理…"	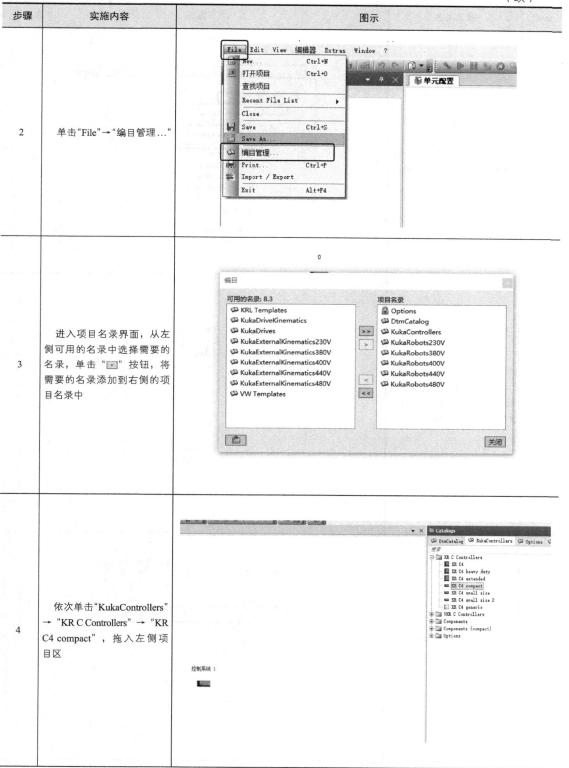
3	进入项目名录界面，从左侧可用的名录中选择需要的名录，单击"▣"按钮，将需要的名录添加到右侧的项目名录中	
4	依次单击"KukaControllers"→"KR C Controllers"→"KR C4 compact"，拖入左侧项目区	

工业机器人与西门子 S7-1200 PLC 技术及应用

（续）

步骤	实施内容	图示
5	选择 "KukaRobots230V" → "Small robots" → KR AGILUS series "KR AGILUS sixx" → "KR 6 R700 sixx C"，拖入左侧项目区	KukaRobots230V KukaRobots380V KukaRobots400V 搜索 Small robots KR AGILUS series KR AGILUS fivve KR AGILUS sixx KR 6 R700 sixx C KR 6 R700 sixx KR 6 R700 sixx W KR 6 R900 sixx C KR 6 R900 sixx KR 6 R900 sixx W KR 10 R900 sixx C KR 10 R900 sixx KR 10 R900 sixx W
6	使用拖拽鼠标的方式将控制系统 1 与工业机器人 KR 6 R700 sixx C 相连接	控制系统 1 KR 6 R700 sixx C
7	双击项目结构中的控制系统 1，激活项目	项目结构 设备 几何形状 文件 单元间：设备视图 控制系统 1 (KRC4 compact - ?) 控制系统组件 KR 6 R700 sixx C 总线结构 安全控制系统 选项 smtt (WINDOWS-TAJTLGM) (KRC4 - 8. 未分配的设备

（续）

步骤	实施内容	图示
8	"固件版本"选择"8.3.33"，单击"确定"	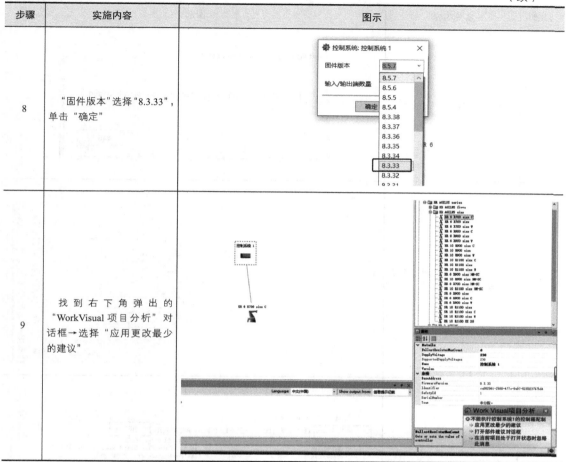
9	找到右下角弹出的"WorkVisual 项目分析"对话框→选择"应用更改最少的建议"	

3. 倍福模块输入输出配置

倍福模块主要用于工业机器人本体上的传感器和电磁阀的控制，其信号具有传输快、可靠性高的特点。这些信号可不经过 PLC 处理，直接用于示教器编程。倍福模块输入输出配置具体步骤如表 4-8 所示。

表 4-8　倍福模块输入输出配置步骤

步骤	实施内容	图示
1	单击"Extras"（额外）→"DTM-Catalog Management…"	

（续）

步骤	实施内容	图示
2	单击"确定"	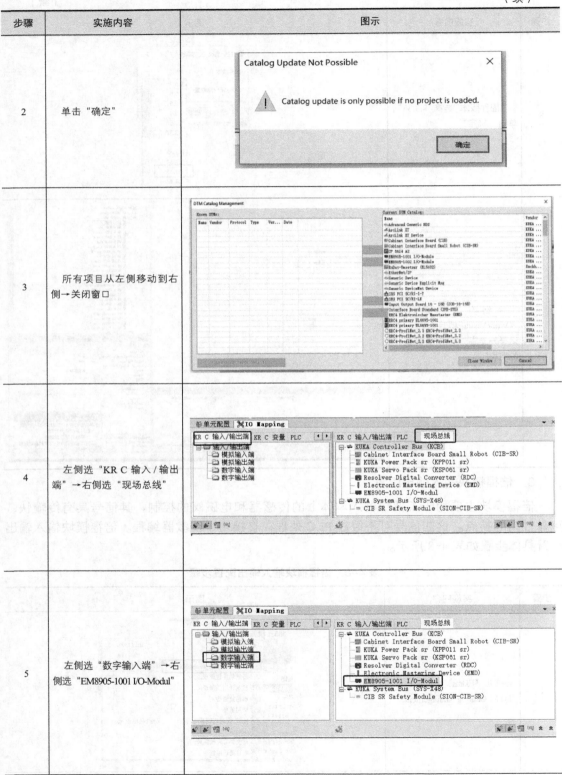
3	所有项目从左侧移动到右侧→关闭窗口	
4	左侧选"KR C 输入/输出端"→右侧选"现场总线"	
5	左侧选"数字输入端"→右侧选"EM8905-1001 I/O-Modul"	

（续）

步骤	实施内容	图示
6	同时选中左侧 $IN[1] ～ $IN[6]→同时选中右侧 Channel 1.Input ～ Channel 6.Input → 单击连接按钮（connect），完成 6 个输入信号的连接	
7	框中显示绿色，表示连接成功	
8	用同样的方法，连接数字量输出 $OUT[1] ～ $OUT[8] 和 Channel 7.Output ～ Channel 14.Output	

4. PROFINET 模块输入输出配置

PROFINET 模块主要用于对工业机器人外部的现场传感器和电磁阀的控制。这些信号需要用 PLC 处理，最终由 PLC 跟工业机器人通信后方可使用。

配置之前，需要在工业机器人示教器里安装 PROFINET 驱动程序，具体步骤如表 4-9 所示。

表 4-9　PROFINET 驱动程序安装步骤

步骤	实施内容	图示
1	单击"主菜单"→"显示"→"输入/输出端"→"输入/输出端驱动程序"	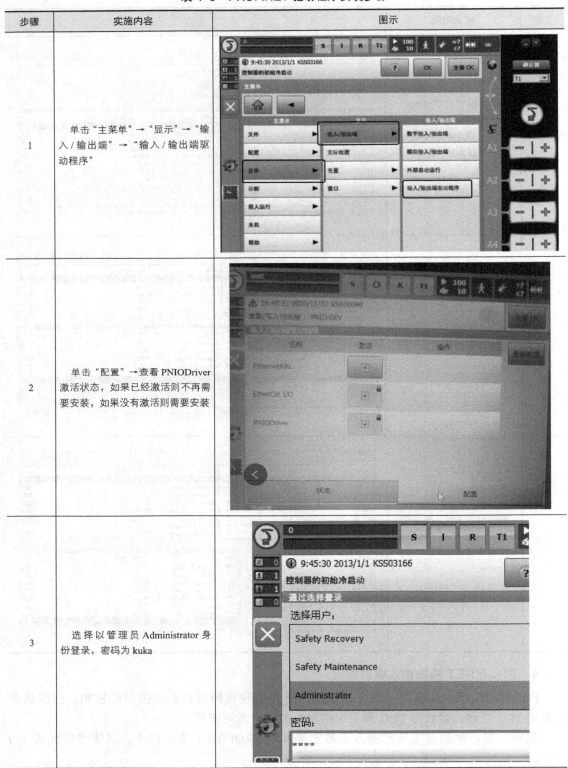
2	单击"配置"→查看 PNIODriver 激活状态，如果已经激活则不再需要安装，如果没有激活则需要安装	
3	选择以管理员 Administrator 身份登录，密码为 kuka	

（续）

步骤	实施内容	图示
4	单击"投入运行"，选择"安装附加软件"选项，进入下一个界面	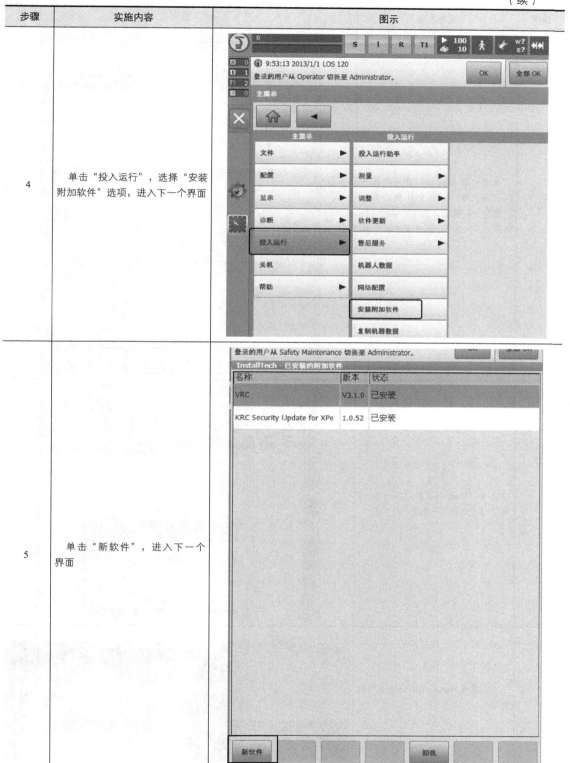
5	单击"新软件"，进入下一个界面	

（续）

步骤	实施内容	图示
6	单击"路径选择"选项，找到 Profinet KRC-Nexxt 文件夹，单击"保存"，将驱动文件的路径进行保存	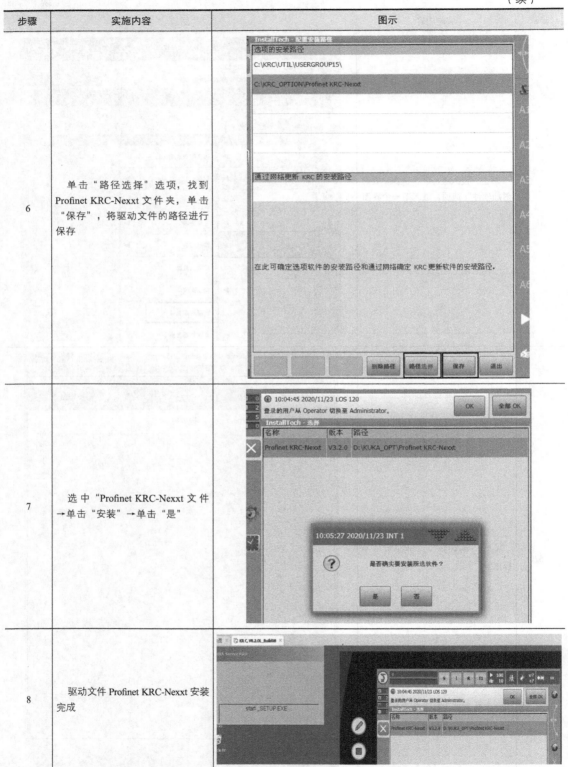
7	选中"Profinet KRC-Nexxt 文件→单击"安装"→单击"是"	
8	驱动文件 Profinet KRC-Nexxt 安装完成	

安装 PROFINET 模块驱动程序后，还需要利用 WorkVisual 进行相关配置，具体步骤如表 4-10 所示。

表 4-10　PROFINET 模块 WorkVisual 配置步骤

步骤	实施内容	图示
1	右击 "Bus Struct" → 单击 "Add…"	
2	在弹出的 "DTM 选择" 界面选择 "PROFINET" 功能 → 单击 "确定"	
3	右击 "PROFINET IO"，进行 DTM 选择 → 选择 KRC4-ProfiNet_3.2 → 单击 "确定"	

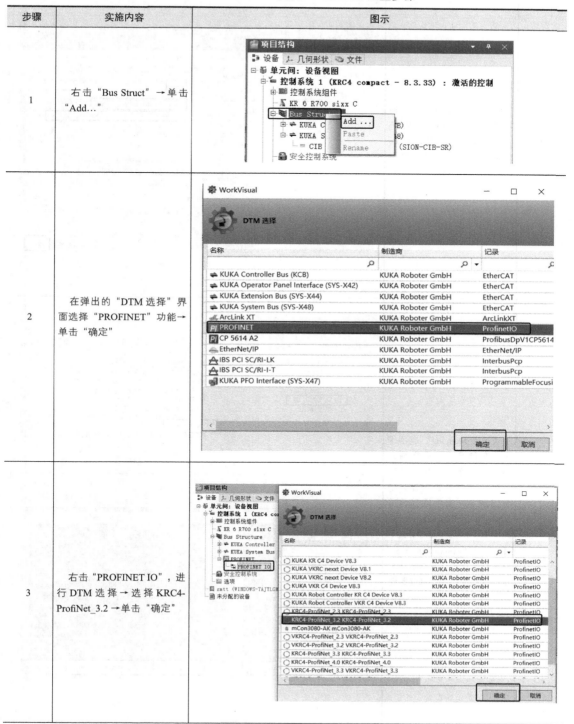

（续）

步骤	实施内容	图示
4	双击"PROFINET"→输入设备名"kuka"→勾选"Activate PROFINET device stack"→安全信号设置为0→单击"Apply"	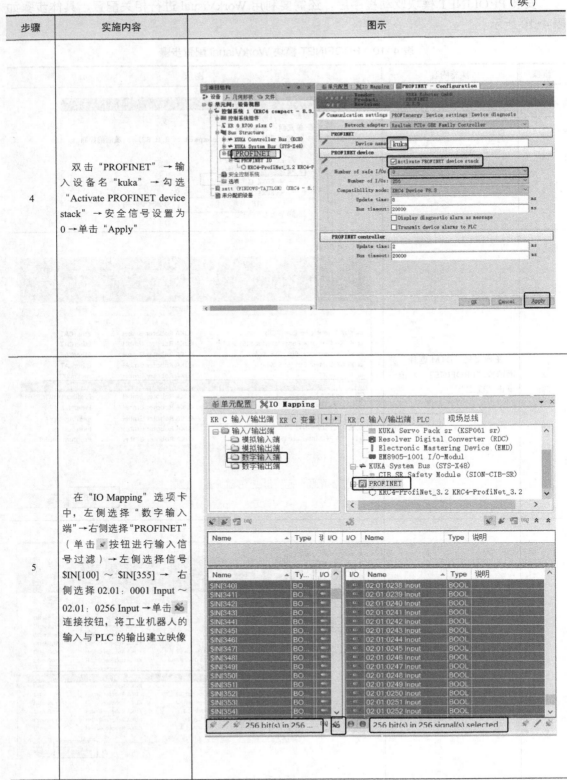
5	在"IO Mapping"选项卡中，左侧选择"数字输入端"→右侧选择"PROFINET"（单击 按钮进行输入信号过滤）→左侧选择信号$IN[100] \sim $IN[355]→右侧选择02.01：0001 Input ~ 02.01：0256 Input→单击连接按钮，将工业机器人的输入与 PLC 的输出建立映像	

（续）

步骤	实施内容	图示
6	同样，左侧选"数字输出端"→右侧选择"PROFINET"（单击 按钮进行输出过滤）→左侧选择信号（利用 <Shift> 键）$OUT[100] ～ $OUT[355]→右侧选择 02.01：0001 Output ～ 02.01：0256 Output →单击 连接按钮，将工业机器人的输出与 PLC 的输入建立映像	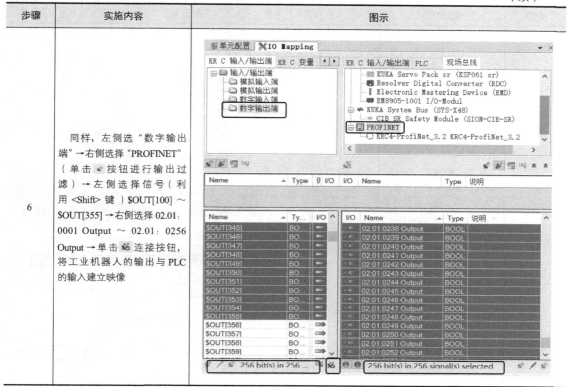

5. I/O 扩展板模块输入输出配置

I/O 扩展板模块与 PLC 是点对点导线连接通信，其信号抗干扰能力较强，具有良好的可靠性。I/O 扩展板模块输入输出配置具体步骤如表 4-11 所示。

表 4-11 I/O 扩展板模块输入输出配置步骤

步骤	实施内容	图示
1	右击"Bus Structure"→选择"KUKA Extension Bus（SYS-X44）"→单击"确定"	

步骤	实施内容	图示
2	右击 "KUKA Extension Bus（SYS-X44）" →选择 "Add…"，进入右侧界面 →选择 "Input Output Board 16-16B（IOB-16-16B）" →单击 "确定"	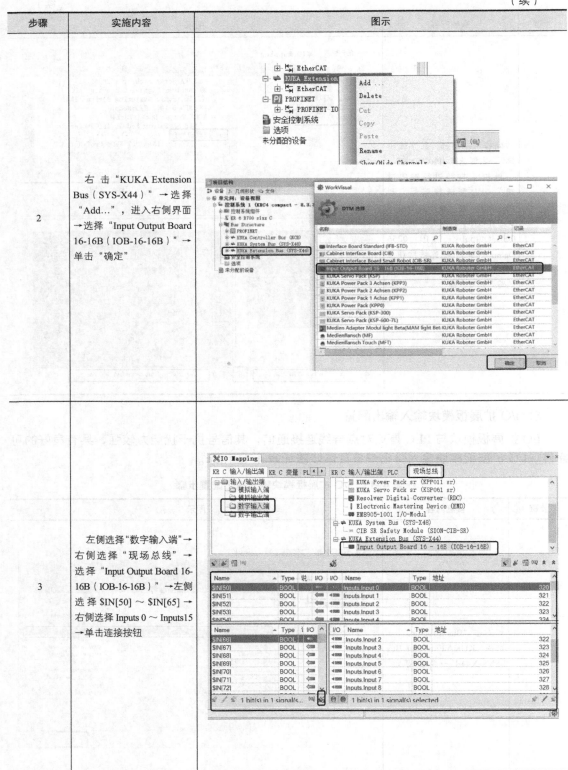
3	左侧选择 "数字输入端" →右侧选择 "现场总线" →选择 "Input Output Board 16-16B（IOB-16-16B）" →左侧选择 $IN[50] ～ $IN[65] →右侧选择 Inputs 0 ～ Inputs15 →单击连接按钮	

（续）

步骤	实施内容	图示
4	左侧选择"数字输出端"→右侧选择"现场总线"→选择"Input Output Board 16-16B（IOB-16-16B）"→左侧选择 $OUT[50] ～ $OUT[65]→右侧选择 Outputs Output 0 ～ Outputs Output15→单击连接按钮	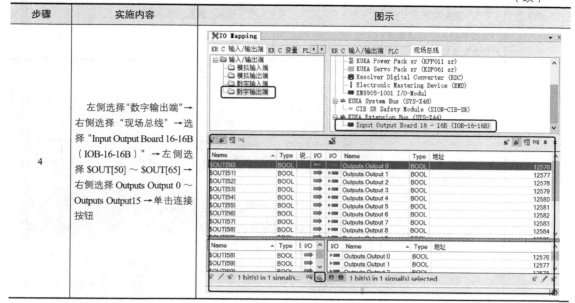

6. 编译下载

配置完成后，在 WorkVisual 软件中编译，没有错误后可下载到工业机器人控制器中，具体步骤如表 4-12 所示。

表 4-12　编译下载步骤

步骤	实施内容	图示
1	双击 ProfiNet_3.2→设置 IP 地址跟 PLC 网段一致→单击"Apply"→单击"OK"	
2	单击编译按钮	

（续）

步骤	实施内容	图示
3	工业机器人示教器设置用户为管理员	
4	单击 … 浏览按钮→选择单元间→单击"确定"	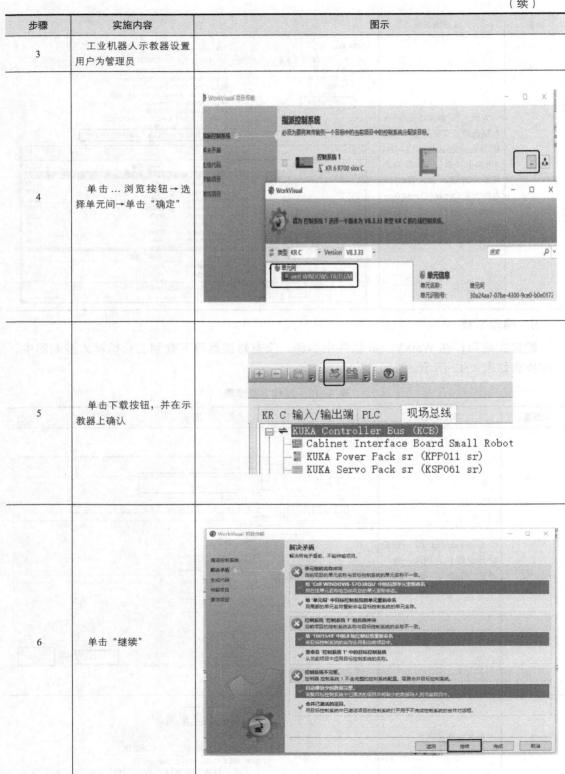
5	单击下载按钮，并在示教器上确认	
6	单击"继续"	

（续）

步骤	实施内容	图示
7	单击"完成"	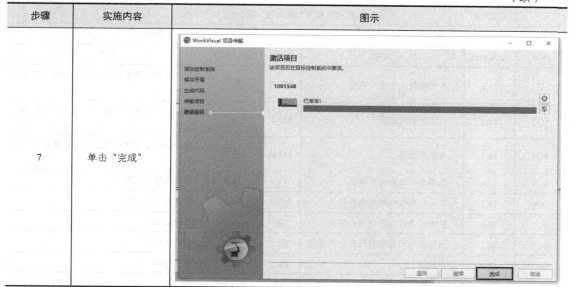

4.3 PLC 与工业机器人的以太网通信设置

知 识目标

掌握博途软件配置 KUKA 工业机器人通信的设置方法。

技 能目标

能够利用博途软件进行 KUKA 工业机器人通信的设置。

相 关知识

4.3.1 S7-1214C 信号变量

S7-1214C 的 11 个输入主要用来接收现场传感器信号并进行处理，10 个输出主要用来控制现场执行器及 LED 灯，具体的输入输出信号变量如表 4-13 所示。

表 4-13 S7-1214C 输入输出信号变量

符号	输入地址	说明	符号	输出地址	说明
		S7-1214C IP 地址 192.168.1.1			
	输入			输出	
符号	输入地址	说明	符号	输出地址	说明
SQ1	I0.0	竖轴原点电感传感器	M1-F	Q0.0	后传送带直流电动机正转（后传送带向右运行）

（续）

S7-1214C IP 地址 192.168.1.1						
输入			输出			
符号	输入地址	说明	符号	输出地址	说明	
SQ2	I0.1	水平轴原点电感传感器	M1-R	Q0.1	后传送带直流电动机反转（后传送带向左运行）	
SQ3	I0.2	西克电感传感器	M2-F	Q0.2	前传送带直流电动机正转（前传送带向右运行）	
SQ4	I0.3	电容传感器	M2-R	Q0.3	前传送带直流电动机反转（前传送带向左运行）	
SQ5	I0.4	西克光纤式光电传感器	YV1	Q0.4	后传送带推料气缸	
SQ6	I0.5	前传送带推料限位磁性开关	YV2	Q0.5	前传送带推料气缸	
SQ7	I0.6	后传送带推料限位磁性开关	HL1	Q0.6	红色指示灯	
SQ8	I0.7	后传送带料井中有料光电传感器	HL2	Q0.7	绿色指示灯	
SB1	I1.0	启动键	HL3	Q1.0	黄色指示灯	
SB2	I1.1	停止键（常闭）	HA	Q1.1	蜂鸣器	
SA	I1.2	模式转换开关（右"1"）				

4.3.2 SM1223 模块信号变量

SM1223 模块信号的 16 个输入分为两部分，一部分用来接收现场传感器及安全信号，另一部分通过工业机器人 I/O 扩展板模块与工业机器人进行通信。16 个输出中的 8 个用来跟工业机器人进行通信，另外 8 个没有使用。SM1223 模块信号变量如表 4-14 所示。

表 4-14　SM1223 模块信号变量

扩展模块 SM1223					
输入			输出		
符号	输入地址	说明	符号	输出地址	说明
SQ9	I2.0	前传送带料井中有料光电传感器			
SQ10	I2.1	后传送带工件到位			
SQ11	I2.2	前传送带工件到位			
SQ12	I2.3	光幕传感器			
GM	I2.4	松下光纤传感器			
R_OUT50	I3.0	OUT[50]	R_IN50	Q3.0	IN[50]
R_OUT51	I3.1	OUT[51]	R_IN51	Q3.1	IN[51]
R_OUT52	I3.2	OUT[52]	R_IN52	Q3.2	IN[52]
R_OUT53	I3.3	OUT[53]	R_IN53	Q3.3	IN[53]
R_OUT54	I3.4	OUT[54]	R_IN54	Q3.4	IN[54]
R_OUT55	I3.5	OUT[55]	R_IN55	Q3.5	IN[55]
R_OUT56	I3.6	OUT[56]	R_IN56	Q3.6	IN[56]
R_OUT57	I3.7	OUT[57]	R_IN57	Q3.7	IN[57]

4.3.3 PROFINET 模块信号变量

PROFINET 模块的 256 个输入信号和 256 个输出信号，通过 PROFINET 总线通信，没有实际物理接线，在使用中需要设置 PLC 与工业机器人之间的信号对应。在具体应用中，因为输入输出点数量多，所以可通过博途设置 PLC 具体的数据类型，比如 BOOL、INT、DINT 等。PROFINET 信号变量如表 4-15 所示。

表 4-15 PROFINET 信号变量

PROFINET 模块							
输入				输出			
符号	输入	说明		符号	输出	说明	
R_OUT100	I22.0	工业机器人输出 OUT[100]		R_IN100	Q22.0	工业机器人输入 IN[100]	
R_OUT101	I22.1	工业机器人输出 OUT[101]		R_IN101	Q22.1	工业机器人输入 IN[101]	
⋮	⋮	⋮		⋮	⋮	⋮	
R_OUT355	I53.7	工业机器人输出 OUT[355]		R_IN355	Q53.7	工业机器人输入 IN[355]	

4.3.4 利用博途创建变量

为了后续综合实例编程方便，需要先将所有的变量在博途中定义好，并进行打点测试。同时，为了便于程序的管理和阅读，建议将变量表根据功能或模块进行分组。

（1）S7-1214C 中的变量 S7-1214C 中的变量如图 4-8 所示。

图 4-8 S7-1214C 中的变量

（2）SM1223 中的变量 SM1223 信号模块中的变量如图 4-9 所示。

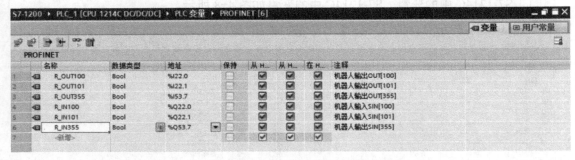

图 4-9　SM1223 信号模块中的变量

（3）PROFINET 信号模块中的变量　PROFINET 信号模块中的变量如图 4-10 所示。

		名称	数据类型	地址	保持	从 H...	从 H...	在 H...	注释
1		R_OUT100	Bool	%I22.0		☑	☑	☑	机器人输出OUT[100]
2		R_OUT101	Bool	%I22.1		☑	☑	☑	机器人输出OUT[101]
3		R_OUT355	Bool	%I53.7		☑	☑	☑	机器人输出OUT[355]
4		R_IN100	Bool	%Q22.0		☑	☑	☑	机器人输入SIN[100]
5		R_IN101	Bool	%Q22.1		☑	☑	☑	机器人输入SIN[101]
6		R_IN355	Bool	%Q53.7		☑	☑	☑	机器人输出SIN[355]
7		<新增>				☑	☑	☑	

图 4-10　PROFINET 信号模块中的变量

如果在项目编程过程中需要其他类型的变量，也可单独分组分类。

实训项目十 ▶ 配置 PLC 与 KUKA 工业机器人的以太网通信 ▶▶

实训要求：根据现场情况，配置 PLC 与 KUKA 工业机器人的以太网通信。

1. 硬件配置

配置西门子 S7-1200 PLC 和 KUKA 工业机器人的通信步骤如表 4-16 所示。

表 4-16　配置西门子 S7-1200 PLC 与 KUKA 工业机器人的以太网通信步骤

步骤	实施内容	图示
1	确认网线连接完整，未组态之前 S7-1200 处于报警状态	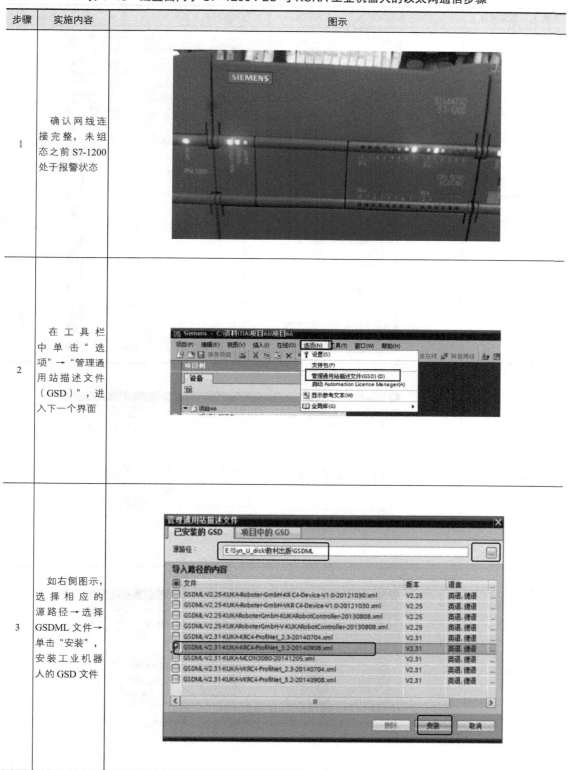
2	在工具栏中单击"选项"→"管理通用站描述文件（GSD）"，进入下一个界面	
3	如右侧图示，选择相应的源路径→选择 GSDML 文件→单击"安装"，安装工业机器人的 GSD 文件	

（续）

步骤	实施内容	图示
4	确认 KRC4-ProfiNet_3.2 存在	
5	双击 "KRC4-ProfiNet_3.2" → 单击 "未分配"	
6	建立 PLC_1 与 KRC4 之间的连接	

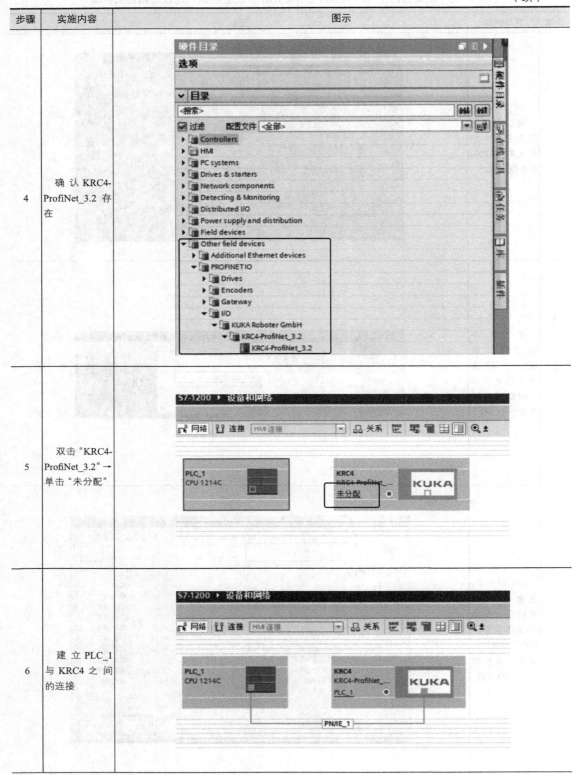

（续）

步骤	实施内容	图示
7	设置 S7-1200 "IP 地址" 为 "192.168.1.1"，"子网掩码" 为 "255.255.255.0"	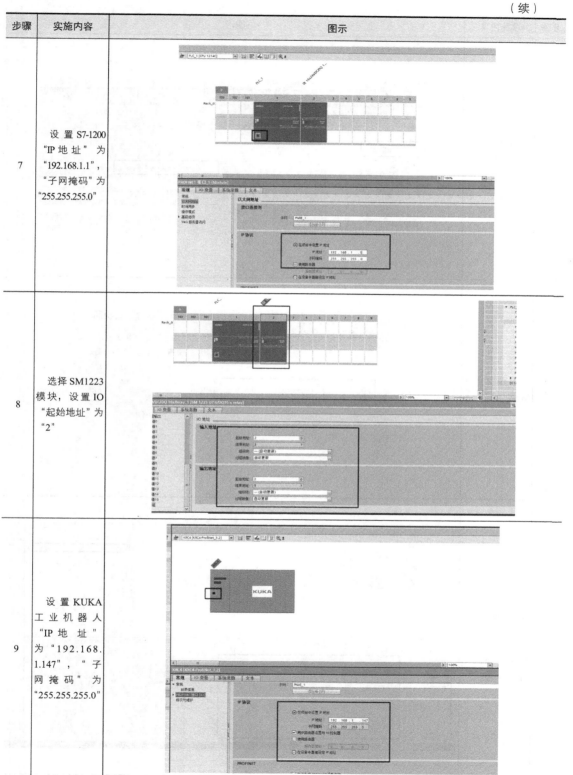
8	选择 SM1223 模块，设置 IO "起始地址" 为 "2"	
9	设置 KUKA 工业机器人 "IP 地址" 为 "192.168.1.147"，"子网掩码" 为 "255.255.255.0"	

（续）

步骤	实施内容	图示
10	设置 KUKA 工业机器人 "PROFINET 设备名称" 为 "kuka"	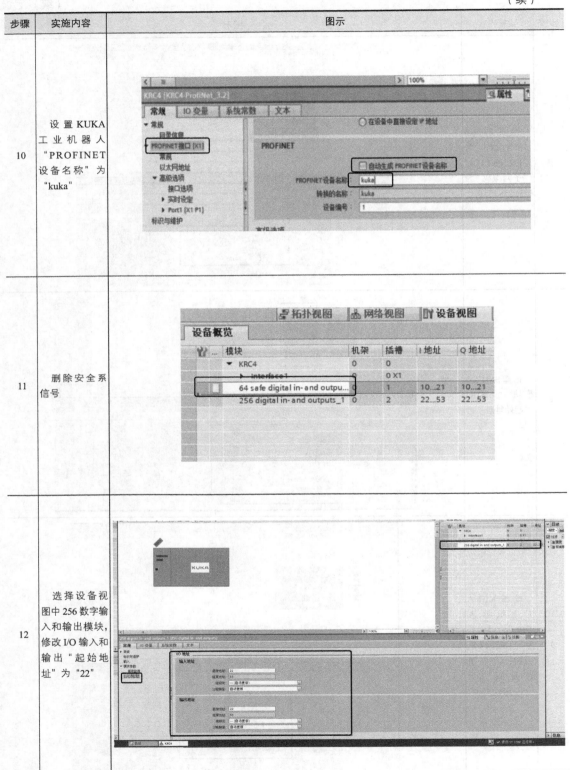
11	删除安全系统信号	
12	选择设备视图中 256 数字输入和输出模块，修改 I/O 输入和输出 "起始地址" 为 "22"	

（续）

步骤	实施内容	图示
13	下载到 S7-1200 中进行组态	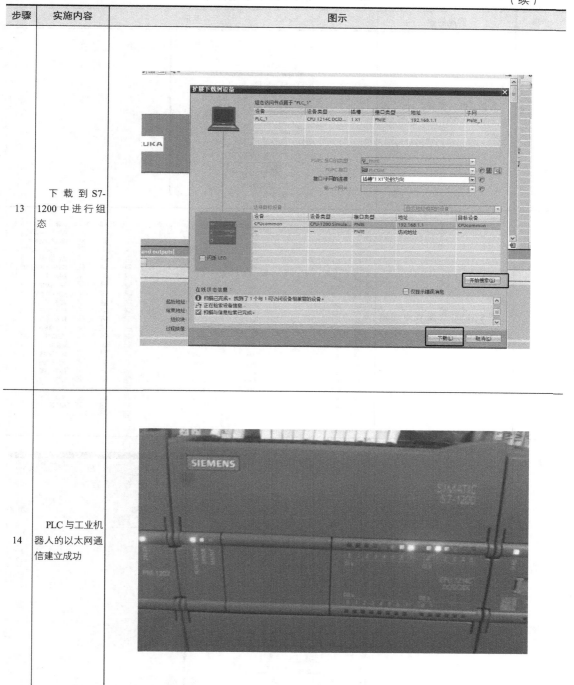
14	PLC 与工业机器人的以太网通信建立成功	

2. 创建 PLC 变量

创建 PLC 变量包括创建 S7-1214C 本体变量和 SM1223 扩展模块变量，具体步骤如表 4-17 所示。

表 4-17 创建 PLC 变量的步骤

步骤	实施内容	图示
1	单击"PLC变量"→"添加新变量表",重命名为S7-1200	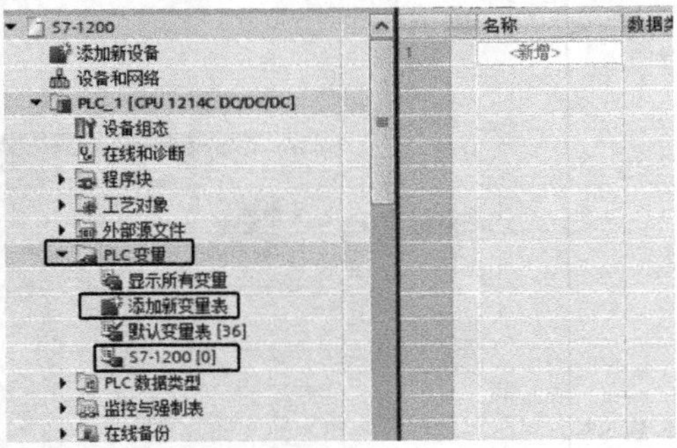
2	在S7-1200变量表中创建变量	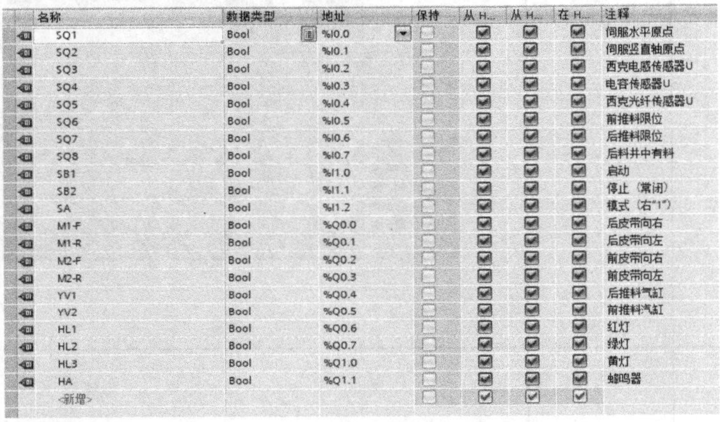
3	进入右图所示界面,单击"PLC变量"→"添加新变量表",将新变量表重命名为SM1223	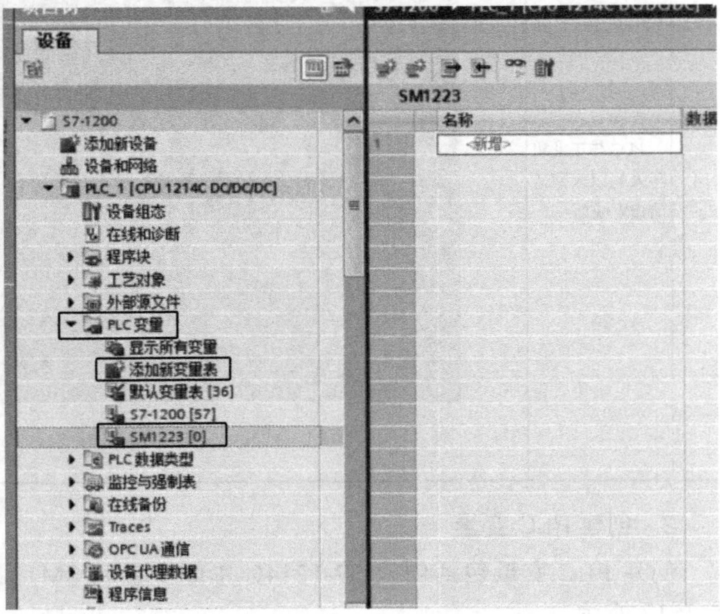

（续）

步骤	实施内容	图示
4	在 SM1223 变量表中创建变量	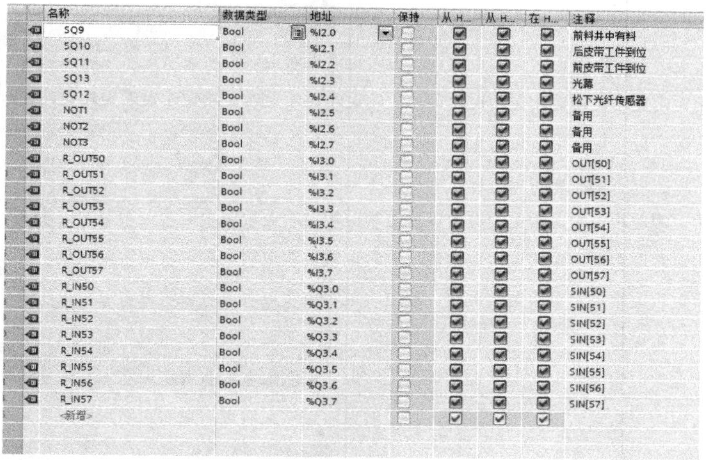
5	进入右图所示界面，单击"PLC 变量"→双击"添加新变量表"，将新变量表重命名为 PROFINET	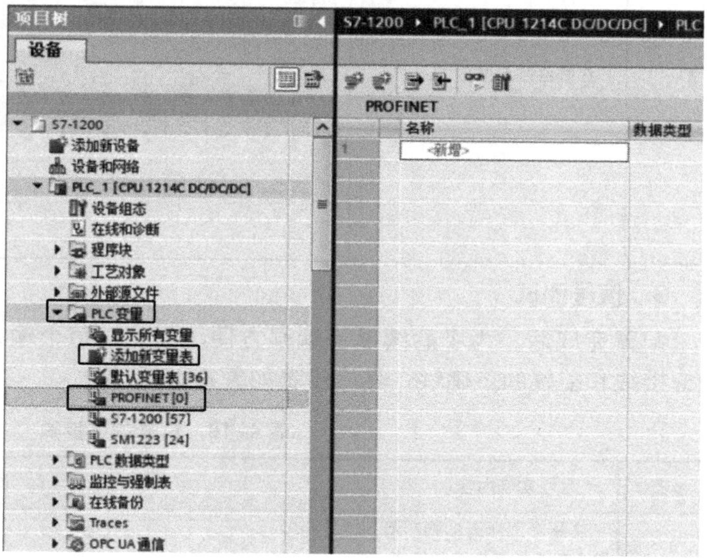
6	在 PROFINET 变量表中创建变量	

（续）

步骤	实施内容	图示
7	编译并下载	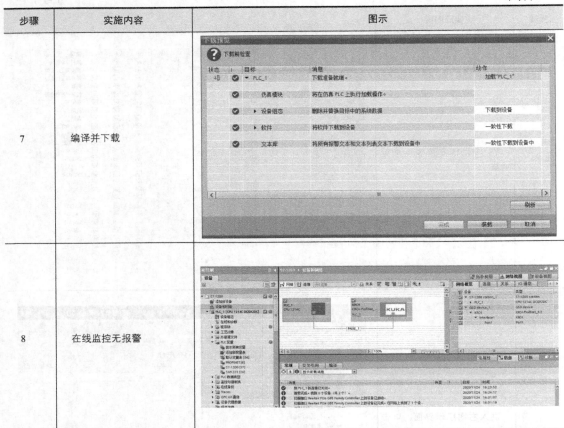
8	在线监控无报警	

3. 信号测试

配置完成后，为了后续项目编程方便，需要对每个输入输出信号进行通信测试，以便验证接线和配置的正确性，具体步骤如表 4-18 所示。

表 4-18 信号测试步骤

步骤	实施内容	图示
1	将平台上所有的物料清除，确保接通电源和气源	
2	新建三个监控表，将变量表中的变量复制到相应的监控表中	

（续）

步骤	实施内容	图示
3	输入测试：用物料手动接触传感器，观察监控表中对应信号是否有输入	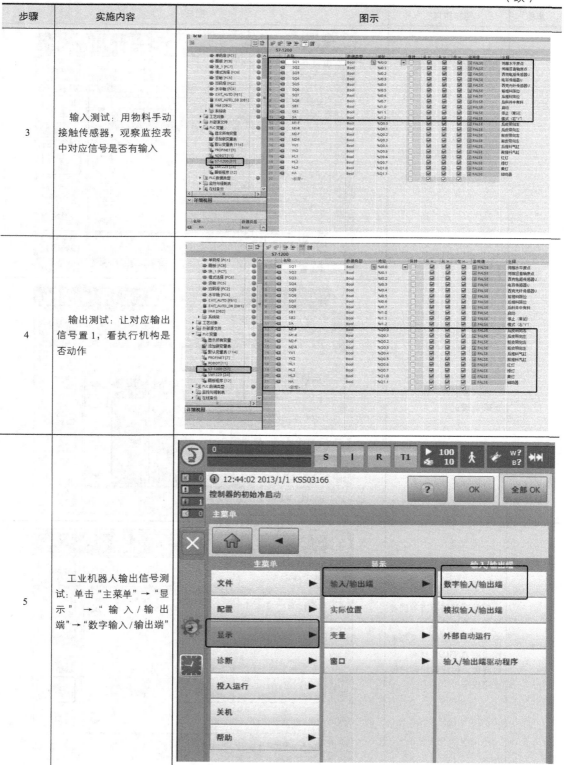
4	输出测试：让对应输出信号置 1，看执行机构是否动作	
5	工业机器人输出信号测试：单击"主菜单"→"显示"→"输入/输出端"→"数字输入/输出端"	

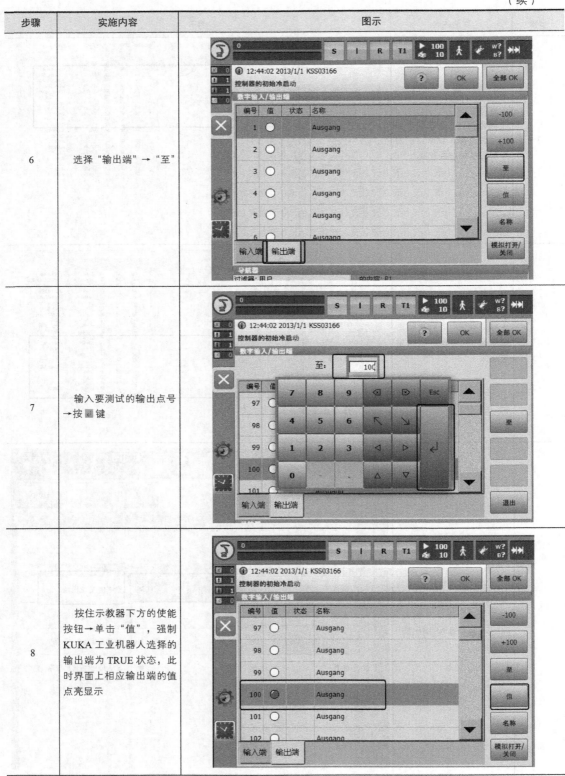

（续）

步骤	实施内容	图示
6	选择 "输出端" → "至"	
7	输入要测试的输出点号 → 按■键	
8	按住示教器下方的使能按钮 → 单击 "值"，强制 KUKA 工业机器人选择的输出端为 TRUE 状态，此时界面上相应输出端的值点亮显示	

（续）

步骤	实施内容	图示
9	查看对应 PLC 是否有输入信号，如果有则证明信号配置正确	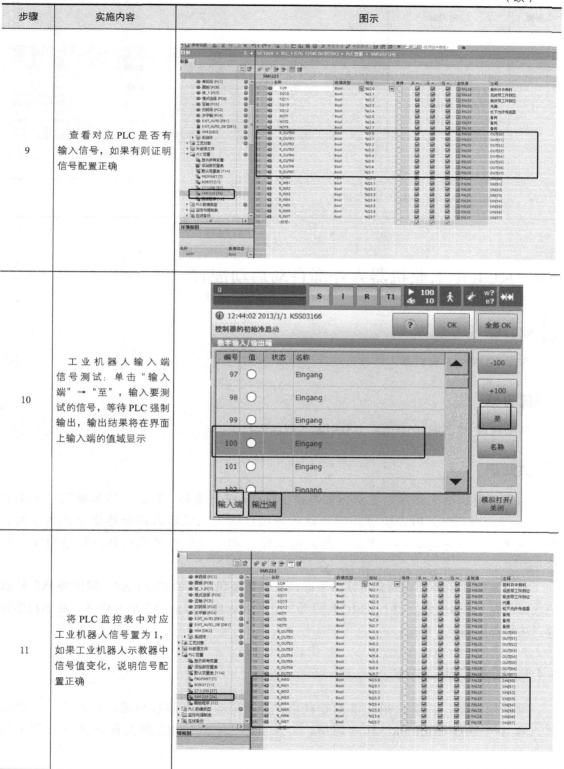
10	工业机器人输入端信号测试：单击"输入端"→"至"，输入要测试的信号，等待 PLC 强制输出，输出结果将在界面上输入端的值域显示	
11	将 PLC 监控表中对应工业机器人信号置为 1，如果工业机器人示教器中信号值变化，说明信号配置正确	

（续）

步骤	实施内容	图示
12	按照上述方法，对 PROFINET 其他输入输出信号分别进行测试	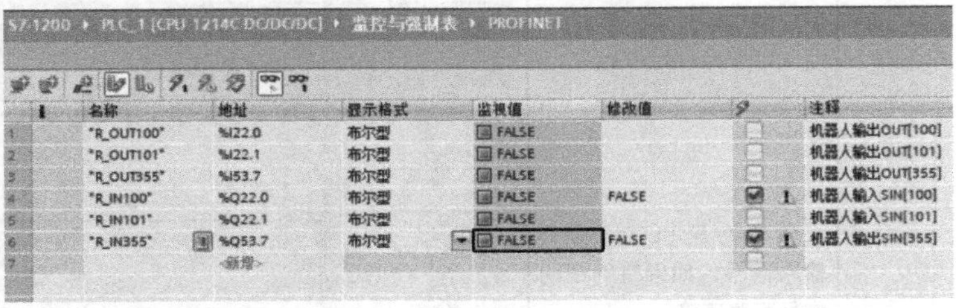
13	测试完成，单击"保存"→"下载"	

4.4　KUKA 工业机器人外部自动启动配置

知 识目标

掌握 KUKA 工业机器人外部自动启动设置方法。

技 能目标

能够通过 PLC 控制 KUKA 工业机器人程序运行。

相 关知识

如果工业机器人程序由上级控制系统（PLC）进行控制，则这一控制是通过外部自动运行接口进行的。PLC 通过外部自动运行接口向工业机器人控制器发出相关信号，如错误确认、程序启动等。工业机器人控制器向 PLC 发送有关运行状态和故障状态的信息。

为了能够使用外部自动运行接口，必须配置工业机器人的 CELL.SRC 程序外部自动运行接口的输入/输出端。CELL.SRC 程序为工业机器人的外部自动启动主程序，其他程序须通过该主程序调用才能运行。

4.4.1　配置 CELL.SRC

操作示教器，将用户组切换到专家用户组模式，在外部自动运行模式下，工业机器人程序可通过 CELL.SRC 程序调用。工业机器人 CELL.SRC 原始程序结构如图 4-11 所示。

```
 1  DEF  CELL ( )
    ⋮
 6   INIT
 7   BASISTECH INI
 8   CHECK HOME
 9   PTP HOME  Vel= 100 % DEFAULT
10   AUTOEXT INI
11   LOOP
12    P00 (#EXT_PGNO,#PGNO_GET,DMY[],0 )
13    SWITCH  PGNO ; Select with Programnumber
14
15    CASE 1
16      P00 (#EXT_PGNO,#PGNO_ACKN,DMY[],0 )
17      ;EXAMPLE1 ( ) ; Call User-Program
18
19    CASE 2
20      P00 (#EXT_PGNO,#PGNO_ACKN,DMY[],0 )
21      ;EXAMPLE2 ( ) ; Call User-Program
22
23    CASE 3
24      P00 (#EXT_PGNO,#PGNO_ACKN,DMY[],0 )
25      ;EXAMPLE3 ( ) ; Call User-Program
26
27    DEFAULT
28      P00 (#EXT_PGNO,#PGNO_FAULT,DMY[],0 )
29    ENDSWITCH
30   ENDLOOP
31  END
```

图 4-11　工业机器人 CELL.SRC 原始程序结构

1. CELL.SRC 程序含义

CELL.SRC 程序含义如表 4-19 所示。

表 4-19　CELL.SRC 程序含义

行号	含义
12	工业机器人控制器从 PLC 中调出程序编号
15	程序编号 =1 的 CASE 分支
16	PLC 通知 CASE 1 的自定义程序
17	调用 CASE 1 的自定义程序
27	默认 = 程序编号无效
28	程序编号无效时的错误处理

2. CELL.SRC 程序修改

1）在导航器中打开程序 CELL.SRC（位于文件夹 "R1" 中）。

2）CASE 1 段中用编号为 1 的自定义程序名称（例如 MY_PROGRAM）替换 EXAMPLE1，并删除名称前的分号，如图 4-12 所示。

```
  ⋮
15        CASE 1
16          P00 (#EXT_PGNO,#PGNO_ACKN,DMY[],0 )
17          MY_PROGRAM ( ) ; Call User-Program
```

图 4-12 工业机器人 CELL CASE 语句

3）对于所有其他自定义程序，运行方式与第 2）步类似。如果自定义程序大于 3 个，可在需要时添加其他的 CASE 分支。

4）关闭 CELL.SRC 程序，并确认是否应保存更改的安全询问。

4.4.2 配置外部自动运行输入端

1. 配置输入端步骤

1）确认工业机器人操作权限切换到专家用户组模式，并运行在 T1 或 T2 模式下。

2）在主菜单中选择"配置"→"输入/输出端"→"外部自动运行"→"输入端"，进入外部配置输入端页面。

3）在数值栏中选中需要编辑的单元格，单击输入所需的数值，单击"OK"保存。

4）关闭窗口，改动即被应用。

具体输入配置内容如图 4-13 所示。

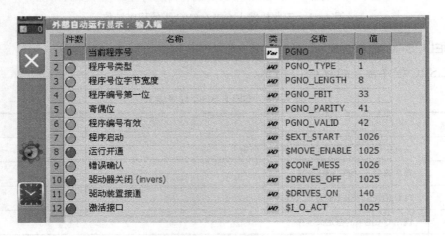

图 4-13 外部配置输入端

2. 配置输入信号

1）PGNO_TYPE：此变量确定了以何种格式来读取 PLC 传送的程序编号。PLC 一般以二进制编码整数值的形式传递程序编号，数值默认为 1。比如输入 00100111 表示 PGNO=39，在 PLC 中对变量赋值，工业机器人就运行 39 号程序。

2）PGNO_LENGTH：此变量确定了 PLC 传送的程序编号的位宽。值域为 1 ～ 16。

示例：PGNO_LENGTH=8 表示外部程序编号位宽为 8，即 1B，可以输入程序编号范围为 1 ～ 255。

3）PGNO_FBIT：程序编号第一位所代表的输入端。值域为 1 ～ 8192。示例：PGNO_FBIT=100 表示外部程序编号从输入端 $IN[100] 开始。

4）PGNO：此变量为整数，具体数值根据 PGNO_LENGTH 和 PGNO_FBIT 来综合决定。比如，PGNO_LENGTH=8，PGNO_FBIT=100，要运行 5 号程序，从 $IN[100] ～ $IN[107] 的 8 个位组成程序编号二进制存储单元，需要将该字节置为二进制 00000101（十进制为 5）。

5）PGNO_PARITY：PLC 传递奇偶位的输入端。一般设为 1（偶校验）。

6）PGNO_VALID：程序编号有效 PLC 传送读取程序编号指令的输入端。程序编号设置说明如表 4-20 所示，一般设为 1（脉冲上升沿）。

表 4-20　程序编号设置说明

输入端	功能
负值	在信号的脉冲下降沿应用编号
0	在线路 EXT_START 处随着信号的脉冲上升沿应用编号
正值	在信号的脉冲上升沿应用编号

7）$EXT_START：设定了该输入端后，输入 / 输出接口激活时将启动或继续一个程序。比如，如果设置该值为 200，通过 PLC 的输出信号给工业机器人 $IN[200]，在满足时序图的前提下，能够自动启动程序。

8）$MOVE_ENABLE：该输入端用于由 PLC 对工业机器人驱动器进行检查，具体信号说明如表 4-21 所示。当驱动器由 PLC 停住后，将显示"开通全部运行"的信息提示。删除该信息提示并且重新发出外部启动信号后，工业机器人才能重新运动。

表 4-21　信号说明

信号	功能
TRUE	可手动运行和执行程序
FALSE	停住所有驱动装置并锁定所有激活的指令

9）$CONF_MESS：通过给该输入端赋值，当故障原因排除后，PLC 将自己确认故障信息。相当于示教器上"全部 OK"信息确认按键。

10）$DRIVES_OFF：如果在此输入端施加持续至少 20ms 的低脉冲，则 PLC 会关断工业机器人驱动装置。

11）$DRIVES_ON：如果在此输入端施加持续至少 20ms 的高脉冲，则 PLC 会接通工业机器人驱动器。

12）$I_O_ACT：如果该输入端为 TRUE，则接口外部自动运行已激活。一般采用默认设置 $IN[1025]。

3. 配置输入参数

为了后续项目编程方便，在本章将所有的参数统一设置，具体参数如图 4-14 所示。

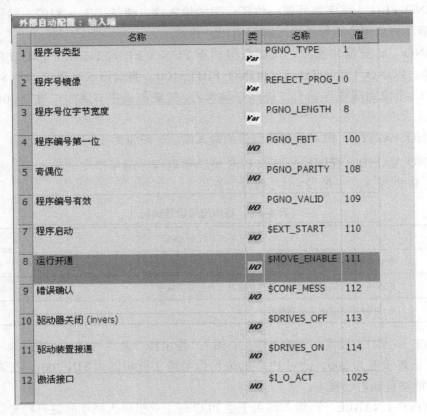

	名称	类型	名称	值
1	程序号类型	Var	PGNO_TYPE	1
2	程序号镜像	Var	REFLECT_PROG_I	0
3	程序号位字节宽度	Var	PGNO_LENGTH	8
4	程序编号第一位	I/O	PGNO_FBIT	100
5	奇偶位	I/O	PGNO_PARITY	108
6	程序编号有效	I/O	PGNO_VALID	109
7	程序启动	I/O	$EXT_START	110
8	运行开通	I/O	$MOVE_ENABLE	111
9	错误确认	I/O	$CONF_MESS	112
10	驱动器关闭 (invers)	I/O	$DRIVES_OFF	113
11	驱动装置接通	I/O	$DRIVES_ON	114
12	激活接口	I/O	$I_O_ACT	1025

图 4-14 外部配置输入端设置

4.4.3 配置外部自动运行的输出端

配置外部自动运行输出端的步骤与输入端一样，具体步骤请参照输入端配置步骤。

1. 输出端输出信号

外部输出信号部分示例如图 4-15 所示。

1）$RC_RDY1：程序启动准备就绪。

2）$ALARM_STOP：该输出端将在出现紧急停止情形时复位，比如按下示教器上的紧急停止装置和外部紧急停止按钮。

3）$USER_SAF：该输出端在打开护栏询问开关（运行方式须为 AUT）或放开确认开关（运行方式为 T1 或 T2）时复位。

4）$PERI_RDY：通过设定此输出端工业机器人控制系统通知 PLC 中间回路已完全充电，并且工业机器人驱动器已准备就绪。

5）$I_O_ACTCONF：如果选择了外部自动运行方式，并且输入端 $I_O_ACT 为 TRUE 时，则该输出端为 TRUE。

6）$ALARM_STOP_INTERN：如果按下示教器上的紧急停止装置，则将该输出端设定为 FALSE。

7）PGNO_REQ：在该输出端信号变化时，要求 PLC 传送一个程序编号。

8）APPL_RUN：工业机器人控制系统通过设置此输出端来通知 PLC 工业机器人正在处理有关程序。

9）$IN_HOME：该输出端通知 PLC 工业机器人正位于其起始位置（Home）。

10）$ROB_STOPPED：如果工业机器人停止，则设定该信号。

11）$T1、$T2、$AUT、$EXT：如果相应的运行方式已选，则设定这些输出端。

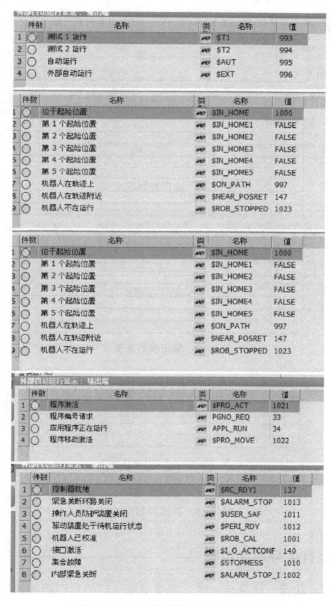

图 4-15　外部输出端部分信号示例

2. 配置输出参数

输出参数没有必要全部设置，只设置必需的参数即可。如图 4-16 ～图 4-18 所示，图中标注线框的是必须修改的参数。

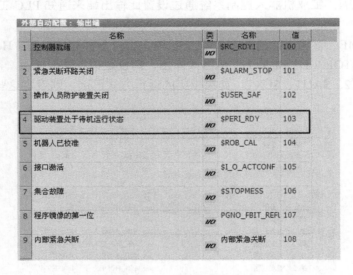

图 4-16　输出参数配置 1

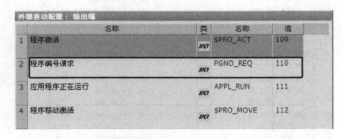

图 4-17　输出参数配置 2

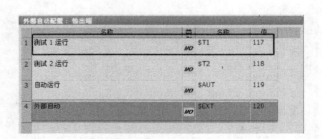

图 4-18　输出参数配置 3

4.4.4　外部自动运行信号启动步骤

工业机器人外部自动运行信号启动时，需要遵循一定的启动顺序和启动步骤。

外部自动运行信号启动步骤如表 4-22 所示。

表 4-22　外部自动运行信号启动步骤

步骤	实施内容
1	在 T1 模式下将用户程序按控制要求插入 CELL.SRC 里，选定 CELL.SRC 程序，将工业机器人运行模式切换到 EXT_AUTO
2	在工业机器人系统没有报错的条件下，PLC 一上电就要给工业机器人发出 $MOVE_ENABLE（要一直给）信号
3	PLC 给完 $MOVE_ENABLE 信号 500ms 后再给工业机器人 $DRIVERS_OFF（要一直给）信号
4	PLC 给完 $DRIVERS_OFF 信号 500ms 后再给工业机器人 $DRIVERS_ON 信号。当工业机器人接到 $DRIVERS_ON 后发出信号 $PERI_RDY 给 PLC，当 PLC 接到这个信号后要将 $DRIVERS_ON 断开
5	PLC 发给工业机器人 $EXT_START（脉冲信号），让 $EXT_START 信号接通
6	PLC 收到程序编号确认请求信号 $PGNO_REQ 后，PLC 需要将程序编号发给工业机器人 PGNO。500ms 以后，PLC 需要置位程序编号有效信号 PGNO_VALID 和奇偶校验位 PGNO_PARITY 为 1
7	工业机器人每次急停或上电后，必须手动控制（T1 或 T2）回到工业机器人原点位置
8	选定工业机器人 CELL 程序
9	切换到"EXT"自动控制程序

实训项目十一▶ 配置外部自动启动参数并编写 PLC 控制程序 ▶▶

实训要求：根据现场情况，配置外部自动启动参数并编写 PLC 控制程序。

1. 配置工业机器人参数

配置工业机器人参数步骤如表 4-23 所示。

表 4-23　配置工业机器人参数步骤

步骤	实施内容	图示
1	单击"主菜单"→"显示"→"输入/输出端"→"外部自动运行"，准备配置外部运行参数	

（续）

步骤	实施内容	图示
2	在外部自动配置的输入端界面，选中需要修改的变量或输入信号，单击"配置"，进入编辑界面	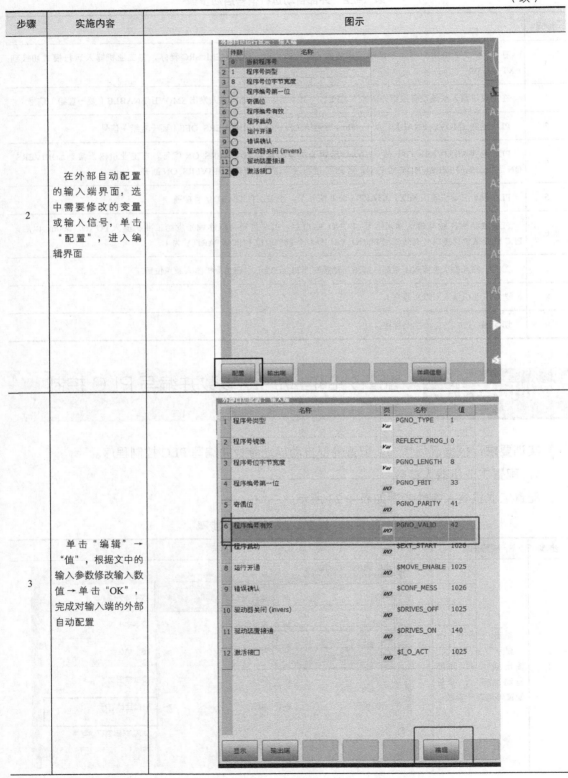
3	单击"编辑"→"值"，根据文中的输入参数修改输入数值→单击"OK"，完成对输入端的外部自动配置	

（续）

步骤	实施内容	图示
4	在外部自动配置的输出端界面，分别选中需要修改的变量或输出信号→单击"配置"，进入编辑界面	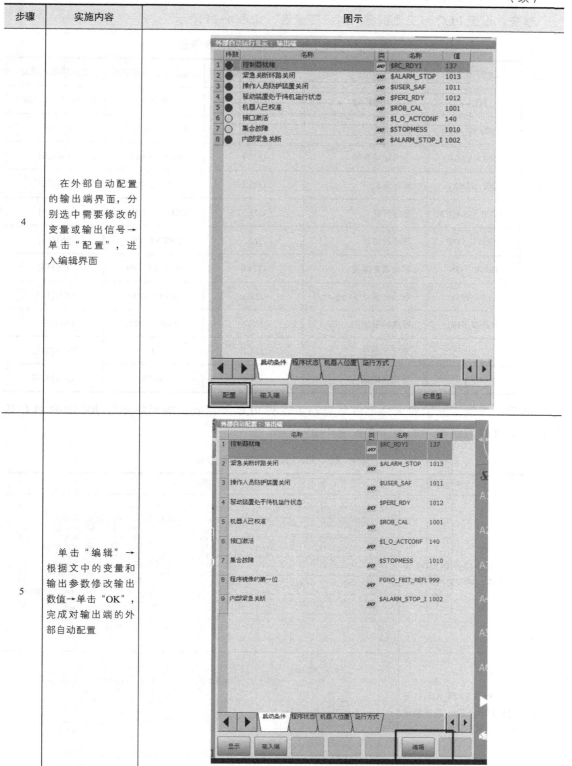
5	单击"编辑"→根据文中的变量和输出参数修改输出数值→单击"OK"，完成对输出端的外部自动配置	

2. 编写 PLC 控制程序

首先，设置 PLC 与工业机器人对应变量表，如表 4-24 所示。

表 4-24 PLC 与工业机器人对应变量表

步骤	PLC 符号地址	功能	PLC 绝对地址	工业机器人变量名称	工业机器人地址
1	PGNO	当前程序步骤	QB22	PGNO	IN[100] ~ IN[107]
2	PGNO_PARITY	奇偶位	Q23.0	PGNO_PARITY	IN[108]
3	PGNO_VALID	程序编号有效	Q23.1	PGNO_VALID	IN[109]
4	EXT_START	程序启动	Q23.2	$EXT_START	IN[110]
5	MOVE_ENABLE	运行开通	Q23.3	$MOVE_ENABLE	IN[111]
6	DRIVE_OFF	驱动器关闭	Q23.5	$DRIVE_OFF	IN[113]
7	DRIVE_ON	驱动装置接通	Q23.6	$DRIVE_ON	IN[114]
8	PERI_RDY	驱动装置处于待机状态	I22.2	$PERI_RDY	OUT[103]
9	PGNO_REQ	程序编号请求	I23.2	$PGNO_REQ	OUT[110]
10	T1	测试 1 运行	I24.1	$T1	OUT[117]
11	EXT	外部自动运行	I24.4	$EXT	OUT[120]

然后，按照工业机器人外部信号启动步骤和 PLC 变量表，编写外部自动启动的 PLC 控制程序。PLC 控制程序编写步骤如表 4-25 所示。

表 4-25 PLC 控制程序编写步骤

步骤	实施内容	图示
1	PLC 新建 ROBOT 变量表，并添加相应变量	
2	新建 EXIT_AUTO 子程序块（FB），并新建局部输入变量	

（续）

步骤	实施内容	图示
3	根据工业机器人外部信号启动步骤编写外部启动 PLC 控制程序	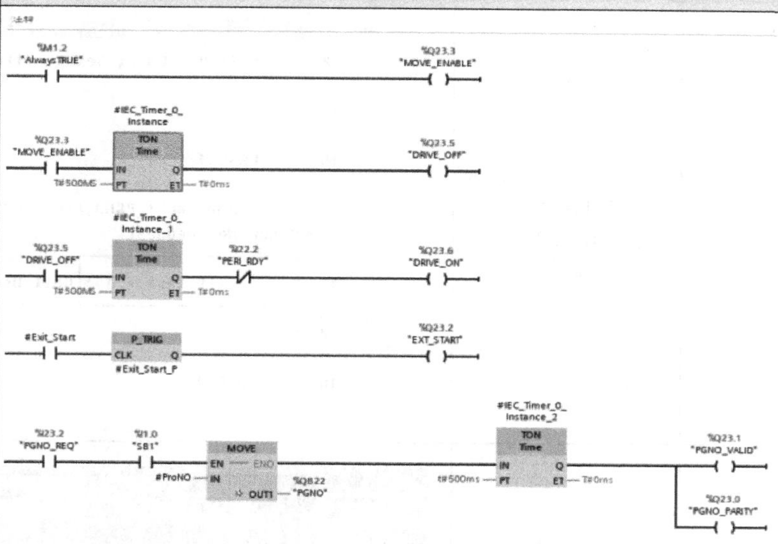
4	在主程序 MAIN 中调用外部启动子程序 EXIT_AUTO，并将 "HMI" .ProNo 赋值给 ProNO	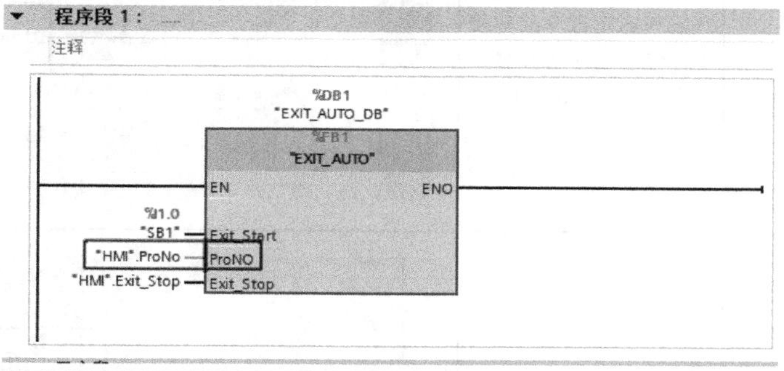
5	在 HMI 中将变量 ProNO 设置为 1（对应工业机器人中的 CASE 1 程序），并下载 PLC 控制程序	

3. 测试 PLC 控制程序

PLC 控制程序下载到 PLC 后，修改 KUKA 工业机器人示教器中程序启动号，测试外部自动程序的正确性。具体步骤如表 4-26 所示。

表 4-26　测试 PLC 控制程序步骤

步骤	实施内容	图示
1	编写 KUKA 测试程序 exit_test()（具体编写步骤见 5.3 节），保存程序	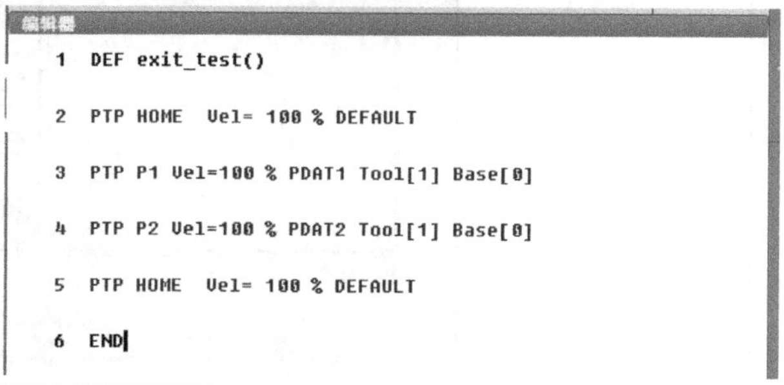

（续）

步骤	实施内容	图示
2	修改 cell 程序，将 EXAMPLE() 修改为 exit_test()，并删除前面的分号，保存程序	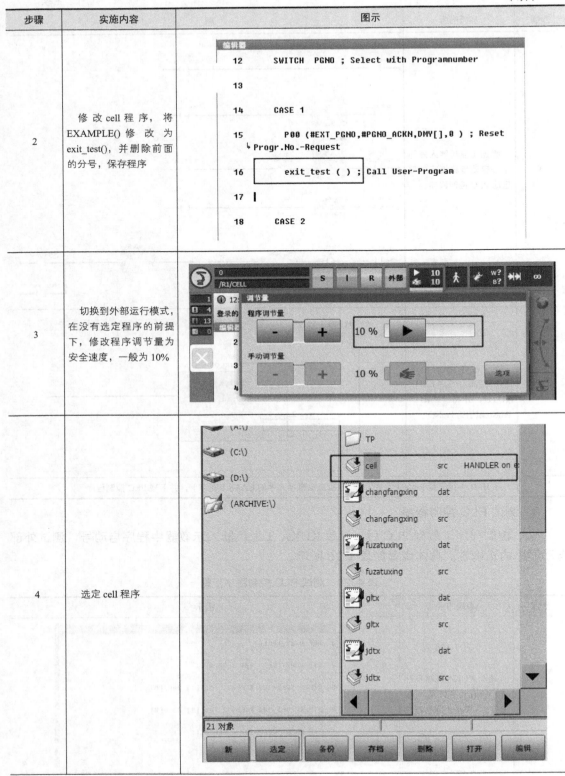
3	切换到外部运行模式，在没有选定程序的前提下，修改程序调节量为安全速度，一般为 10%	
4	选定 cell 程序	

（续）

步骤	实施内容	图示
5	利用手动 T1 功能，运行回 HOME 点程序行，具体实施内容见 5.1 节	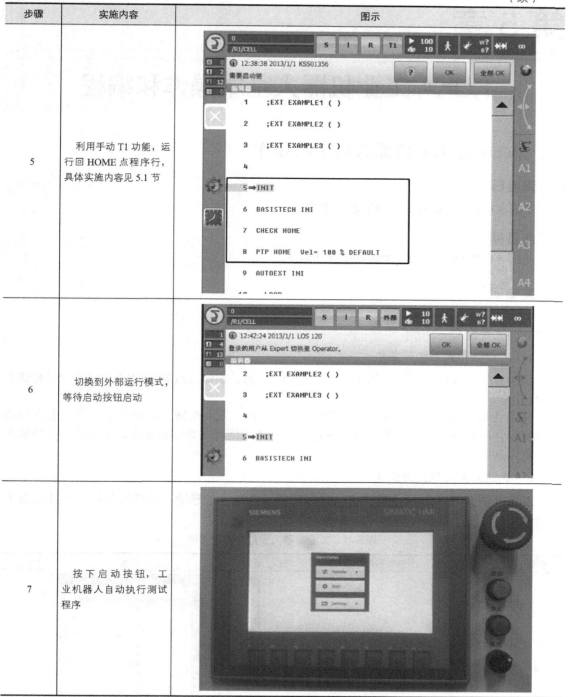
6	切换到外部运行模式，等待启动按钮启动	
7	按下启动按钮，工业机器人自动执行测试程序	

第 5 章

KUKA 工业机器人基本操作和编程

5.1 KUKA 工业机器人的手动操作

知识目标

掌握 KUKA 工业机器人的正确操作方法。

技能目标

能够在不同的运行方式下操作工业机器人。

相关知识

5.1.1 工业机器人基本操作

1. 工业机器人系统开关机

将工业机器人控制系统上的主开关置于 ON 位置，操作系统和 KUKA 系统软件（KSS）自动启动。

将工业机器人控制柜的主开关切换到 OFF 位置，工业机器人运动停止。但是工业机器人控制柜并不立即关闭，而是在等待一定时间后才关闭。在等待过程中，工业机器人控制系统由蓄电池供电。

2. 确认开关（使能开关）

工业机器人在手动操作模式下，只有使能后各轴才能移动。使能释放后，工业机器人运动停止。工业机器人使能和停止步骤如表 5-1 所示。

表 5-1　工业机器人使能和停止步骤

步骤	实施内容	图示
1	轻按工业机器人示教器确认键，右侧各轴名称变为绿色，工业机器人处于使能状态	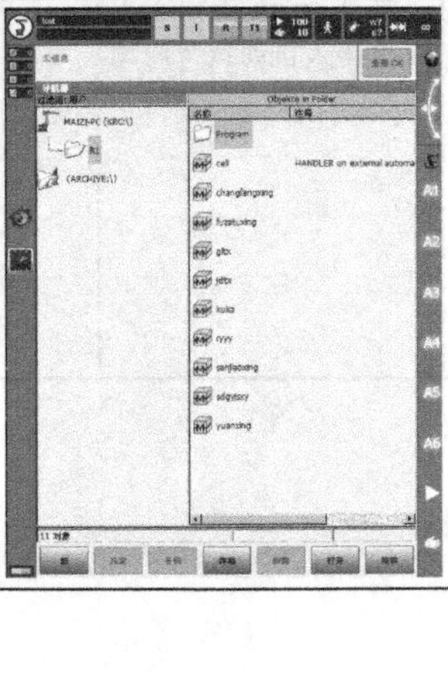

KUKA 工业机器人基本操作和编程

（续）

步骤	实施内容	图示
2	释放工业机器人示教器的使能开关，工业机器人停止	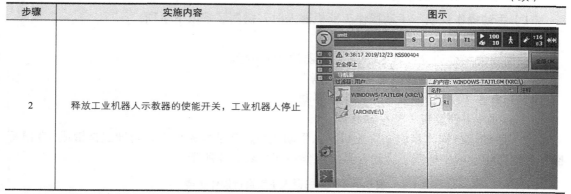

3. 选择和设置运行方式

（1）运行方式类型　工业机器人可以手动慢速运行（T1）、手动快速运行（T2）、自动运行（AUT）、外部自动运行（AUT EXT）四种方式运行，四种运行方式的区别如表 5-2 所示。

表 5-2　工业机器人运行方式区别

运行模式	功能	速度
T1	用于测试运行、编程和示教	程序验证：编程设定的速度，最高 250 mm/s 手动运行：手动运行速度，最高 250 mm/s
T2	用于测试运行	程序验证：编程设定的速度 手动运行：不可行
AUT	用于不带上级控制系统的工业机器人	程序运行：编程设定的速度 手动运行：不可行
AUT EXT	用于带有上级控制系统（例如 PLC）的工业机器人	程序运行：编程设定的速度 手动运行：不可行

需要注意的是，在程序运行期间，请勿更换运行方式，否则工业机器人运动会停止。

（2）运行方式切换步骤　工业机器人在停止状态，可根据需要自由切换运行模式，具体实施步骤如表 5-3 所示。

表 5-3　工业机器人运行方式切换步骤

步骤	实施内容	图示
1	转动示教器上用于连接管理器的开关，拨到调试位置	
2	选择运行方式为 T1	
3	将用于连接管理器的开关转回到初始位置，所选的运行方式会显示在示教器的状态栏中	

4. 手动操作工业机器人

（1）手动操作说明　手动操作工业机器人时，需要了解以下事项：

1）每个轴可正向或负向运动。

2）需要使用移动键或者 KUKA 示教器的 3D 鼠标。

3）速度可更改（手动倍率：HOV）。

4）只有在 T1 运行模式下才能手动移动。

5）必须按下使能键才能手动移动。

（2）手动运行操作步骤　工业机器人手动运行，在使能条件下，可通过按键或 3D 鼠标操作各轴在相应的坐标系下运动，具体操作步骤见表 5-4 所示。

表 5-4　工业机器人手动运行操作步骤

步骤	实施内容	图示
1	选择全局坐标系	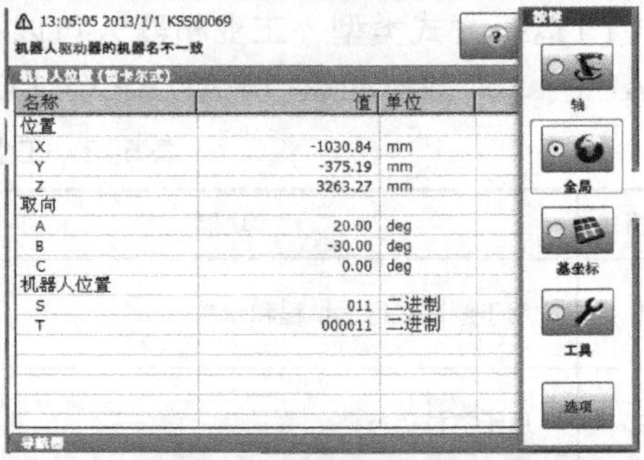
2	设置手动倍率为 10%	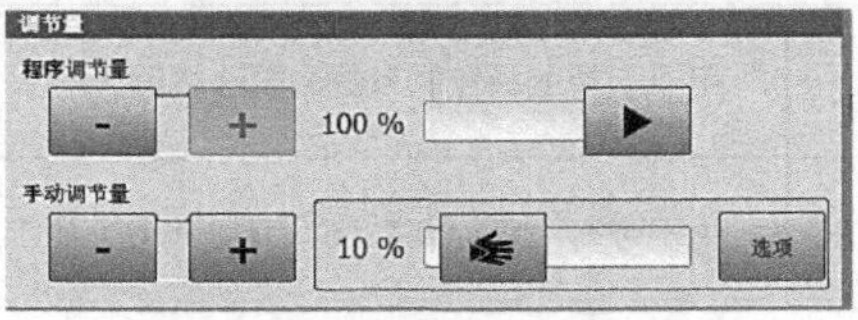
3	将使能开关轻按至中间档位	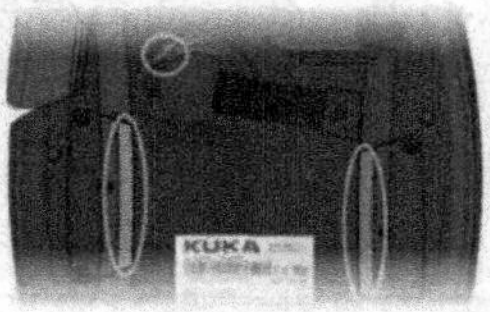
4	按下手动操作键或使用 3D 鼠标，进行手动运行操作	

5.1.2　示教器常用界面及操作

1. 操作界面

在学习操作工业机器人之前，必须先认识示教器的操作界面，如图 5-1 所示。

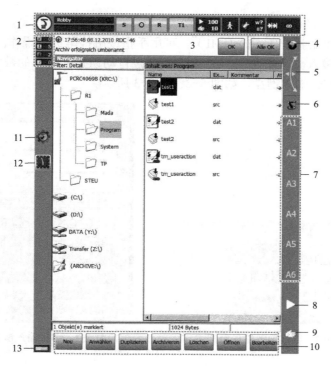

图 5-1　操作界面 KUKA smartHMI

操作界面各部分功能说明如表 5-5 所示。

表 5-5　操作界面各部分功能说明

序号	名称	功能说明
1	状态栏	用于工业机器人运行状态显示、运行参数设定、坐标选择等
2	提示信息计数器	显示每种提示信息类型各有多少条提示信息。触摸提示信息计数器可放大显示
3	提示信息窗口	默认只显示最新一条提示信息。触摸可放大该窗口并显示所有待处理的提示信息 可被确认的信息可单击"OK"键确认。所有可被确认的信息可用全部确认键"Alle OK"一次性全部确认
4	状态显示空间鼠标	显示用空间鼠标手动移动的当前坐标系。触摸可显示所有坐标系并可选择其他坐标系
5	显示空间鼠标定位	触摸该显示会打开一个显示空间鼠标当前定位的窗口，在窗口中可修改定位
6	状态显示运行键	显示用运行键手动移动的当前坐标系。触摸可显示所有坐标系并可选择其他坐标系
7	运行键标记	如果选择了与轴相关的移动，将显示轴号（A1、A2 等）。如果选择了笛卡儿式移动，将显示坐标系的方向（X、Y、Z、A、B、C）。触摸此标记会显示选择了哪种运动系统组
8	程序倍率	程序倍率
9	手动倍率	手动倍率
10	按键栏	根据 smartHMI 上当前激活的窗口，按键栏动态显示相应的按钮
11	WorkVisual 图标	通过触摸图标可至窗口项目管理
12	时钟	显示系统时间
13	smartHMI 存在信号显示	如果显示闪烁，则表示 smartHMI 激活

2. 触摸键盘

示教器配备一个触摸屏（smartHMI），可用手指或触控笔进行操作。smartHMI 上有一个触摸键盘，用于输入数字和字母，smartHMI 通过自动识别要输入的数字或字母显示相应的数字输入键盘或字母输入键盘，如图 5-2、图 5-3 所示。

 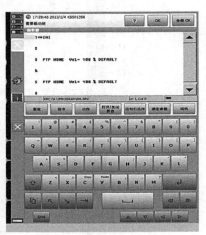

图 5-2　数字输入键盘示例　　　　　图 5-3　字母输入键盘示例

3. 状态栏

状态栏用于工业机器人运行状态显示、运行参数设定、坐标选择等，如图 5-4 所示。多数情况下通过触摸就会打开一个窗口，并可在其中更改设置。

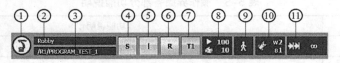

图 5-4　KUKA smartHMI 状态栏

KUKA smartHMI 状态栏各部分的名称和功能说明如表 5-6 所示。

表 5-6　KUKA smartHMI 状态栏各部分的名称和功能说明

序号	名称	功能说明
①	主菜单按键	用来在 smartHMI 上将菜单项显示出来
②	工业机器人名称	工业机器人名称可更改
③	程序名称	如果选择了一个程序，则此处将显示其名称
④	提交解释器状态显示	提交解释器的状态显示
⑤	驱动装置的状态显示	触摸该显示就会打开一个窗口，可在其中接通或关断驱动装置
⑥	工业机器人解释器的状态显示	可在此处重置或取消勾选程序
⑦	当前运行方式	显示工业机器人当前的运行方式
⑧	POV/HOV 的状态显示	显示当前程序倍率和手动倍率

（续）

序号	名称	功能说明
⑨	程序运行方式的状态显示	显示当前程序运行方式
⑩	工具／基坐标的状态显示	显示当前工具和当前基坐标
⑪	增量式手动移动状态显示	显示增量式手动移动的状态

4. 驱动状态显示

驱动装置的状态包含三种，如表 5-7 所示。

表 5-7　驱动装置状态显示

状态	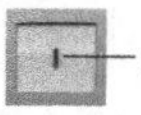 ▢——绿色	 ▢——灰色	 ▢——灰色

在驱动装置的状态显示中，各图标和颜色含义如表 5-8 所示。

表 5-8　图标和颜色含义

状态显示	图标和颜色含义
符号：I	驱动装置已开通（$PERI_RDY==TRUE），中间回路已充满电
符号：O	驱动装置已关闭（$PERI_RDY==FALSE），中间回路未充电或没有充满电
颜色：绿色	$COULD_START_MOTION==TRUE，确认开关已按下（中间位置），或不需要确认开关，以及防止工业机器人移动的提示信息不存在
颜色：灰色	$COULD_START_MOTION==FALSE，确认开关未按下或没有完全按下，和／或防止工业机器人移动的提示信息存在

5. 最小化

最小化需要 smartHMI 专家用户组级别才能操作，运行方式必须是 T1 或 T2 方式，具体实施内容如下：

1）在主菜单中选择"投入运行"→"售后服务"→"HMI 小化"，smartHMI 被小化并可看到 Windows 层面。

2）如要重新大化 smartHMI，在任务栏中单击 ▢ 图标即可。

实训项目十二 ▶ 工业机器人正常关机

实训要求： 在操作完毕后，将工业机器人系统按照特定的流程正常关机。

工业机器人正常关机步骤如表 5-9 所示。

表 5-9　工业机器人正常关机步骤

步骤	实施内容	图示
1	单击主菜单	

（续）

步骤	实施内容	图示
2	单击"关闭控制系统 PC"	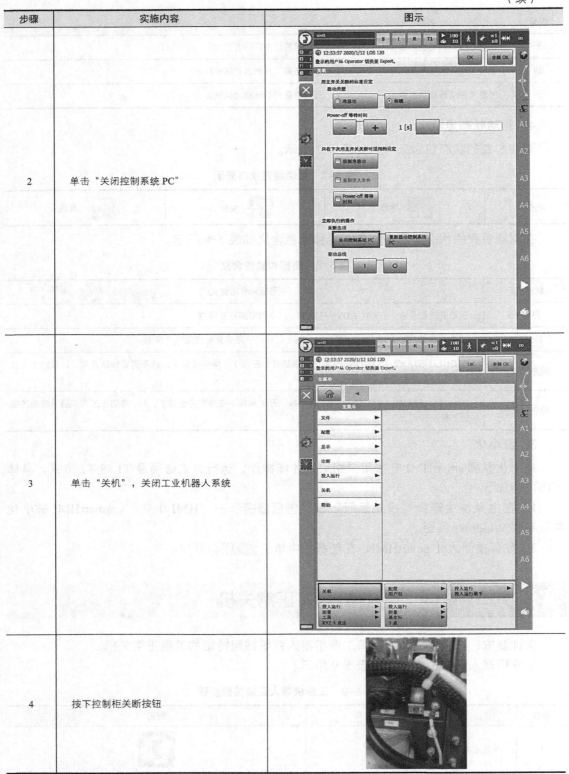
3	单击"关机"，关闭工业机器人系统	
4	按下控制柜关断按钮	

5.2 KUKA 工业机器人的坐标系设置

知识目标

了解 KUKA 工业机器人控制系统中的坐标系。

技能目标

能够进行工业机器人工具坐标系和基坐标系的标定。

相关知识

5.2.1 工业机器人的坐标系

1. 坐标系类型

（1）工业机器人物理坐标系　工业机器人常用的坐标系有世界坐标系、工业机器人坐标系、基坐标系和工具坐标系，具体如图 5-5 所示。

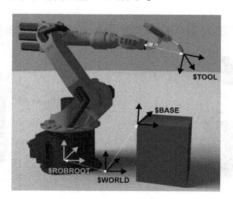

图 5-5　工业机器人常用坐标系

世界坐标系（WORLD）是一个固定定义的笛卡儿坐标系，是用于 ROBROOT 坐标系和 BASE 坐标系的原点坐标系。默认情况下，WORLD 坐标系位于工业机器人的足部。

工业机器人坐标系（ROBROOT）是一个笛卡儿坐标系，固定位于工业机器人的足部。它以 WORLD 坐标系为参照说明工业机器人的位置。在默认配置中，ROBROOT 坐标系与 WORLD 坐标系是一致的，用 \$ROBROOT 可定义工业机器人相对于 WORLD 坐标系的位移。在工业机器人操作中，使用的工业机器人坐标系也称为全局坐标系。

基坐标系（BASE）是一个笛卡儿坐标系，用来说明工件的位置。它以 WORLD 坐标系为参照基准。在默认配置中，BASE 坐标系与 WORLD 坐标系是一致的，一般由用户设置在工件上。

工具坐标系（TOOL）是一个笛卡儿坐标系，位于工具的工作点。在默认配置中，

TOOL 坐标系的原点在法兰中心点上。TOOL 坐标系一般由用户设置在工具的工作点。

（2）工业机器人运动坐标系　在工业机器人的具体操作中，一般使用轴、全局、基坐标和工具四类运动坐标系。图 5-6 所示为工业机器人常用的运动坐标系。

图 5-6　工业机器人常用的运动坐标系

全局坐标系是一个固定的直角坐标系，默认全局坐标系位于工业机器人的底部，如图 5-7 所示。

在轴坐标系中，工业机器人每个轴均可独立地正向或者反向移动，如图 5-8 所示。

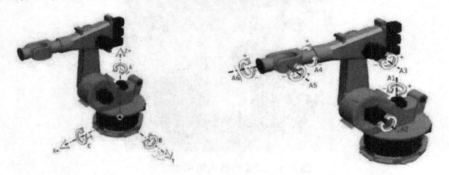

图 5-7　全局坐标系　　　　　　　　　　图 5-8　轴坐标系

基坐标系是以目标工件或工作台为基准的直角坐标系，如图 5-9 所示。

工具坐标系是一个直角坐标系，原点位于工具上，如图 5-10 所示。

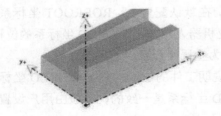

图 5-9　基坐标系　　　　　　　　　　　图 5-10　工具坐标系

2. 工具坐标系标定

测量工具意味着生成一个以工具参考点为原点的坐标系。该参考点被称为 TCP（Tool Center Point，即工具中心点），该坐标系即为工具坐标系。因此，工具测量包括 TCP 的测量和坐标系姿态 / 朝向的测量。测量的前提条件是运行方式为 T1 模式。

（1）XYZ 4 点法确定工具坐标系原点　TCP 测量的 XYZ 4 点法将待测量工具的 TCP 从 4 个不同方向移向一个参考点，参考点可任意选择。工业机器人控制系统从不同的法兰位置值中计算出 TCP。移至参考点的 4 个法兰位置，彼此必须间隔足够远，并且不得位于同一平面内。具体操作如图 5-11 所示。

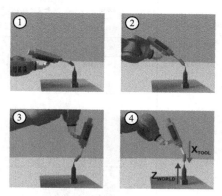

图 5-11　4 个点的位置

XYZ 4 点法确定工具坐标系的原点步骤如表 5-10 所示。

表 5-10　XYZ 4 点法确定工具坐标系原点步骤

步骤	实施内容	图示
1	单击"主菜单"→"投入运行"→"测量"→"工具"	

（续）

步骤	实施内容	图示
2	单击"测量"→"工具"→"XYZ 4 点法"	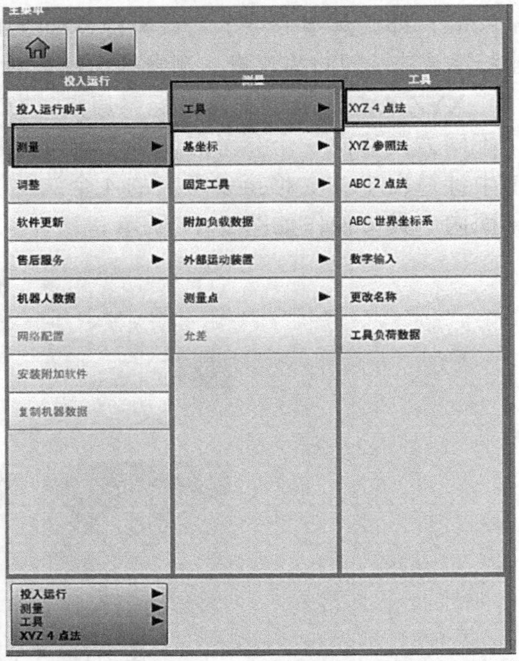
3	给待测量的工具一个工具号和一个工具名称，单击"继续"	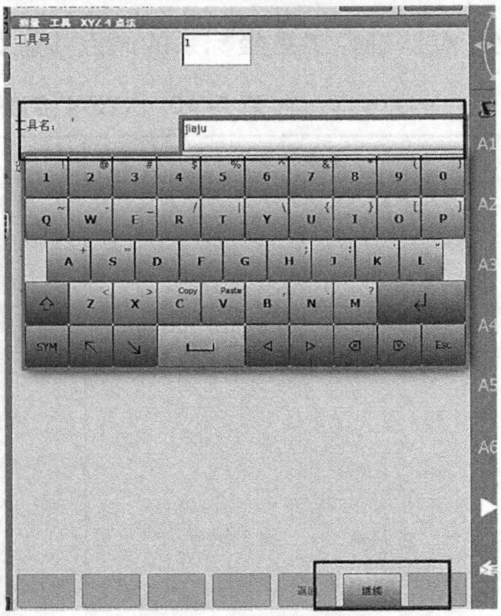
4	在 T1 模式下操作工业机器人运动到图示位置①	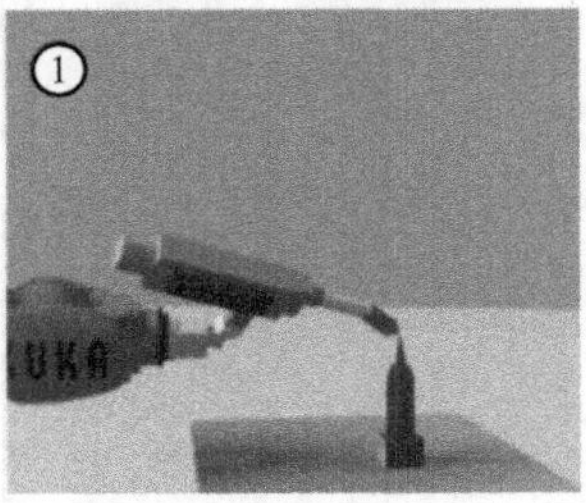

（续）

步骤	实施内容	图示
5	将工具沿方向1向参照点校准，单击"测量"→"是"，保存当前位置	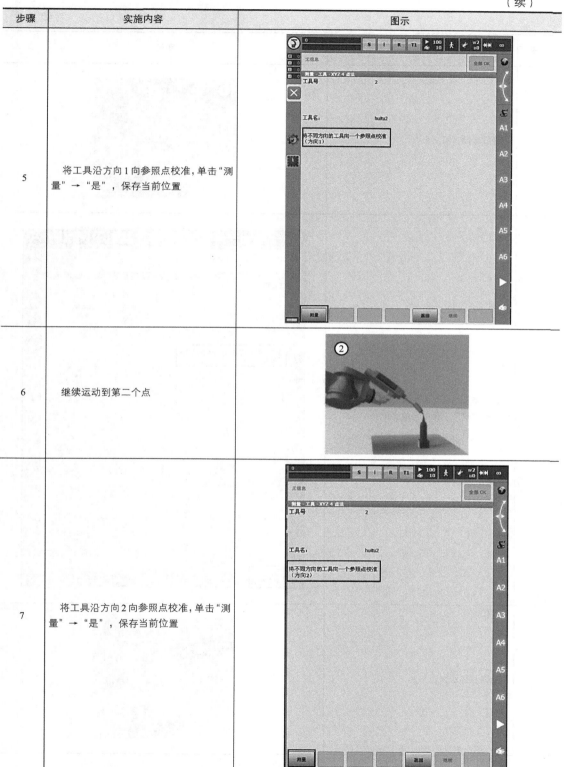
6	继续运动到第二个点	
7	将工具沿方向2向参照点校准，单击"测量"→"是"，保存当前位置	

（续）

步骤	实施内容	图示
8	继续运动到第三个点	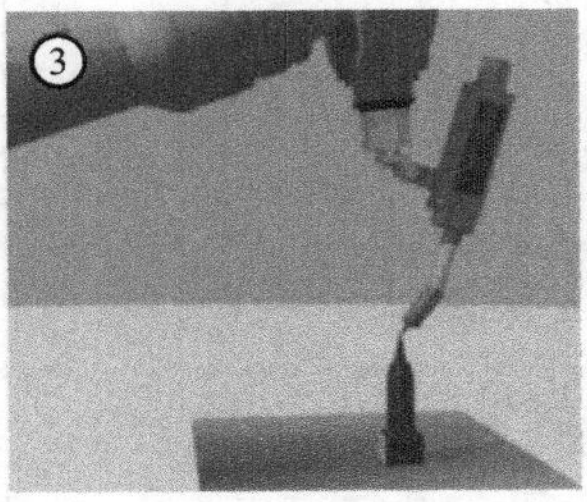
9	将工具沿方向3向参照点校准，单击"测量"→"是"，保存当前位置	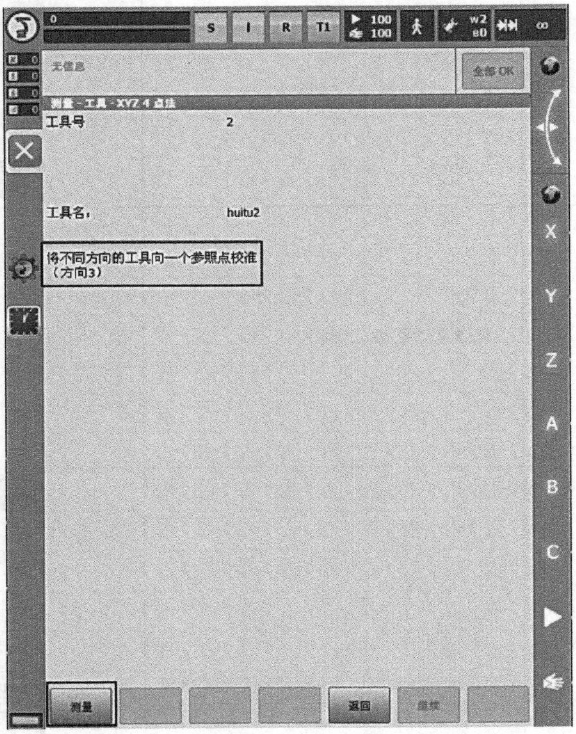
10	继续运动到第四个点	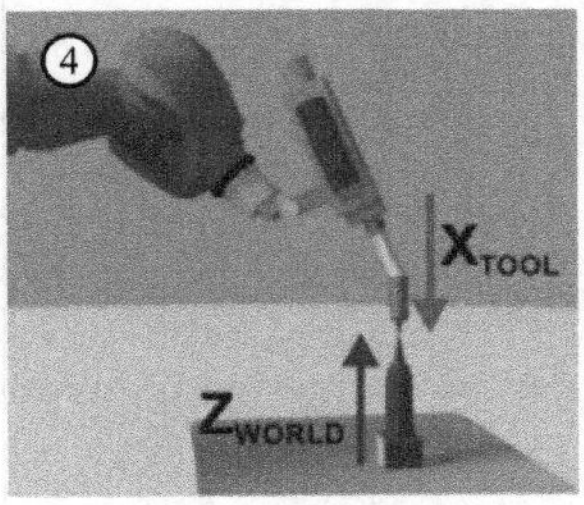

（续）

步骤	实施内容	图示
11	将工具沿方向 4 向参照点校准,单击"测量"→"是",保存当前位置	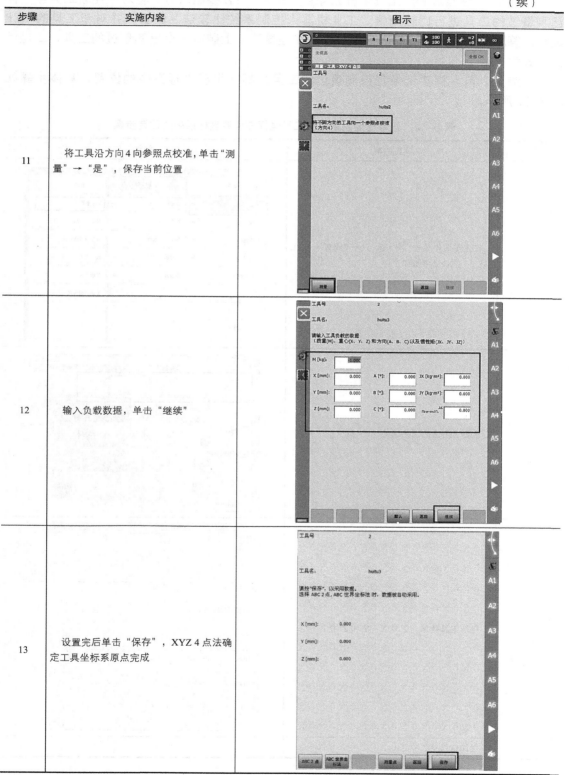
12	输入负载数据,单击"继续"	
13	设置完后单击"保存",XYZ 4 点法确定工具坐标系原点完成	

（2）XYZ 参照法确定工具坐标系原点　采用 XYZ 参照法时，将对一件新工具与一件已测量过的工具进行比较测量。工业机器人控制系统比较法兰位置，并对新工具的 TCP 进行计算。此测量方法的前提条件，一是在连接法兰上装有一个已测量过的工具，二是运行方式为 T1。

在测量之前，需要记录已经测量过的工具坐标在世界坐标系中的位置，具体步骤如表 5-11 所示。

表 5-11　记录已经测量过的工具坐标在世界坐标系中的位置步骤

步骤	实施内容	图示
1	在主菜单中单击"投入运行"→"测量"→"工具"→"XYZ 参照法"	
2	选择已测量的工具编号	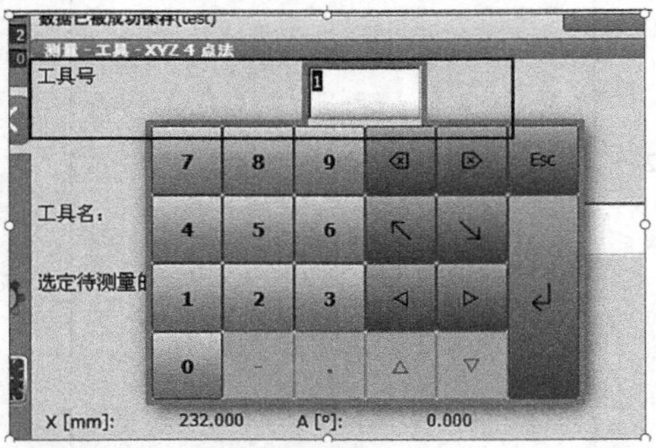
3	显示工具数据，记录 X、Y 和 Z 值	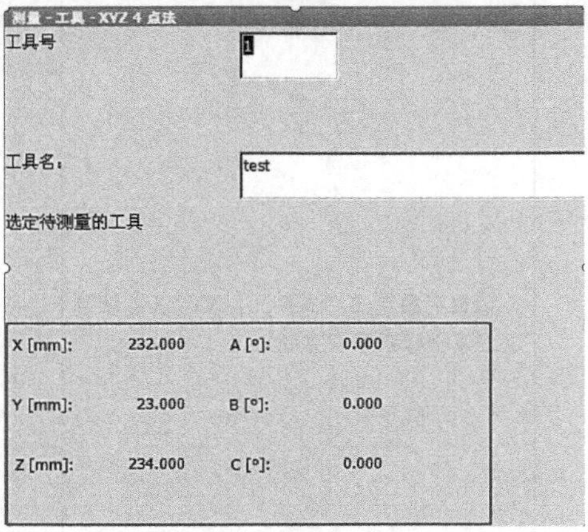
4	关闭窗口	

XYZ 参照法建立工具坐标系具体步骤如表 5-12 所示。

表 5-12　XYZ 参照法建立工具坐标系步骤

步骤	实施内容	图示
1	在主菜单中单击"投入运行"→"测量"→"工具"→"XYZ 参照法"	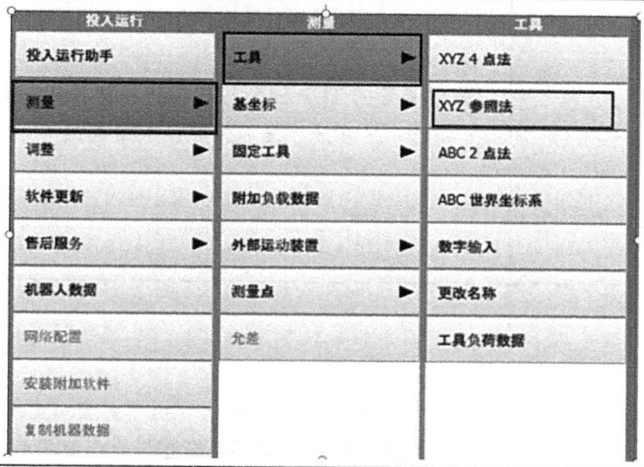
2	为新工具选择一个编号并给定一个工具名称，单击"继续"进行确认	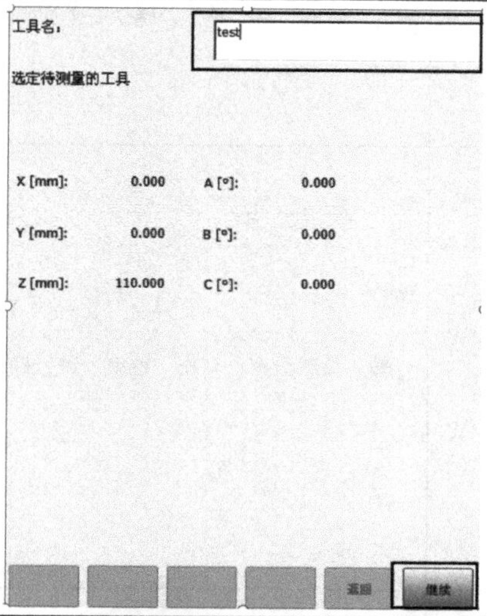
3	输入已经测量的工具的 TCP 数据，单击"继续"进行确认	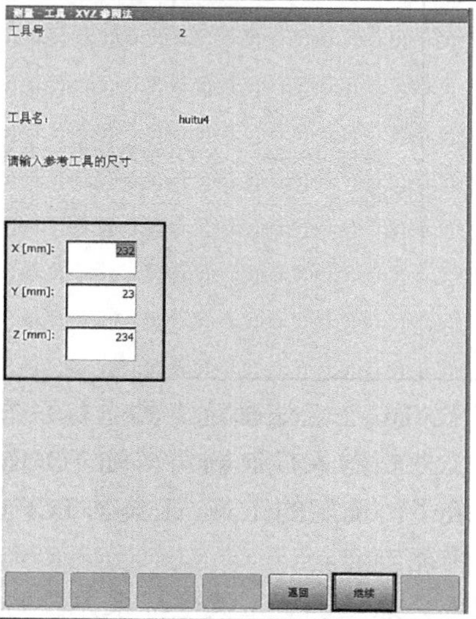

（续）

步骤	实施内容	图示
4	将已测量的 TCP 驶至右图①所示参考点，单击"测量"，单击"是"，确认安全询问	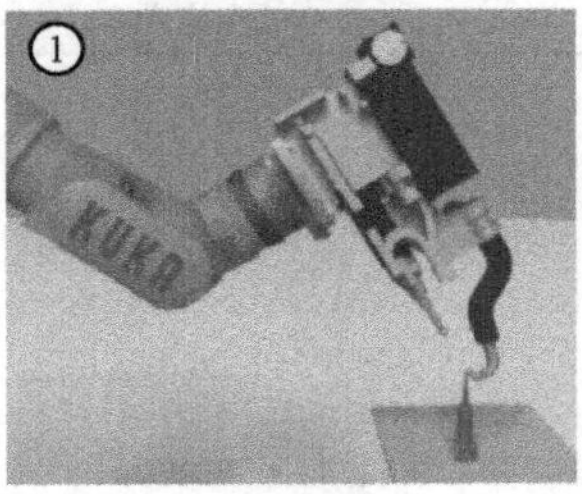
5	将已测量的工具安全回退、拆下并安装上新工具，将新工具的 TCP 移至右图②所示参考点，单击"测量"→"是"，确认安全询问	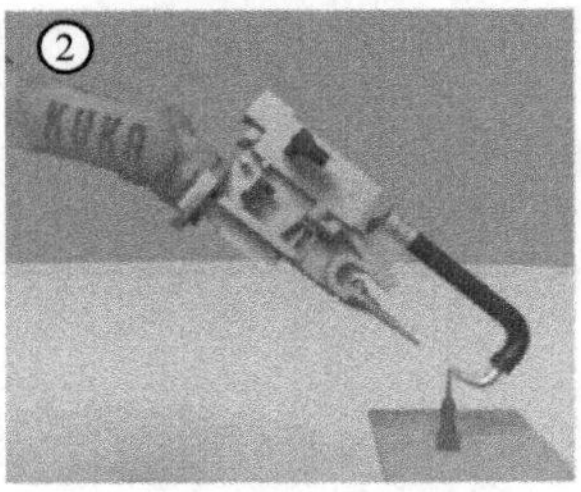
6	输入负载数据，单击"继续"进行确认	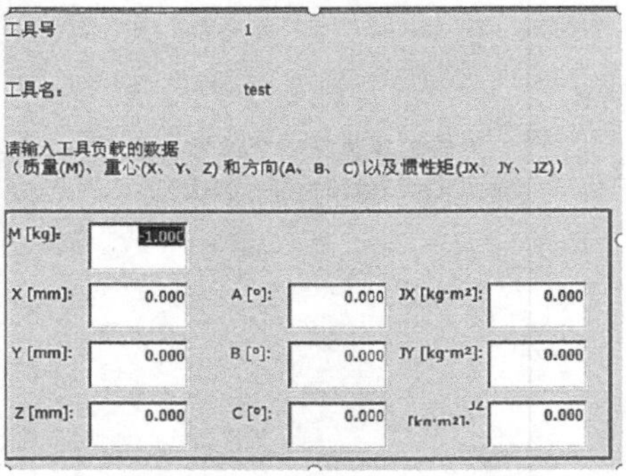
7	单击"保存"，XYZ 参照法确定工具坐标系完成	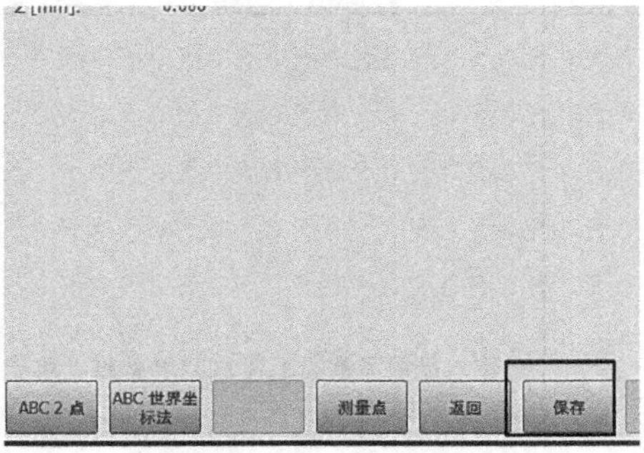

（3）ABC 2 点法确定工具坐标系方位　通过移至 X 轴上一个点和 XY 平面上一个点的方法，工业机器人控制器可得知 TOOL 坐标系的轴数据。此方法的前提条件是连接法兰处已经安装了待测定的工具、工具的 TCP 已测量、运行模式为 T1。在轴方向能够精确地确定时，可以使用此方法。

ABC 2 点法确定工具坐标系方位的步骤如表 5-13 所示。

表 5-13　ABC 2 点法确定工具坐标系方位步骤

步骤	实施内容	图示
1	在主菜单中单击"投入运行"→"测量"→"工具"→"ABC 2 点法"	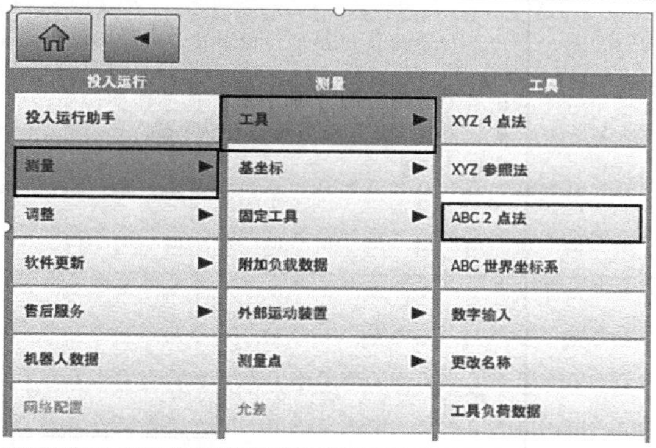
2	选择要测量的工具号（工具原点已经测量完毕），单击"继续"进行确认	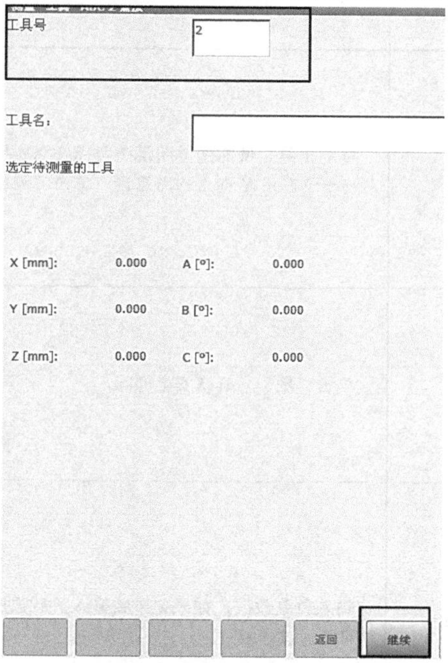
3	将 TCP 移至右图①所示参考点，单击"测量"	
4	单击"是"，确认安全询问	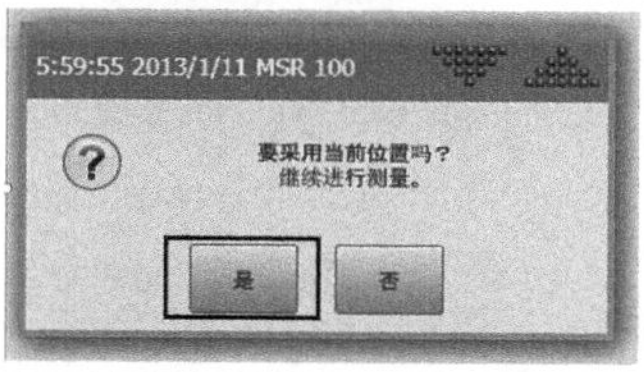

（续）

步骤	实施内容	图示
5	移动工具，使右图②所示参考点在 X 轴上与一个为负值 X 的点重合（即向着作业方向），单击"测量"	
6	单击"是"，确认安全询问	5:59:55 2013/1/11 MSR 100 要采用当前位置吗？ 继续进行测量。 是 否
7	移动工具，使右图③所示参考点在 XY 平面上与一个在正 Y 向上的点重合，单击"测量"	
8	单击"是"，确认安全询问	5:59:55 2013/1/11 MSR 100 要采用当前位置吗？ 继续进行测量。 是 否
9	输入负载数据，如果要单独输入负载数据，则可跳过该步骤	请输入工具负载的数据（质量(M)、重心(X、Y、Z)和方向(A、B、C)以及惯性矩(JX、JY、JZ)） M [kg]: 1.000 X [mm]: 0.000 A [°]: 0.000 JX [kg·m²]: 0.000 Y [mm]: 0.000 B [°]: 0.000 JY [kg·m²]: 0.000 Z [mm]: 0.000 C [°]: 0.000 JZ [kg·m²]: 0.000
10	单击"继续"进行确认	Z [mm]: 0.000 C [°]: 0.000 JZ [kg·m²]: 0.000 默认 返回 继续

（续）

步骤	实施内容	图示
11	单击“保存”，ABC 2 点法确定工具坐标系方位完成	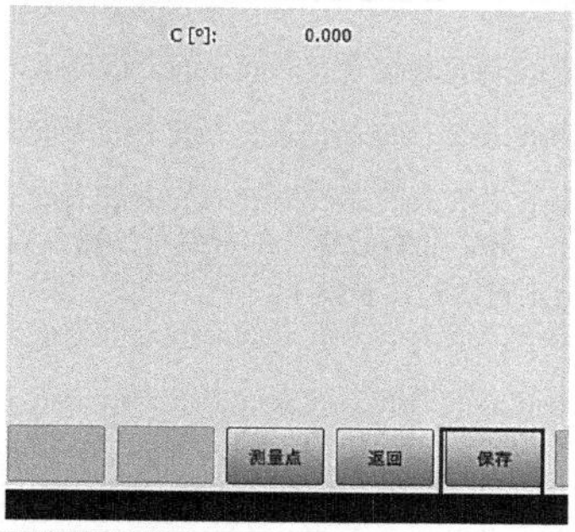C [°]: 0.000 测量点 返回 保存

（4）数字输入法确定工具坐标系方位　工具数据可手动输入，可能的数据源包括 CAD、外部测量的工具、工具制造商的数据。该方法的前提条件是相对于法兰坐标系的 X、Y、Z 和相对于法兰坐标系的 A、B、C 数值已知。

数字输入法确定工具坐标系方位的步骤如表 5-14 所示。

表 5-14　数字输入法确定工具坐标系方位步骤

步骤	实施内容	图示
1	在主菜单中单击“投入运行”→“测量”→“工具”→“数字输入”	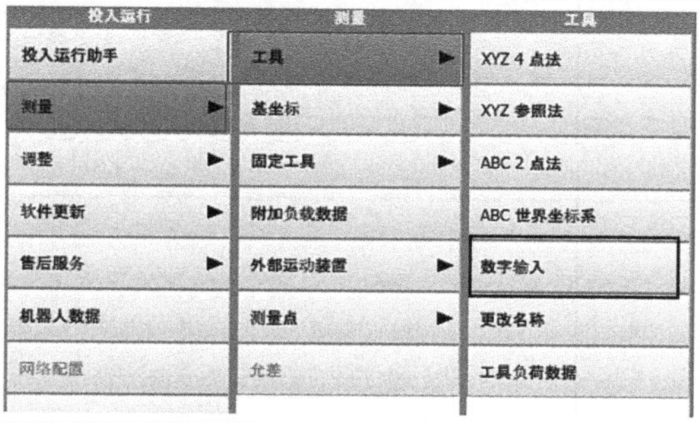投入运行 测量 工具 投入运行助手 工具 XYZ 4 点法 测量 基坐标 XYZ 参照法 调整 固定工具 ABC 2 点法 软件更新 附加负载数据 ABC 世界坐标系 售后服务 外部运动装置 数字输入 机器人数据 测量点 更改名称 网络配置 允差 工具负荷数据
2	为工具号选择一个已经测量过原点的工具编号，输入工具数据，单击“继续”进行确认	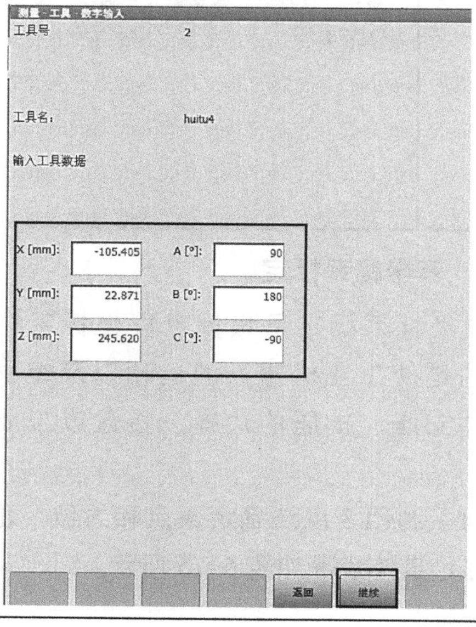测量 - 工具 - 数字输入 工具号 2 工具名： huitu4 输入工具数据 X [mm]: -105.405 A [°]: 90 Y [mm]: 22.871 B [°]: 180 Z [mm]: 245.620 C [°]: -90 返回 继续

（续）

步骤	实施内容	图示
3	输入负载数据（如果要单独输入负载数据，则可跳过该步骤）	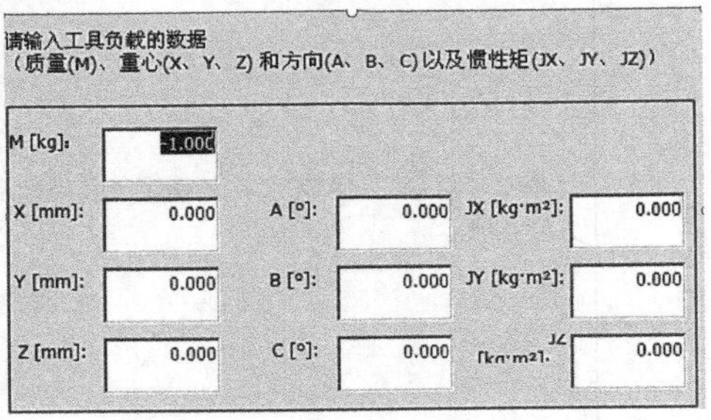 请输入工具负载的数据 （质量(M)、重心(X、Y、Z)和方向(A、B、C)以及惯性矩(JX、JY、JZ)） M [kg]: -1.000 X [mm]: 0.000　A [°]: 0.000　JX [kg·m²]: 0.000 Y [mm]: 0.000　B [°]: 0.000　JY [kg·m²]: 0.000 Z [mm]: 0.000　C [°]: 0.000　[kn·m²]: 0.000
4	单击"继续"进行确认	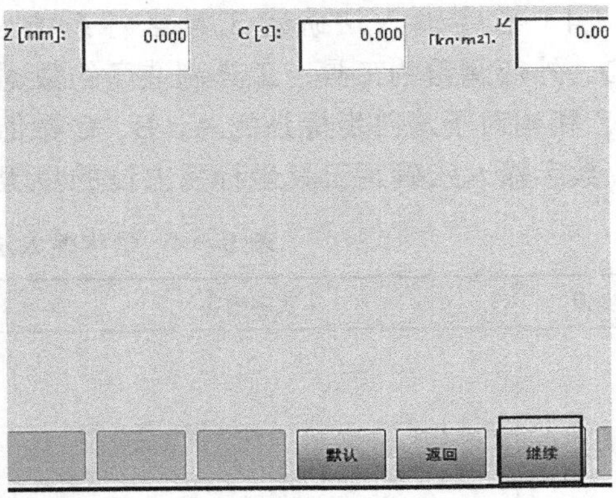 Z [mm]: 0.000　C [°]: 0.000　[kn·m²]: 0.00 默认　返回　继续
5	单击"保存"，数字输入法确定工具坐标系方位完成	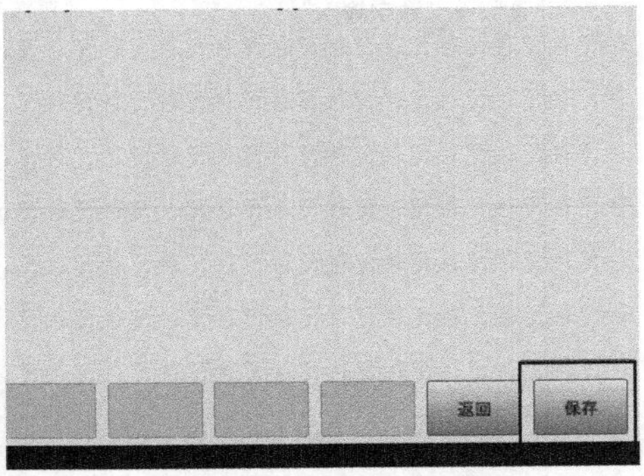 返回　保存

3. 基坐标系标定

基坐标系标定是根据世界坐标系在工业机器人周围的某一个位置上创建坐标系。其目的是使工业机器人的运动以及编程设定的位置均以该坐标系为参照。因此，特定的工件支座、抽屉的边缘、货盘或工业机器人的外缘均可作为基准坐标系中合理的参考点。

（1）利用 3 点法确定原点和方位　基坐标系标定分为确定坐标原点和定义坐标方位两个步骤，具体步骤如表 5-15 所示。

表 5-15 3 点法确定原点和方位步骤

步骤	实施内容	图示
1	在主菜单中单击"投入运行"→"测量"→"基坐标"	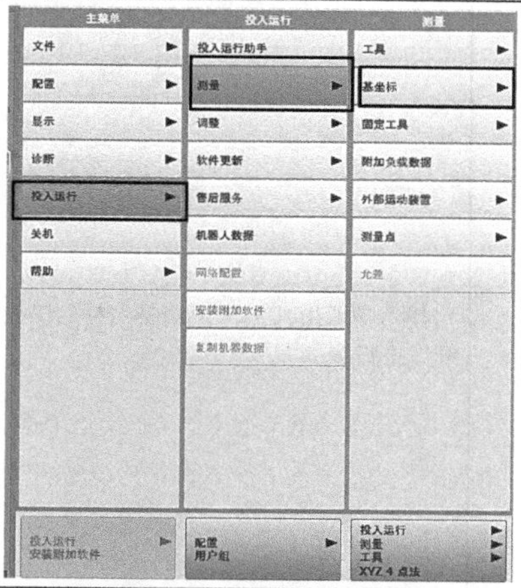
2	在主菜单中单击"测量"→"基坐标"→"3 点"	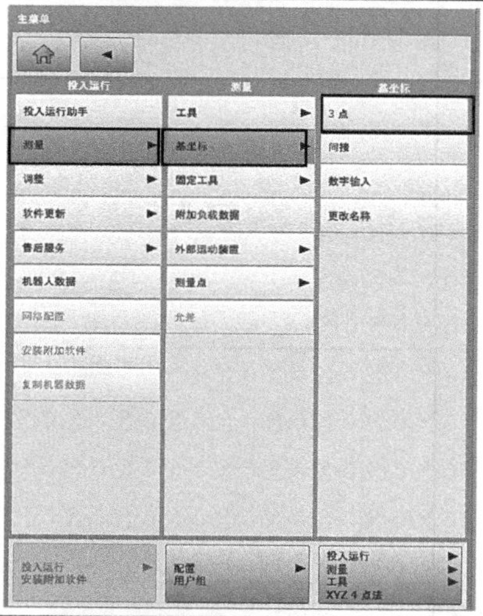
3	为基坐标分配一个号码和一个名称,单击"继续"进行确认	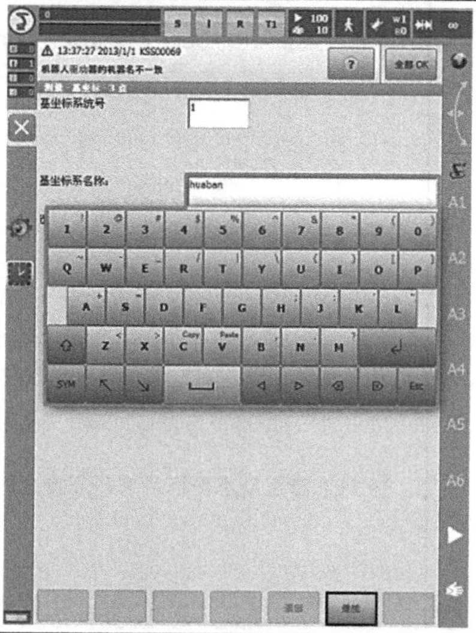

（续）

步骤	实施内容	图示
4	输入需要用其 TCP 测量基坐标的工具编号 1，单击"继续"进行确认	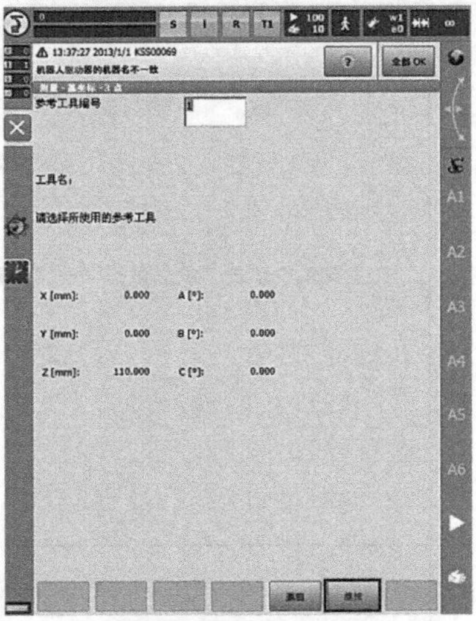
5	将 TCP 移到新基坐标系的原点	
6	单击"测量"→"是"，确认第一个点的位置	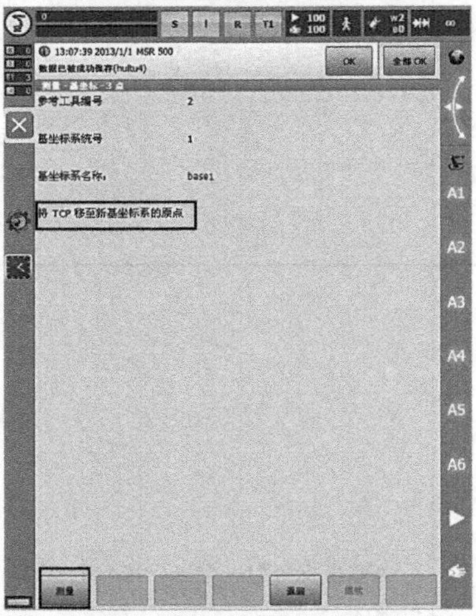
7	将 TCP 移至新基坐标系 X 轴正向上的一个点	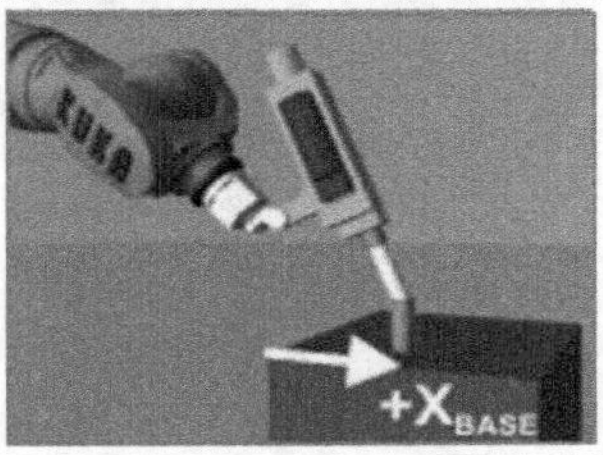

（续）

步骤	实施内容	图示
8	单击"测量"→"是"，确认第二个点的位置	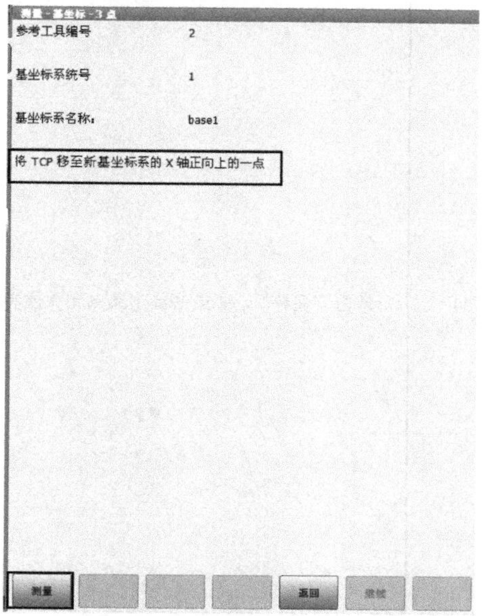
9	将 TCP 移至新基坐标系的 XY 平面上一个带有正 Y 值的点	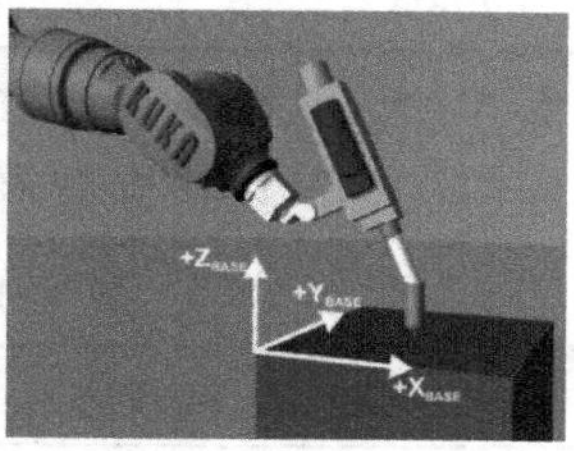
10	单击"测量"→"是"，确认第三个点的位置	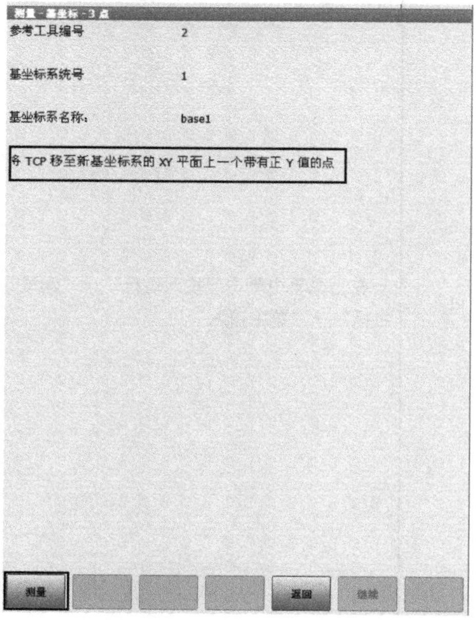

KUKA 工业机器人与西门子 S7-1200 PLC 技术及应用

（续）

步骤	实施内容	图示
11	单击"保存"，3点法确定原点和方位完成	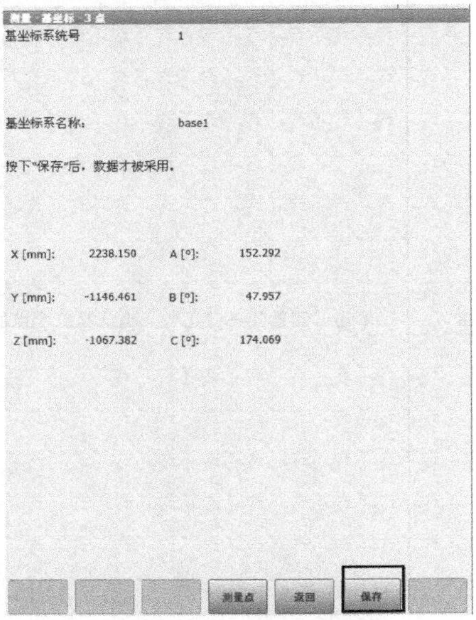 基坐标系统号 1；基坐标系名称 base1；按下"保存"后，数据才被采用。X[mm]:2238.150 A[°]:152.292 Y[mm]:-1146.461 B[°]:47.957 Z[mm]:-1067.382 C[°]:174.069
12	关闭菜单	

（2）数字输入法确定原点和方位 直接输入世界坐标系的距离值（X，Y，Z）和转角（A，B，C），具体步骤如表 5-16 所示。

表 5-16 数字输入法确定原点和方位步骤

步骤	实施内容	图示
1	在主菜单中单击"投入运行"→"测量"→"基坐标"→"数字输入"	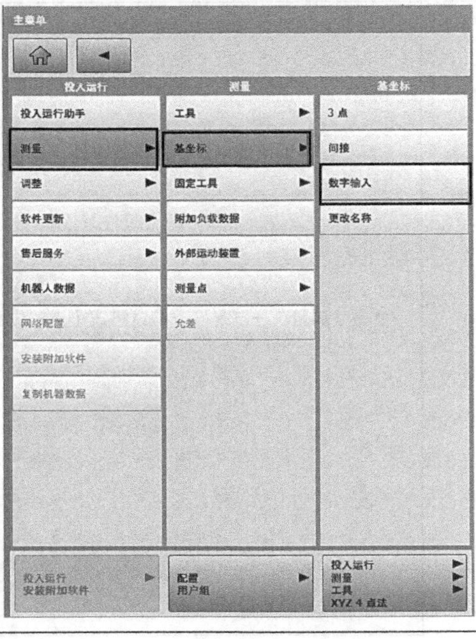 主菜单：投入运行 测量 基坐标；测量→基坐标→数字输入

196

（续）

步骤	实施内容	图示
2	为基坐标分配一个号码和一个名称，单击"继续"进行确认	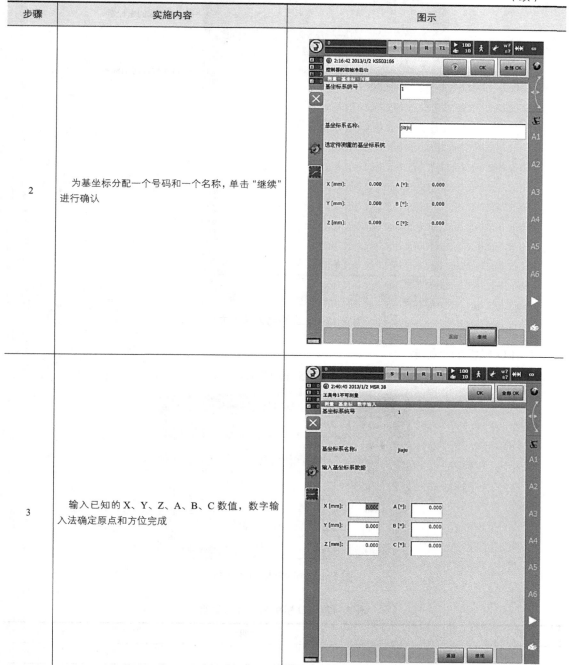
3	输入已知的 X、Y、Z、A、B、C 数值，数字输入法确定原点和方位完成	

5.2.2 工业机器人的移动

KUKA 工业机器人在进行坐标系调整时，可使用 6D 鼠标控制，也可使用移动按键控制，如图 5-12 所示。

图 5-12　工业机器人移动方式

1. 6D 鼠标的坐标系

图 5-13 中 6D 鼠标的坐标系说明如表 5-17 所示。

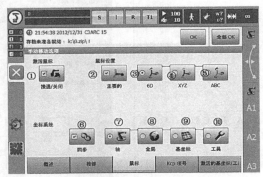

图 5-13　6D 鼠标的坐标系

表 5-17　6D 鼠标的坐标系说明

序号	说明
①	接通 / 关闭 6D 鼠标
②	主要模式的复选框。复选框激活，表示主要模式已接通，只运行通过空间鼠标达到最大偏移的轴；复选框未激活，表示主要模式已关闭，根据轴的选择可以同时运行 3 个或 6 个轴。
③	1～6 轴运动
④	1～3 轴运动
⑤	4～6 轴运动

（续）

序号	说明
⑥	同步 6D 鼠标和移动按键的坐标系
⑦	轴坐标系
⑧	全局坐标系
⑨	基坐标系
⑩	工具坐标系

2. 移动按键的坐标系

图 5-14 中移动按键的坐标系说明如表 5-18 所示。

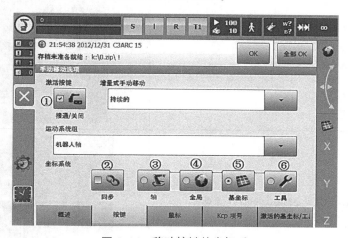

图 5-14　移动按键的坐标系

表 5-18　移动按键的坐标系说明

序号	说明
①	接通 / 关闭移动按键
②	同步 3D 鼠标和移动按键的坐标系
③	轴坐标系
④	全局坐标系
⑤	基坐标系
⑥	工具坐标系

实训项目十三 ▶ 设置绘图工作站工具坐标系和基坐标系

实训要求：根据绘图工作站要求，设置工具坐标系和基坐标系。

1. 绘图工具坐标系设定

绘图工具原点设置在末端，Z 轴与末端同轴。设定绘图工具坐标系的步骤如表 5-19 所示。

表 5–19 设定绘图工具坐标系步骤

步骤	实施内容	图示
1	安装绘图工具	
2	规划工具坐标系	
3	利用 XYZ 4 点法设定绘图工具坐标系原点	
4	利用 ABC 2 点法设定绘图工具坐标系方向	
5	选定创建的工具坐标系，原点位置保持不变，分别选择 A、B、C 轴进行移动，测试工具坐标系的正确性	

2. 绘图板基坐标系设定

绘图板基坐标原点设置在左下角（从光幕侧看），Z 轴与绘图板垂直。设定绘图板基坐标系的步骤如表 5-20 所示。

表 5-20　绘图板基坐标系设定步骤

步骤	实施内容	图示
1	规划如右图所示基坐标系	
2	利用 3 点法设定绘图基坐标系原点和方位	
3	选定创建的基坐标，选择坐标系为基坐标系，移动按键查看是否按照选定坐标系移动，测试绘图板基坐标系的正确性	

5.3　KUKA 工业机器人程序的创建

知 识目标

了解 KUKA 工业机器人程序的结构和创建方法。

技 能目标

能够利用示教器进行程序的创建和编写。

相关知识

1. 程序命名规则

在示教器上，程序模块尽量保存在文件夹"R1\program"中，可建立新的文件夹并将程序模块存放在该目录下。为了便于管理和维护，模块命名应尽量规范。KUKA 工业机器人程序模块命名示例如表 5-21 所示。

表 5-21　程序模块命名示例

程序模块命名	程序模块说明
Main	主程序模块
InitSYSTEM	初始化程序模块
VerifyAtHOME	判断工业机器人是否在 HOME 位程序模块
InitSignal	初始化信号程序模块
ChangeTool	更换工具程序模块
GotPgNo	获取工作编号程序模块
R_work	工业机器人工作程序模块
RcheckCycle	循环检查程序模块

2. 程序模块建立

一个完整的程序模块包括同名的两个文件，src 程序文件和 dat 数据文件。src 程序文件用于存储程序的源代码，如图 5-15 所示。dat 数据文件用于存储变量数据和点坐标值。dat 文件只在专家用户组权限或者更高权限下可见。

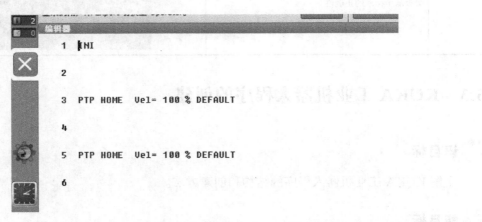

图 5-15　src 程序文件

程序模块建立过程如表 5-22 所示。

表 5-22　程序模块建立过程

步骤	实施内容	图示
1	单击"R1"→"Program"文件夹，在按键栏单击"新"，新建一个程序文件夹，此时可给该文件夹进行命名，如 MyTest	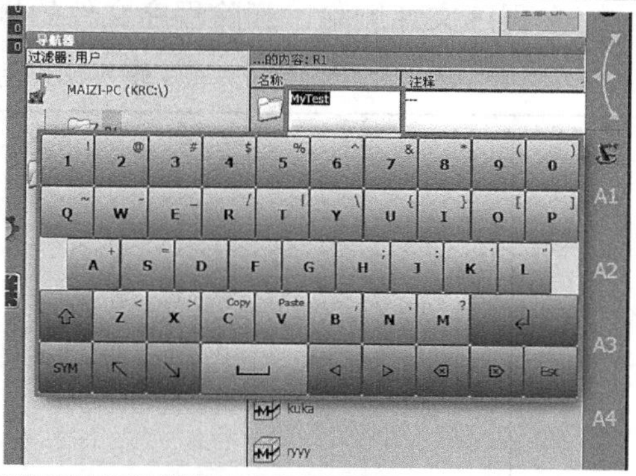
2	登录"Expert"（专家）用户组	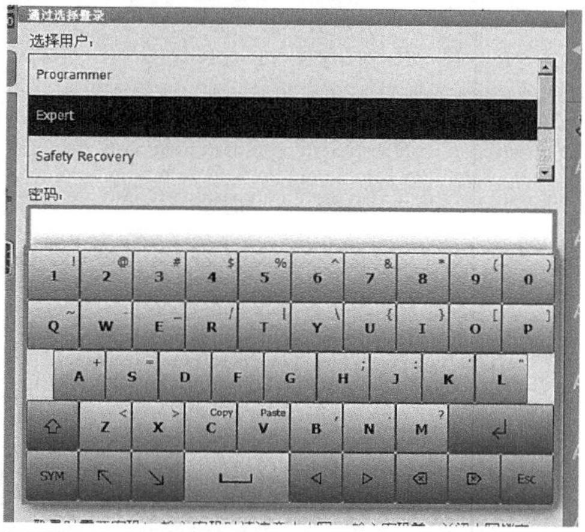
3	打开文件夹"MyTest"，单击右侧空白处，单击按键栏"新"，弹出程序模板选择窗口，此处选择常用的"Modul 模块"，单击"OK"	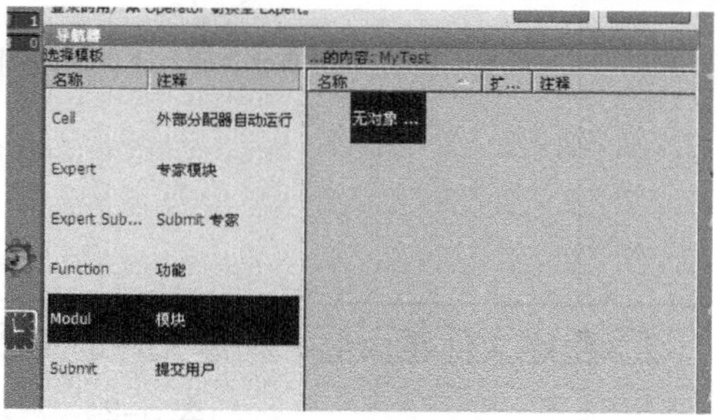
4	在"MyTest"文件夹里，弹出程序模块命名窗口，给程序模块命名，如 WORK，单击"OK"。程序模块创建后，系统自动生成两个同名文件：一个为 WORK.src 程序文件；另一个为 WORK.dat 数据文件	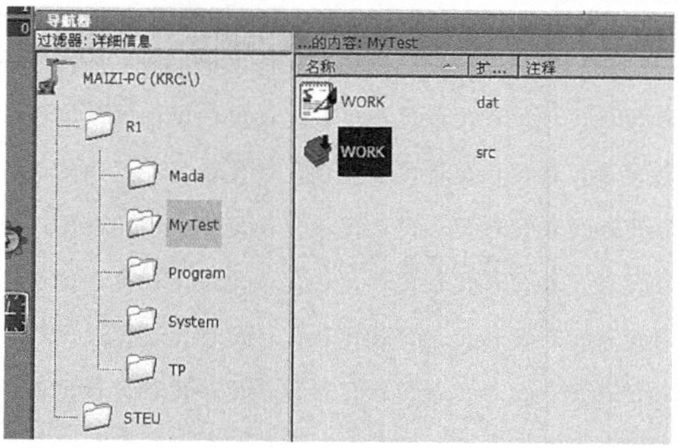

3. 程序文件编辑

在示教器按键栏中，单击"编辑"，可对程序文件进行剪切、删除、重命名等操作。

（1）程序文件删除　删除程序文件的操作步骤如表 5-23 所示。

表 5-23　程序文件删除步骤

步骤	实施内容	图示
1	选中文件	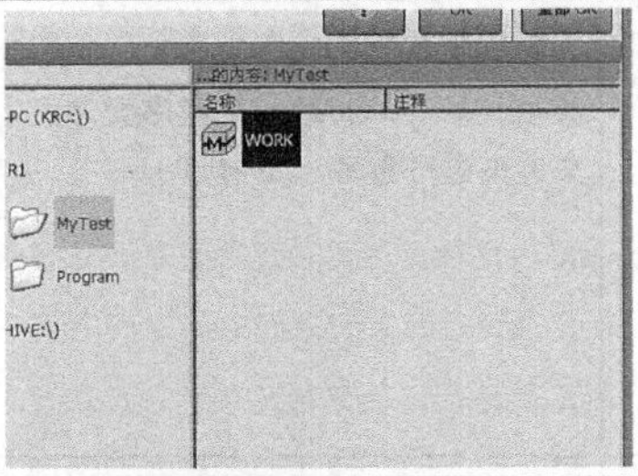
2	单击"编辑"→"删除"	
3	单击"是"，确认安全询问，模块即被删除	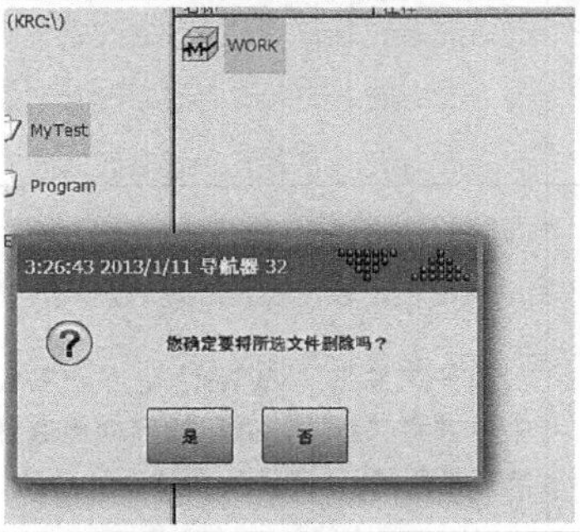

（2）程序文件重命名　程序文件的重命名步骤如表 5-24 所示。

表 5-24　程序文件的重命名步骤

步骤	实施内容	图示
1	选中文件	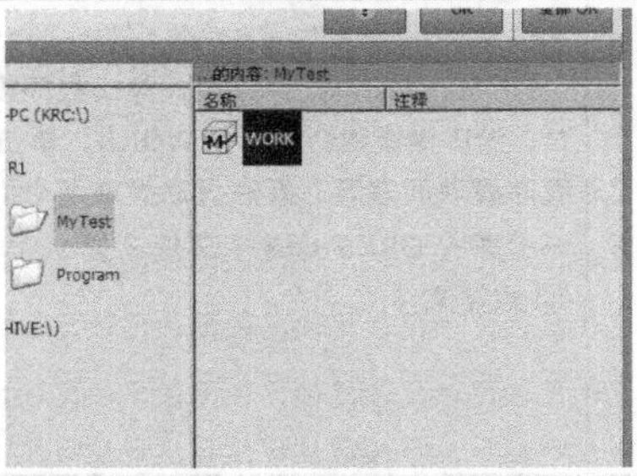

（续）

步骤	实施内容	图示
2	单击 "编辑" → "改名"	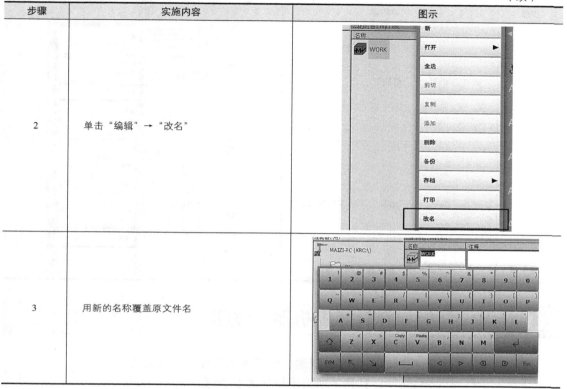
3	用新的名称覆盖原文件名	

（3）程序文件剪切　程序文件的剪切步骤如表 5-25 所示。

表 5-25　程序文件剪切步骤

步骤	实施内容	图示
1	登录专家用户组	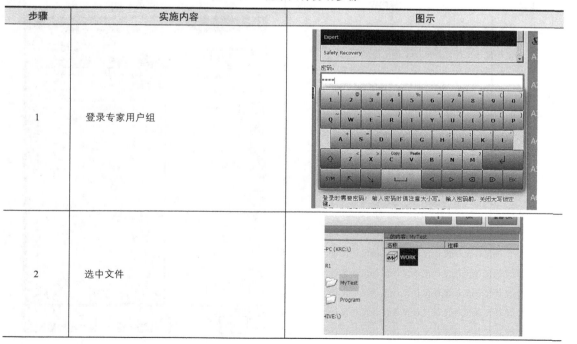
2	选中文件	

（续）

步骤	实施内容	图示
3	单击"编辑"→"剪切"	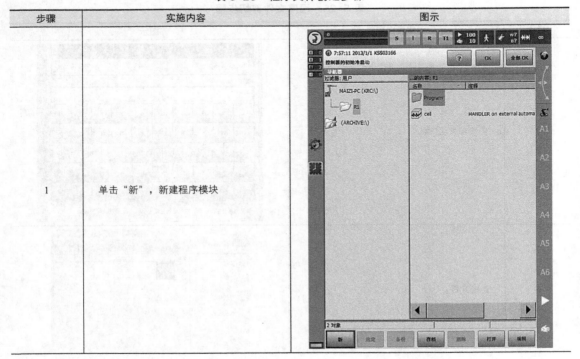
4	选择"编辑"→"添加"，将文件剪切到相应位置	

实训项目十四 ▶ 创建工业机器人程序

实训要求：以绘制矩形轨迹为例，创建一个简单的工业机器人程序。

新建一个程序"juxing"，其具体创建步骤如表 5-26 所示。

表 5-26　程序文件创建步骤

步骤	实施内容	图示
1	单击"新"，新建程序模块	

（续）

步骤	实施内容	图示
2	输入程序名"juxing"，并按回车键，完成程序模块的建立	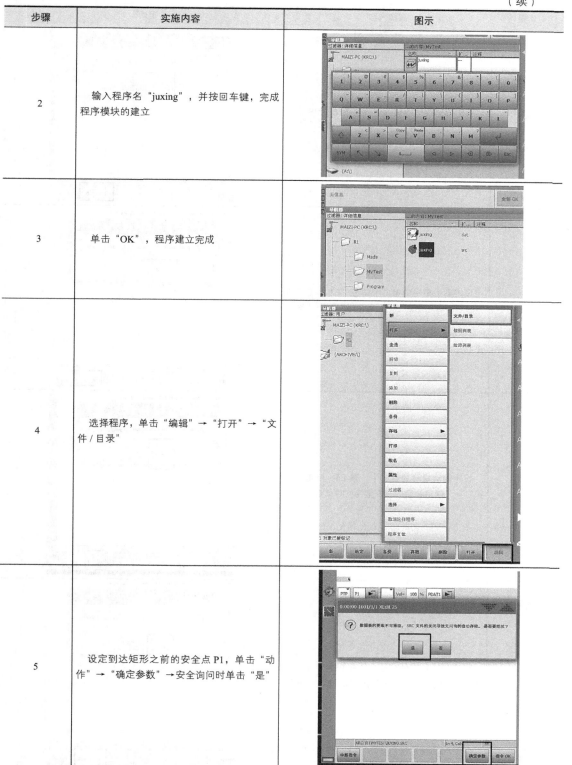
3	单击"OK"，程序建立完成	
4	选择程序，单击"编辑"→"打开"→"文件/目录"	
5	设定到达矩形之前的安全点 P1，单击"动作"→"确定参数"→安全询问时单击"是"	

（续）

步骤	实施内容	图示
6	设定到达矩形的第一个位置 P2，单击"动作"→"确定参数"→安全询问时单击"是"	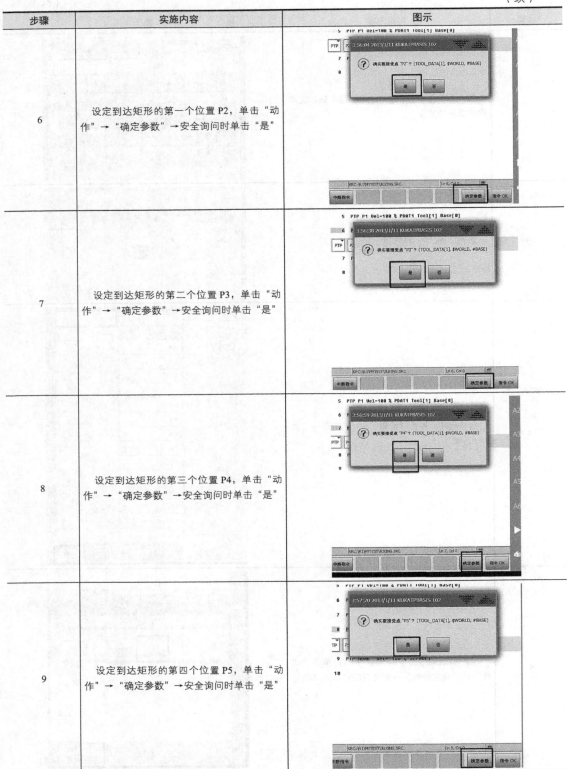
7	设定到达矩形的第二个位置 P3，单击"动作"→"确定参数"→安全询问时单击"是"	
8	设定到达矩形的第三个位置 P4，单击"动作"→"确定参数"→安全询问时单击"是"	
9	设定到达矩形的第四个位置 P5，单击"动作"→"确定参数"→安全询问时单击"是"	

（续）

步骤	实施内容	图示
10	回到矩形的位置点 P2 →单击"指令 OK"	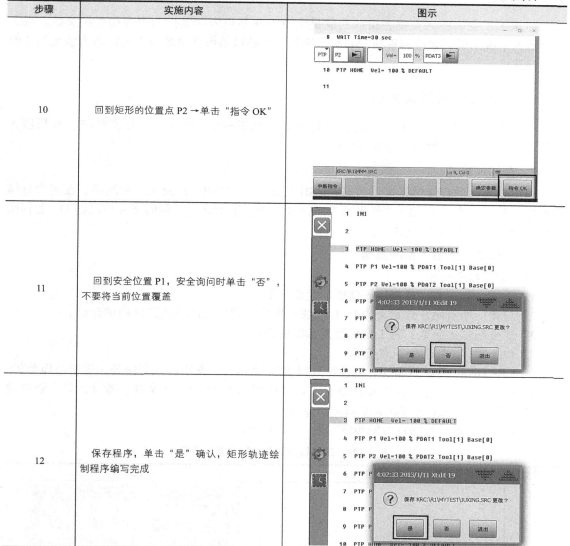
11	回到安全位置 P1，安全询问时单击"否"，不要将当前位置覆盖	
12	保存程序，单击"是"确认，矩形轨迹绘制程序编写完成	

5.4 KUKA 工业机器人备份与还原

知识目标

掌握 KUKA 工业机器人文件备份和还原方法。

技能目标

能够进行工业机器人文件备份和还原操作。

相关知识

KUKA 工业机器人数据备份的对象是所有正在系统内存运行的程序和系统参数。当工业机器人系统出现错误或者重新安装新系统后，可通过备份快速地将工业机器人恢复到备份时的状态。

5.4.1 备份工业机器人数据

在每个备份过程中均会在相应的目标介质上生成一个 ZIP 文件，该文件与工业机器人同名，在工业机器人数据下可改变文件名。

1. 存储位置

有三个不同的存储位置可供选择：USB（KCP）、USB（控制柜）和网络。在每个存储过程中，除了将生成的 ZIP 文件保存在所选的存储介质上之外，同时还在驱动器 D:\ 上存储一个备份文件（INTERN.ZIP）。

2. 备份工业机器人系统数据

可选以下数据备份：

1）全部：将还原当前系统所需要的数据备份。

2）应用：所有用户自定义的 LRL 模块（程序）和相应的系统文件均被备份。

3）工业机器人参数：将工业机器人参数备份。

4）Log 数据：将 Log 文件备份。

5）KRCDiag：将数据备份，以便将其提供给 KUKA 工业机器人有限公司进行故障分析。在此将生成一个文件夹（名为 KRCDiag），其中可写入 10 个 ZIP 文件。除此之外，还在控制器中将备份文件放在 C:\KUKA\KRCDiag 下。

工业机器人系统数据备份的步骤如表 5-27 所示。

表 5-27　工业机器人系统数据备份步骤

步骤	实施内容	图示
1	在主菜单中单击"文件"→"存档"，根据工业机器人硬件条件选择合适的存档方式	

（续）

步骤	实施内容	图示
2	安全询问时单击"是"，完成系统数据备份	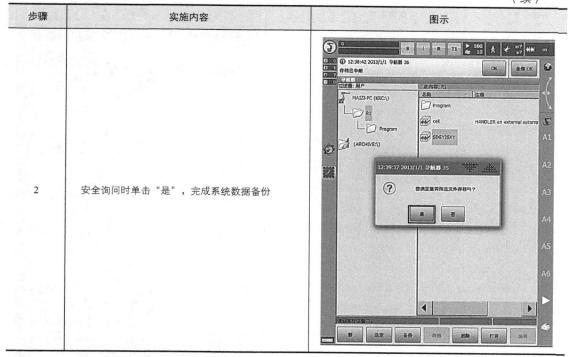

3. 备份工业机器人程序

工业机器人程序备份的步骤如表 5-28 所示。

表 5-28　工业机器人程序备份步骤

步骤	实施内容	图示
1	在主菜单下单击"配置"→"用户组"，使用专家权限登录，密码为 kuka	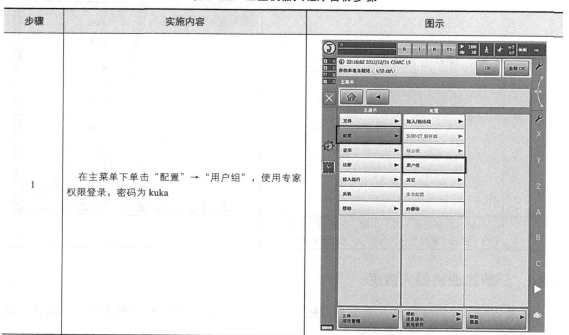

（续）

步骤	实施内容	图示
2	将"R1"中的程序文件选中	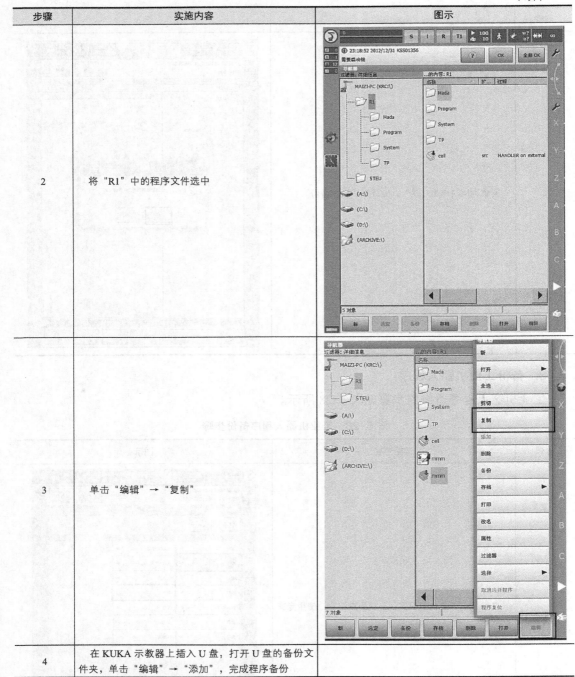
3	单击"编辑"→"复制"	
4	在 KUKA 示教器上插入 U 盘，打开 U 盘的备份文件夹，单击"编辑"→"添加"，完成程序备份	

5.4.2 还原工业机器人数据

通常情况下，只允许载入具有相应软件版本的文档。如果载入其他文档，可能会出现提示故障信息、工业机器人控制器无法运行等情况。

1. 还原工业机器人系统数据

还原工业机器人系统数据的步骤如表 5-29 所示。

表 5-29　还原工业机器人系统数据步骤

步骤	实施内容	图示
1	在主菜单中单击"文件"→"还原",根据工业机器人硬件条件选择合适的还原方式	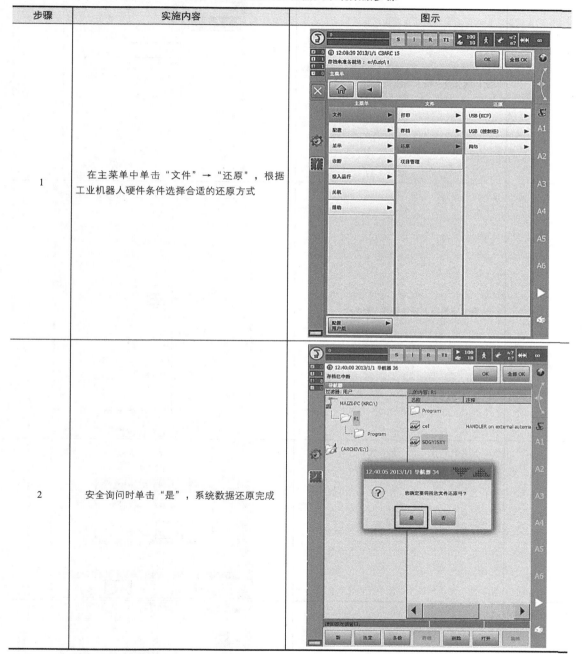
2	安全询问时单击"是",系统数据还原完成	

2. 还原工业机器人程序

还原工业机器人程序时,需要将工业机器人中的程序"kuka"删除,将 U 盘中的程序"kuka"加载到工业机器人中。具体操作步骤如表 5-30 所示。

表 5-30 还原工业机器人程序操作步骤

步骤	实施内容	图示
1	在主菜单下单击"配置"→"用户组",以专家权限登录,输入密码为 kuka	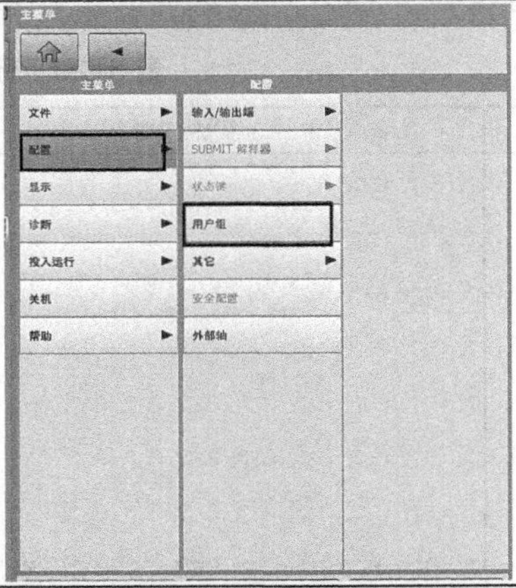
2	选择工业机器人系统程序"kuka"	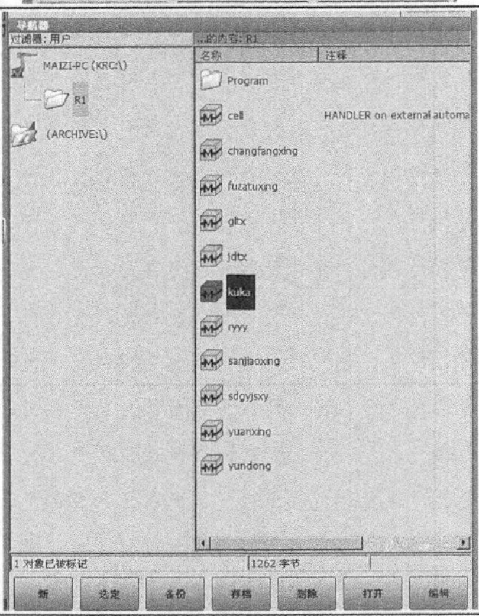
3	单击"删除"→"是"	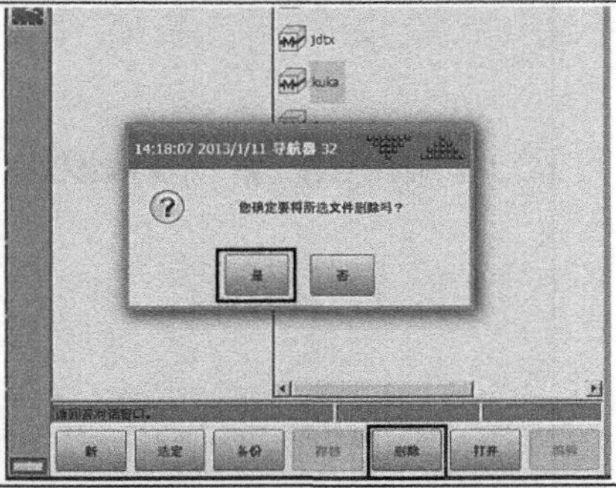
4	选择 U 盘所在路径	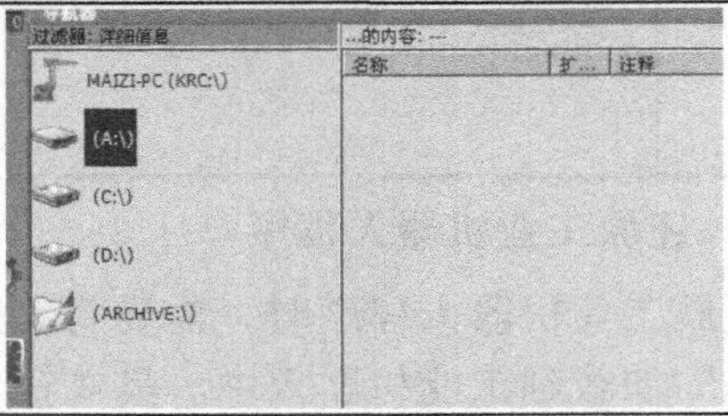

（续）

步骤	实施内容	图示
5	选择工业机器人程序"kuka"，单击"编辑"→"复制"	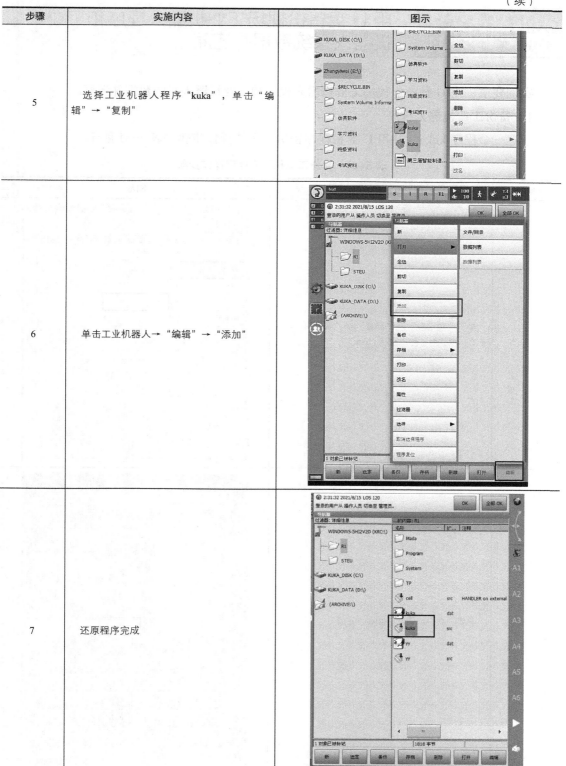
6	单击工业机器人→"编辑"→"添加"	
7	还原程序完成	

实训项目十五 用 U 盘备份现场工业机器人程序和工业机器人系统数据并还原

实训要求：用 U 盘备份现场工业机器人程序和工业机器人系统数据并还原。

1. 备份工业机器人程序

新建一个程序 kuka，并用 U 盘将程序备份。具体操作步骤如表 5-31 所示。

表 5-31 备份工业机器人程序操作步骤

步骤	实施内容	图示
1	单击“主菜单”→“配置”→“用户组”，以专家权限登录，输入密码 kuka	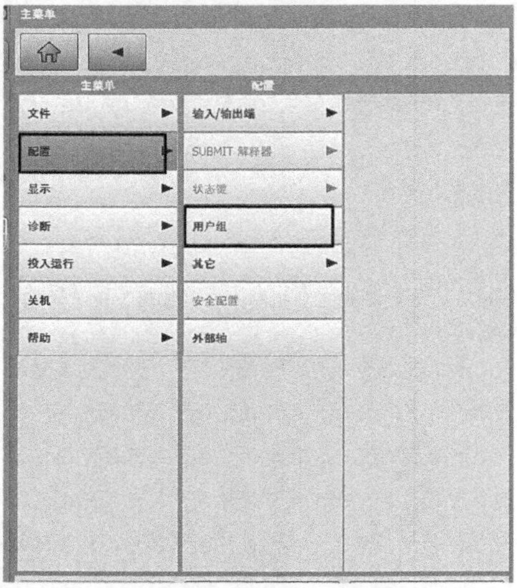
2	单击“新”，输入“kuka”完成	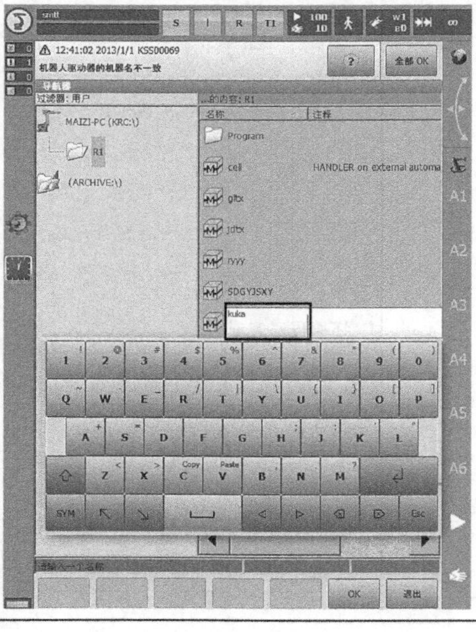

（续）

步骤	实施内容	图示
3	插入 U 盘	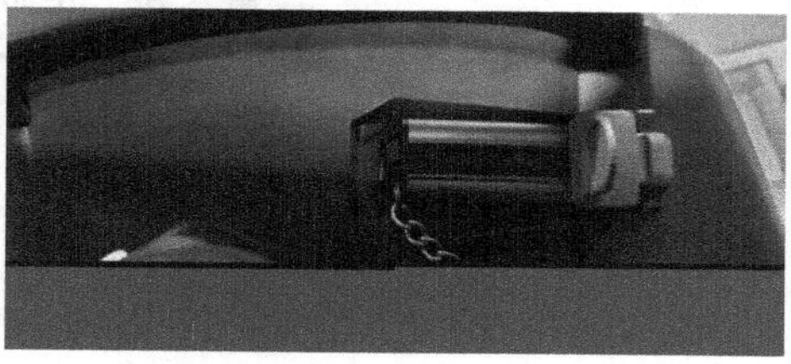
4	选择系统文件 "kuka" 程序，单击 "复制"	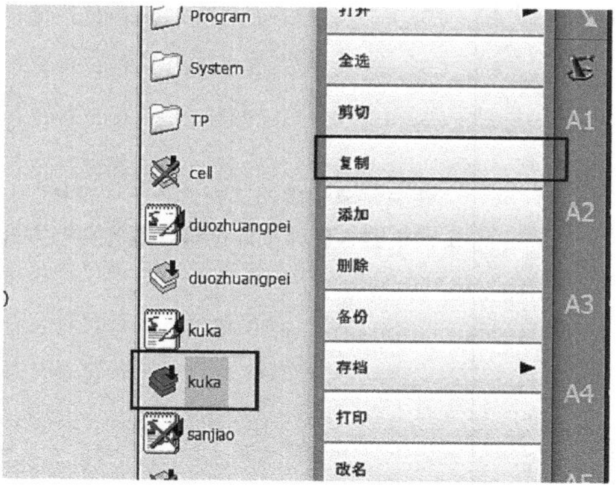
5	选择 U 盘路径	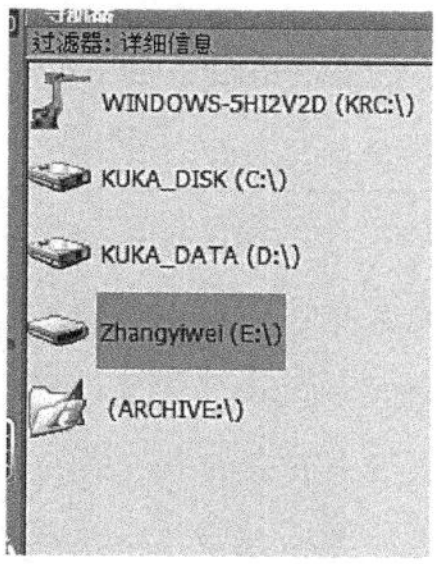
6	单击 "添加"，完成程序备份	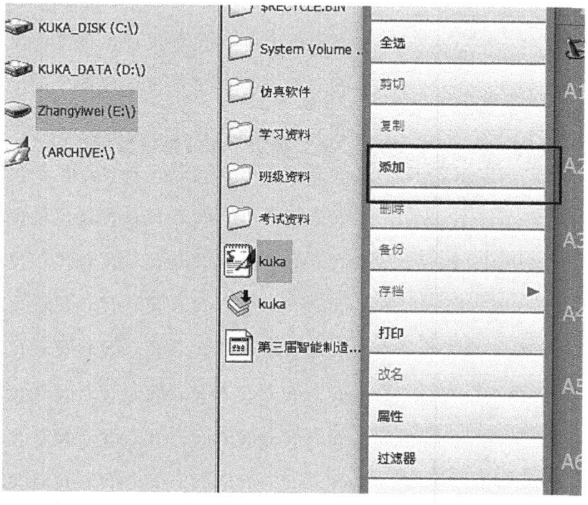

2. 备份工业机器人系统数据

用 U 盘备份工业机器人系统数据，具体操作步骤如表 5-32 所示。

表 5-32　工业机器人系统数据备份步骤

步骤	实施内容	图示
1	在主菜单中单击"文件"→"存档"，根据工业机器人硬件条件选择合适的存档方式	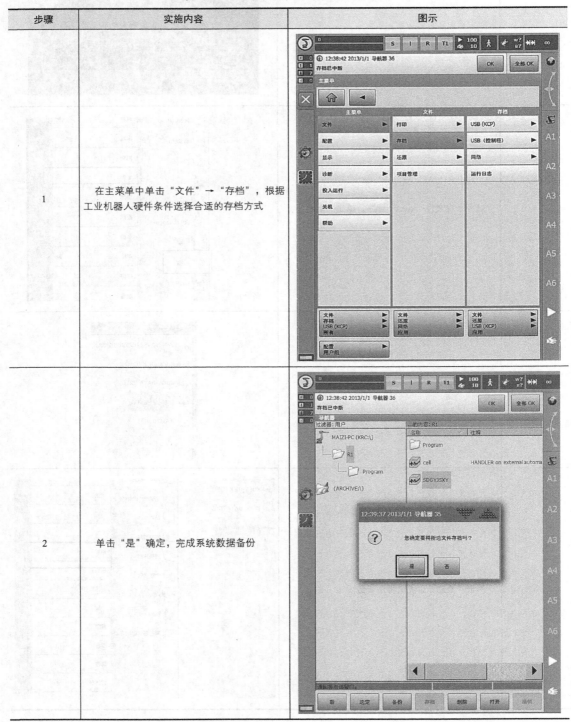
2	单击"是"确定，完成系统数据备份	

3. 还原工业机器人程序和系统数据

从 U 盘还原备份数据，具体操作步骤如表 5-33 所示。

表 5-33　从 U 盘还原备份数据步骤

步骤	实施内容	图示
1	单击"配置"→"用户组"，以专家权限登录，输入密码 kuka	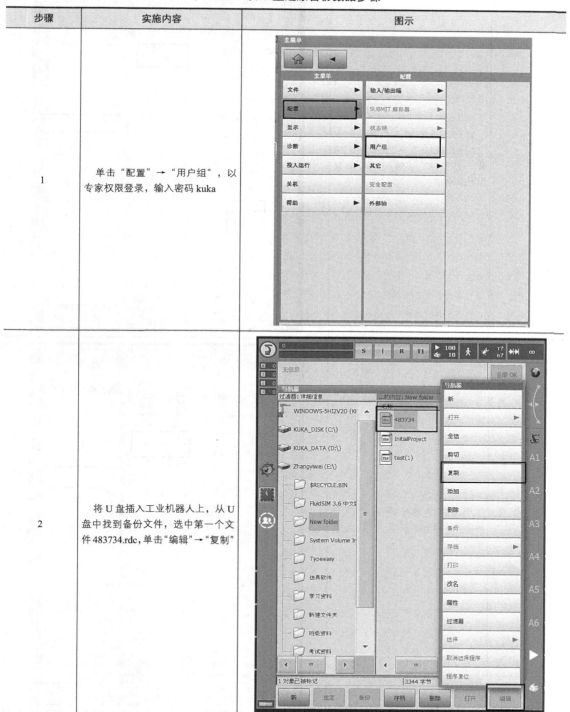
2	将 U 盘插入工业机器人上，从 U 盘中找到备份文件，选中第一个文件 483734.rdc，单击"编辑"→"复制"	

（续）

步骤	实施内容	图示
3	打开工业机器人 D 盘，单击 "ProjectBackup" → "smtt" → "编辑" → "添加"，将 483734.rdc 复制到 smtt 中	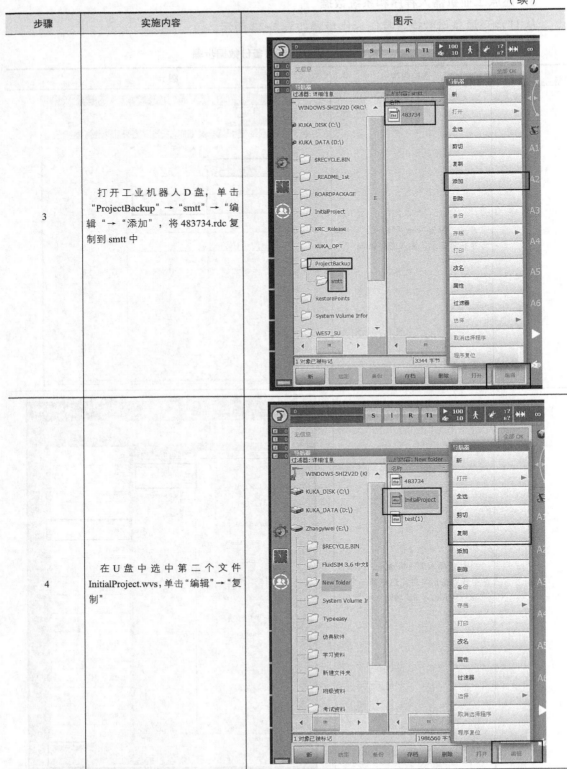
4	在 U 盘中选中第二个文件 InitialProject.wvs，单击"编辑"→"复制"	

（续）

步骤	实施内容	图示
5	打开工业机器人的 D 盘，单击"ProjectBackup"→"smtt"→"编辑"→"添加"，将 InitalProject.wvs 复制到 smtt 中	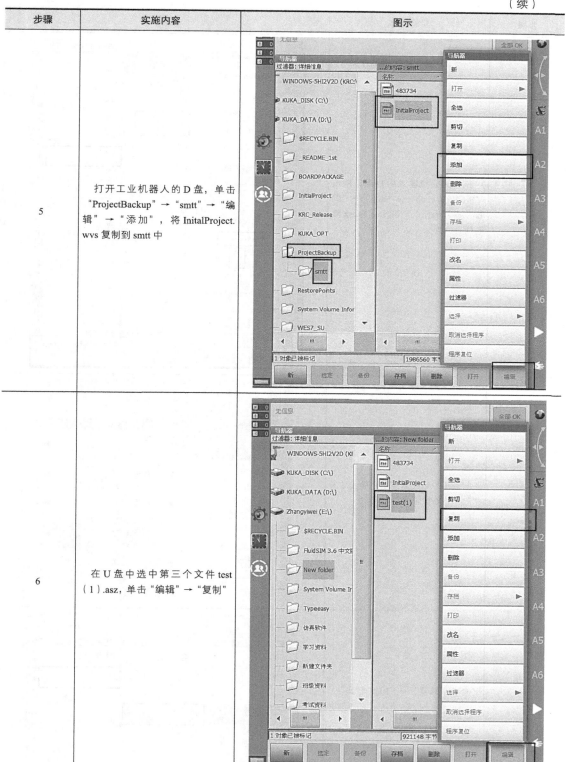
6	在 U 盘中选中第三个文件 test（1）.asz，单击"编辑"→"复制"	

（续）

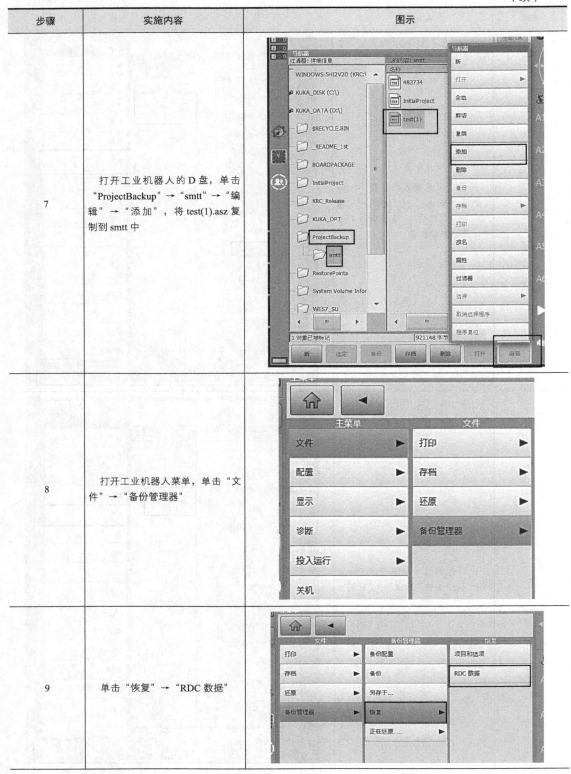

步骤	实施内容	图示
7	打开工业机器人的 D 盘，单击"ProjectBackup" → "smtt" → "编辑" → "添加"，将 test(1).asz 复制到 smtt 中	
8	打开工业机器人菜单，单击"文件" → "备份管理器"	
9	单击"恢复" → "RDC 数据"	

（续）

步骤	实施内容	图示
10	弹出提示，单击"恢复"，选择需要恢复的文件	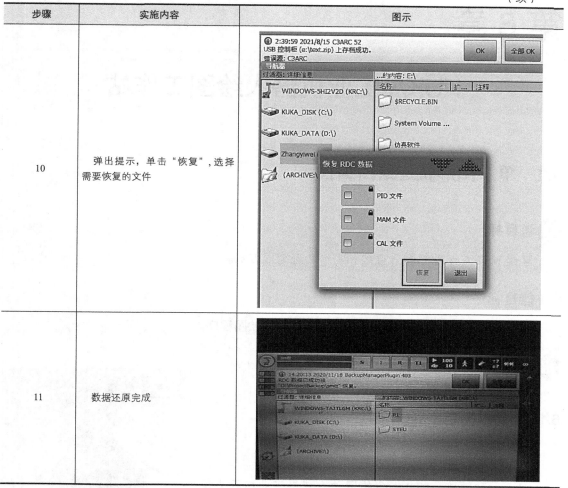
11	数据还原完成	

第 6 章

KUKA 工业机器人绘图工作站

6.1 单一图形轨迹绘图编程

知 识目标

掌握 KUKA 工业机器人直线和圆形轨迹编程方法。

技 能目标

能够编写 KUKA 工业机器人直线和圆形轨迹绘图程序。

相 关知识

6.1.1 动作指令

1. 点到点（PTP）运动方式

（1）运动轨迹 PTP 指令的运动方式是工业机器人沿最快的轨迹将 TCP 引至目标点，如图 6-1 中 P1 到 P2 之间的实线所示。

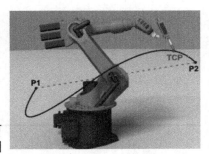

图 6-1 PTP 运动轨迹

（2）指令解释 点到点运动指令格式如下：

PTP P1 CONT Vel=100% PDAT1 Tool[0] Base[0]

点到点运动指令参数说明如表 6-1 所示。

表 6-1 点到点运动指令参数说明

序号	参数	名称	说明
1	PTP	运动方式	运动方式为 PTP
2	P1	目标点名称	系统自动赋予一个名称，名称可被改写，需要编辑位置数据时请单击箭头，相关选项窗口即自动打开
3	CONT	目标点被轨迹逼近	转弯区数据，如果此项为空，将精确地移至目标点
4	Vel	运动速度	PTP 运动：1% ～ 100%，沿轨迹的运动：0.001 ～ 2m/s
5	PDAT1	运动数据组	加速度、转弯区半径、姿态引导
6	Tool[0]	工具坐标系	选择所使用的工具坐标系
7	Base[0]	基坐标系	选择所使用的基坐标系

2. 线性（LIN）运动方式

（1）运动轨迹　LIN 指令的运动方式是工业机器人沿一条直线以定义的速度将工具坐标点（TCP）引至目标点，该指令的运动轨迹如图 6-2 中 P1 到 P2 之间的实线所示。

（2）指令解释　线性运动指令格式如下：

LIN P1 CONT Vel=2.00m/s CPDAT1 Tool[0] Base[0]

线性运动指令的详细参数说明可参考表 6-1 中的介绍。

3. 圆弧（CIRC）运动方式

（1）运动轨迹　CIRC 指令的运动方式是工业机器人沿圆形轨迹以定义的速度将 TCP 移动至目标点，圆形轨迹是通过起点、辅助点和目标点三个点定义的。其运动轨迹如图 6-3 所示。

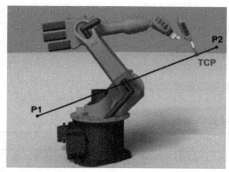
图 6-2　LIN 运动轨迹

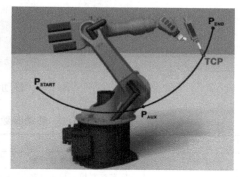
图 6-3　CIRC 指令运动轨迹

（2）指令解释　圆弧（CIRC）指令格式如下所示：

CIRC P1 P2 CONT Vel=2.00m/s CPDAT1 Tool[0] Base[0]

其中，P1 为辅助点，P2 为目标点，其他参数的含义请参考表 6-1 中的说明。

4. 坐标系选项窗口

坐标系选项窗口如图 6-4 所示。窗口信息说明如表 6-2 所示。

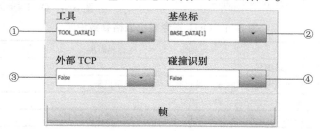
图 6-4　坐标系选项窗口

表 6-2　坐标系选项窗口信息说明

序号	信息名称	说明
①	工具	根据选用不同的工具切换工具坐标系。值域为 [1] ～ [16]
②	基坐标	根据不同的工件切换不同的基坐标系。值域为 [1] ～ [32]
③	外部 TCP	True：工具为一个固定工具 False：工具已安装在连接法兰上

（续）

序号	信息名称	说明
④	碰撞识别	True：工业机器人控制系统为此运动计算轴转矩，轴转矩值用于碰撞识别 False：工业机器人控制系统不为此运动计算轴转矩，因此无法对此运动进行碰撞识别

5. 移动参数（PTP、LIN、CIRC）选项窗口

移动参数选项窗口如图 6-5 所示。移动参数选项窗口信息说明如表 6-3 所示。

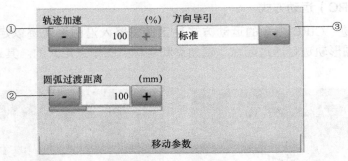

图 6-5　移动参数选项窗口

表 6-3　移动参数选项窗口信息说明

序号	信息名称	说明
①	轨迹加速	工业机器人加速度设置，以工业机器人参数中给出的加速度最大值为基准进行设置
②	圆弧过渡距离	只有在联机表单中选择了该点应该被轨迹逼近，此栏目才显示。至目标点的距离，最早在此处开始轨迹逼近，此距离最大可为起始点至目标点距离的一半
③	方向导引	选择姿态引导，仅在 LIN 和 CIRC 运动时才显示该栏

6. 数字输出端 OUT

OUT 指令用于设定一个数字输出端。OUT 指令的联机表格如图 6-6 所示。OUT 指令联机表格中的详细参数说明如表 6-4 所示。

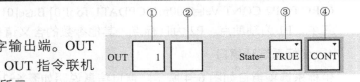

图 6-6　OUT 指令联机表格

表 6-4　OUT 指令联机表格参数说明

序号	说明
①	输出端编号
②	输出端名称。如果输出端已有名称则会显示出来
③	输出端状态切换。TRUE/FALSE
④	CONT：在预进过程中加工。[空]：带预进停止的加工

6.1.2　程序执行

1. 运行方式

工业机器人程序的运行方式包括连续运行（GO）、步进运行（MSTEP）和增量步进运行（ISTEP）等方式。

1）连续运行（GO），是指程序连续运行，直到程序结尾。在调试运行中必须按住启动键。

2）步进运行（MSTEP），是指程序运行过程中，每个运动指令都单个执行，每一个运动结束后，都必须重新按下启动键。

3）增量步进运行（ISTEP），该方式仅供专家用户组使用。在增量步进时，程序逐行进行，与行中内容无关。每行执行后，都必须重新按下启动键，程序继续运行。

2. 设定程序倍率（POV）

程序倍率（POV）是当前模式下程序最大运行速度的一个百分比。通过设定程序倍率可以调节程序进程中工业机器人的运行速度。程序倍率的数值可通过加减按键或调节器进行设定。

3. 工业机器人解释器状态显示

工业机器人解释器用来显示工业机器人的程序状态，具体含义如表6-5所示。

表6-5 解释器状态显示说明

符号	颜色	说明
R	灰色	未选定程序
R	黄色	语句指针位于所选程序的首行
R	绿色	已经选择程序，而且程序正在运行
R	红色	选定并启动的程序被暂停
R	黑色	语句指针位于所选程序最后

4. 手动启动正向运行程序

手动启动正向运行程序的前提条件，一是程序已选定，二是运行方式为 T1 或 T2。

手动启动正向运行程序的步骤为

1）选择程序运行方式。

2）按下确认开关并保持，直至状态栏显示"驱动器已准备就绪"。

3）执行 SAK 运动：按住启动键直至提示信息窗显示"SAK 到达"，工业机器人停止。

4）按住启动键，程序开始运行；松开启动键，程序停止。

5. 自动启动正向运行程序

自动启动正向运行程序的前提条件，一是程序已选定，二是运行方式为自动运行方式。

自动启动正向运行程序的步骤为

1）选择程序运行方式为 GO。

2）接通驱动装置。

3）执行 SAK 运动：按住启动键直至提示信息窗显示"SAK 到达"，工业机器人停止。

4）按下启动键，程序开始运行。按下停止键，程序停止。

6. 通过语句选择启动程序

使用语句选择可使一个程序在任意点启动。其前提条件，一是程序已选定，二是运行方式为 T1、T2 或自动运行方式。

通过语句选择启动程序的步骤为

1）选择程序运行方式。

2）选定应启动程序的运动语句。

3）单击语句选择，语句指针指在动作语句上。

4）按下确认开关并保持，直至显示状态栏显示"驱动器已准备就绪"。

5）执行 SAK 运行：按住启动键，直至信息窗显示"SAK 到达"，工业机器人停止。

6）程序可手动或自动启动。无须再次执行 SAK 运行。

7. 复位程序

如果要从头重新开始一个中断的程序，则必须将其复位。

程序复位的一种方法是先选择菜单序列编辑，然后选择程序复位。另一种方法是在状态栏中，单击工业机器人解释器状态显示，在一个自动打开的窗口中选择程序复位。

8. 启动外部自动运行程序

启动外部自动运行程序的前提条件，一是运行方式为 T1 或 T2；二是用于外部自动运行的输入 / 输出端已配置；三是程序 cell.src 已配置。

启动外部自动运行程序的步骤为

1）在导航器中选择 cell.src 程序（在文件夹"R1"中）。

2）将程序倍率设定为 100%，也可根据需要设定成其他数值。

3）执行 SAK 运动：按下确认开关并保持，然后按住启动键，直至提示信息窗显示"SAK 到达"。

4）选择外部自动运行方式。

5）在上一级控制系统（PLC）处启动程序，按下停止键则程序停止。

实训项目十六 ▶ 完成矩形和圆形的绘图编程与调试 ▶▶

实训要求：以图 6-7 所示的绘图板为参照，编程绘制矩形和圆形轨迹。

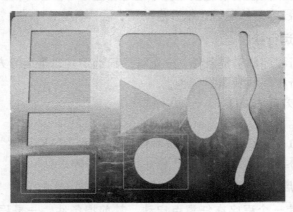

图 6-7 绘图板

1. 轨迹点位描述

矩形轨迹和圆形轨迹分别按照图 6-8 和图 6-9 所示的 P2 ～ P5 关键点依序定点。

2. 更换夹具

根据要求更换绘图夹具，如图 6-10 所示。

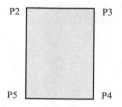

图 6-8　矩形点位

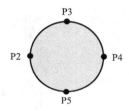

图 6-9　圆形点位

图 6-10　更换绘图夹具

3. 规划轨迹

设定 H 点为 HOME 点，P1 点为安全点，P2 ～ P5 为关键点，各个点所用到的程序指令说明如表 6-6 所示。

表 6-6　规划轨迹各点所用到的程序指令说明

程序点位名称	物理位置点	程序指令说明
H	HOME 点	1）使用 PTP 指令运行到位置点 H 2）运行速度设为 100%，转弯区数据设为 CONT 3）工具数据设为 1，工件坐标设为 0
P1	安全点	1）使用 LIN 指令运行到位置点 P1 2）运行速度设为 0.05m/s，转弯区数据设为 CONT 3）工具数据设为 1，工件坐标设为 0
P2	轨迹关键点 1	1）使用 LIN 指令运行到位置点 P2 2）运行速度设为 0.05m/s，转弯区数据设为 CONT 3）工具数据设为 1，工件坐标设为 0
P3	轨迹关键点 2	1）使用 LIN 指令运行到位置点 P3 2）运行速度设为 0.05m/s，转弯区数据设为 CONT 3）工具数据设为 1，工件坐标设为 0
P4	轨迹关键点 3	1）使用 LIN 指令运行到位置点 P4 2）运行速度设为 0.05m/s，转弯区数据设为 CONT 3）工具数据设为 1，工件坐标设为 0

（续）

程序点位名称	物理位置点	程序指令说明
P5	轨迹关键点 4	1）使用 LIN 指令运行到位置点 P5 2）运行速度设为 0.05m/s，转弯区数据设为 CONT 3）工具数据设为 1，工件坐标设为 0

4. 编写绘图程序

（1）矩形轨迹绘图程序　矩形轨迹绘制的编程步骤如表 6-7 所示。

表 6-7　矩形轨迹绘制编程步骤

步骤	实施内容	图示
1	在 "R1" 文件夹里新建一个程序 "changfangxing" 并选定	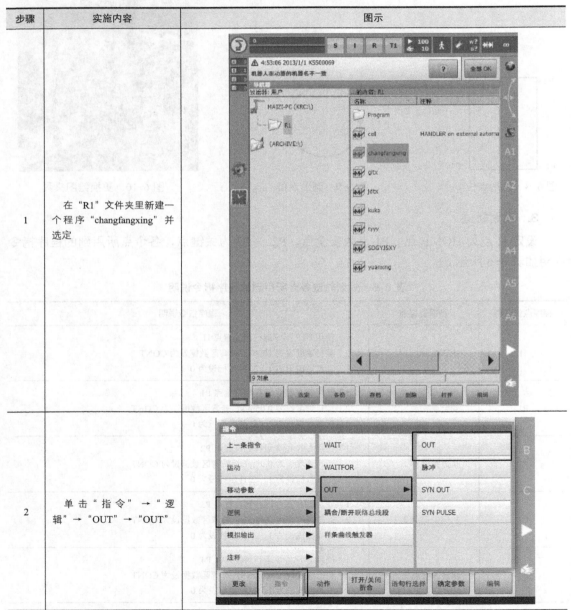
2	单击 "指令" → "逻辑" → "OUT" → "OUT"	

（续）

步骤	实施内容	图示
3	将 OUT 指令状态设置为"TRUE"，各选项参数设置完成后单击"指令 OK"，确保气爪处于松开状态	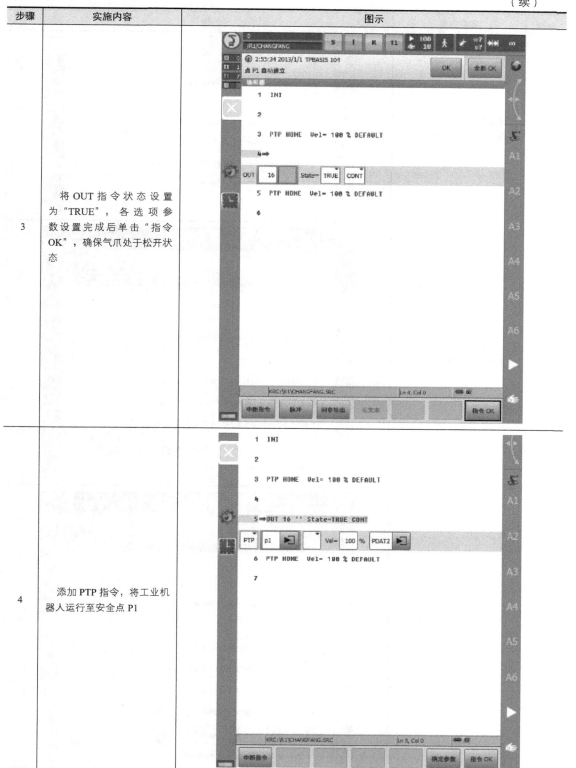
4	添加 PTP 指令，将工业机器人运行至安全点 P1	

（续）

步骤	实施内容	图示
5	添加 PTP 指令，将工业机器人运行至点 P2	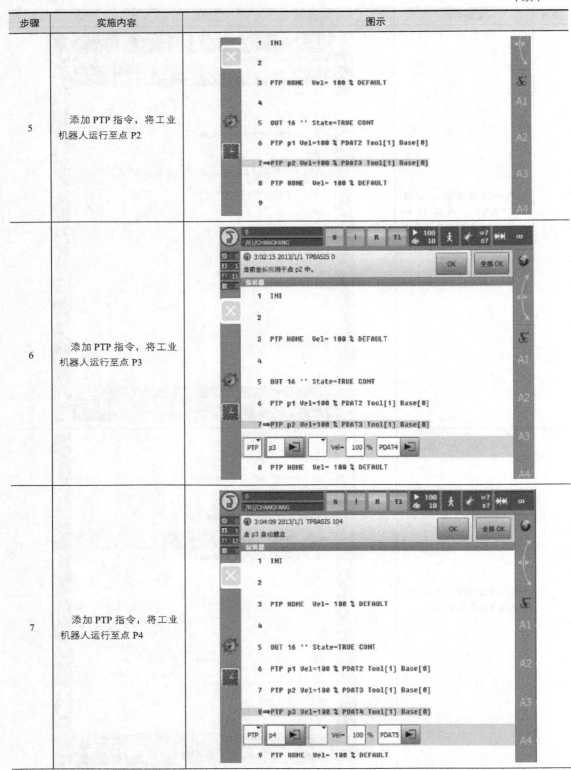
6	添加 PTP 指令，将工业机器人运行至点 P3	
7	添加 PTP 指令，将工业机器人运行至点 P4	

（续）

步骤	实施内容	图示
8	添加 PTP 指令，将工业机器人运行至点 P5	
9	添加 PTP 指令，将工业机器人运行至安全点 P1	
10	添加 PTP 指令，将工业机器人运行回到 HOME 点，程序完成	

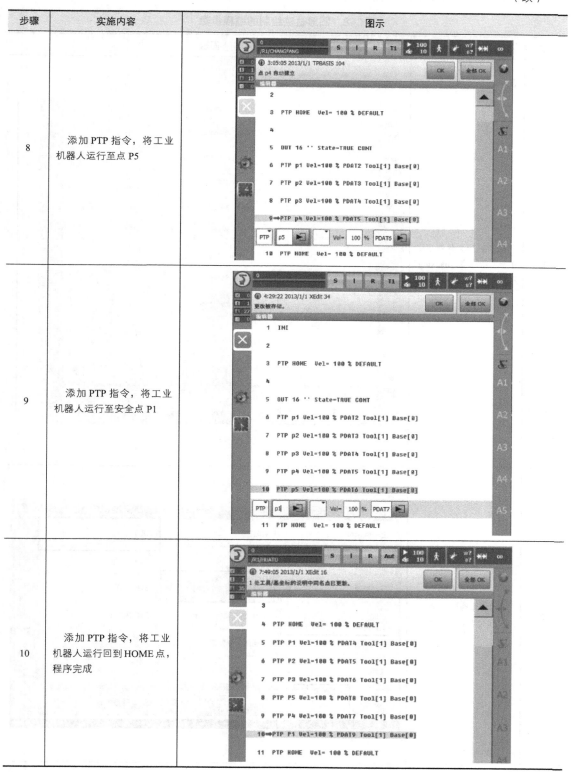

（2）圆形轨迹绘图程序　圆形轨迹绘制的编程步骤如表 6-8 所示。

表 6-8　圆形轨迹绘制的编程步骤

步骤	实施内容	图示
1	在"R1"文件夹里建立一个新程序"yuanxing"并选定	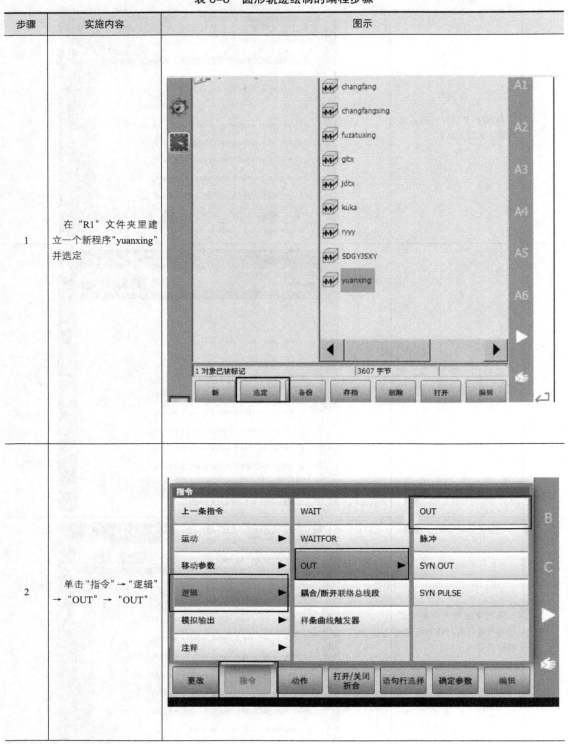
2	单击"指令"→"逻辑"→"OUT"→"OUT"	

（续）

步骤	实施内容	图示
3	将 OUT 指令状态设置为"TRUE"，各选项参数设置完成后单击"指令 OK"，确保工业机器人运行之前，气爪处于松开状态	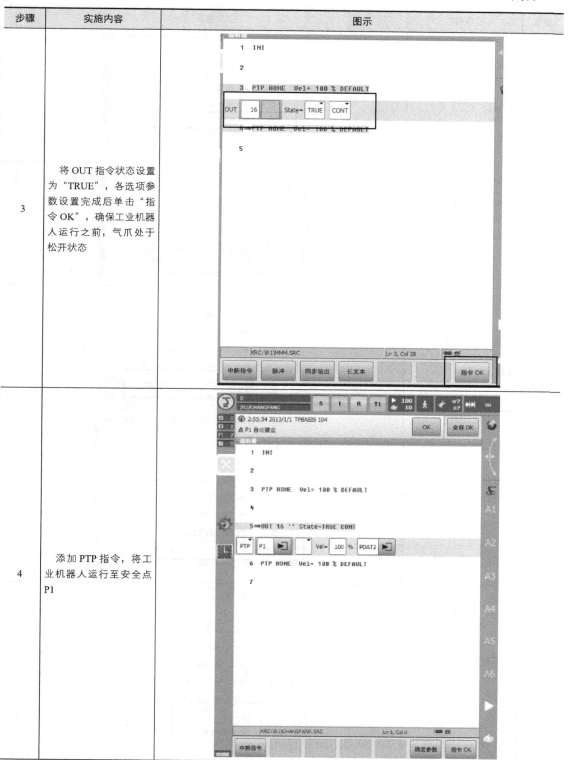
4	添加 PTP 指令，将工业机器人运行至安全点 P1	

（续）

步骤	实施内容	图示
5	添加 PTP 指令，将工业机器人运行至点 P2	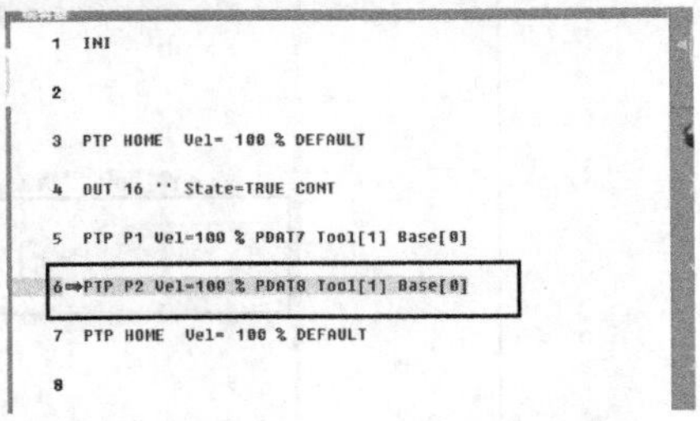 1 INI 2 3 PTP HOME Vel= 100 % DEFAULT 4 OUT 16 '' State=TRUE CONT 5 PTP P1 Vel=100 % PDAT7 Tool[1] Base[0] 6 ⇒PTP P2 Vel=100 % PDAT8 Tool[1] Base[0] 7 PTP HOME Vel= 100 % DEFAULT 8
6	将工业机器人分别运行至点 P3、P4，添加 CIRC 指令，并设置相关参数	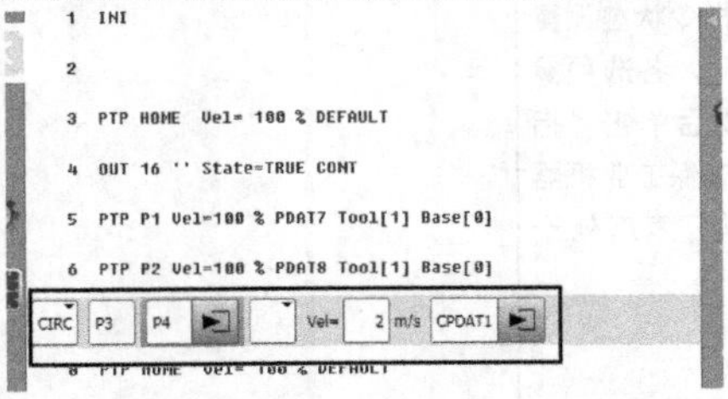 1 INI 3 PTP HOME Vel= 100 % DEFAULT 4 OUT 16 '' State=TRUE CONT 5 PTP P1 Vel=100 % PDAT7 Tool[1] Base[0] 6 PTP P2 Vel=100 % PDAT8 Tool[1] Base[0] CIRC P3 P4 ▶ Vel= 2 m/s CPDAT1 ▶ 8 PTP HOME Vel= 100 % DEFAULT
7	将工业机器人分别运行至点 P5、P2，添加 CIRC 指令，并设置相关参数	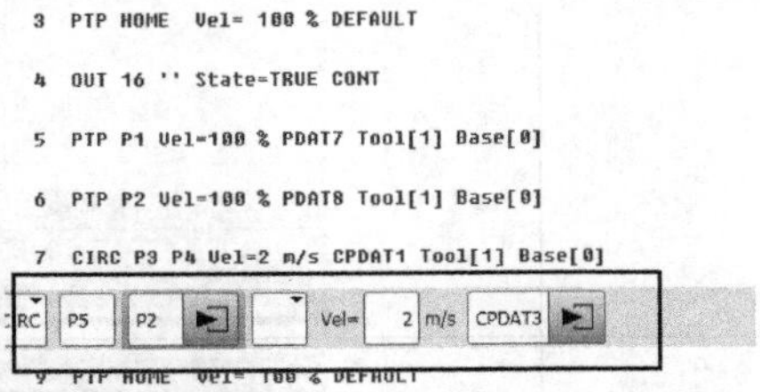 3 PTP HOME Vel= 100 % DEFAULT 4 OUT 16 '' State=TRUE CONT 5 PTP P1 Vel=100 % PDAT7 Tool[1] Base[0] 6 PTP P2 Vel=100 % PDAT8 Tool[1] Base[0] 7 CIRC P3 P4 Vel=2 m/s CPDAT1 Tool[1] Base[0] RC P5 P2 ▶ Vel= 2 m/s CPDAT3 ▶ 9 PTP HOME Vel= 100 % DEFAULT
8	添加 PTP 指令，将工业机器人运行至安全点 P1	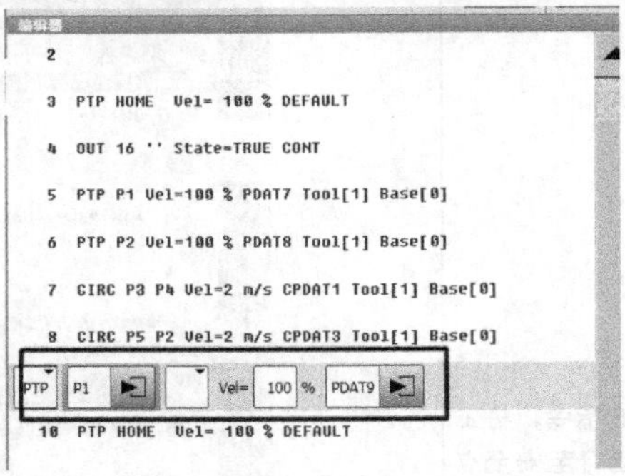 编辑器 2 3 PTP HOME Vel= 100 % DEFAULT 4 OUT 16 '' State=TRUE CONT 5 PTP P1 Vel=100 % PDAT7 Tool[1] Base[0] 6 PTP P2 Vel=100 % PDAT8 Tool[1] Base[0] 7 CIRC P3 P4 Vel=2 m/s CPDAT1 Tool[1] Base[0] 8 CIRC P5 P2 Vel=2 m/s CPDAT3 Tool[1] Base[0] PTP P1 ▶ Vel= 100 % PDAT9 ▶ 10 PTP HOME Vel= 100 % DEFAULT
9	添加输出指令，使工业机器人执行完毕后气爪夹合	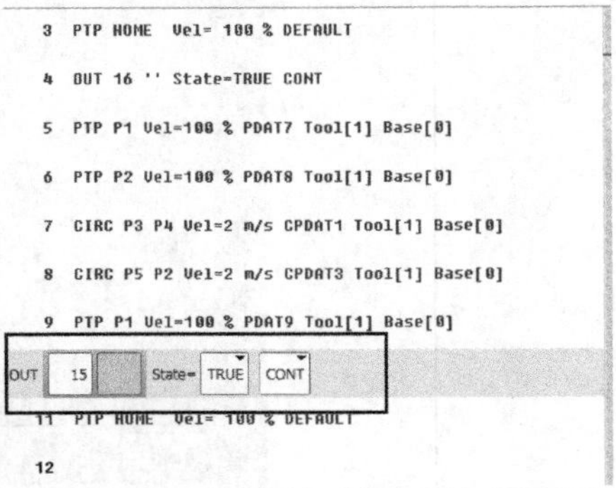 3 PTP HOME Vel= 100 % DEFAULT 4 OUT 16 '' State=TRUE CONT 5 PTP P1 Vel=100 % PDAT7 Tool[1] Base[0] 6 PTP P2 Vel=100 % PDAT8 Tool[1] Base[0] 7 CIRC P3 P4 Vel=2 m/s CPDAT1 Tool[1] Base[0] 8 CIRC P5 P2 Vel=2 m/s CPDAT3 Tool[1] Base[0] 9 PTP P1 Vel=100 % PDAT9 Tool[1] Base[0] OUT 15 State= TRUE CONT 11 PTP HOME Vel= 100 % DEFAULT 12

（续）

步骤	实施内容	图示
10	将工业机器人运行回到 HOME 点，程序完成	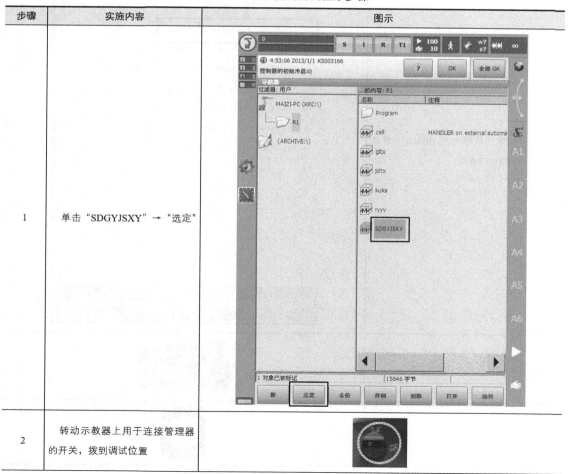

5. 手动模式调试程序

工业机器人编程完成后，可先在手动模式下进行调试，调试程序步骤如表 6-9 所示。

表 6-9　手动模式调试程序步骤

步骤	实施内容	图示
1	单击"SDGYJSXY"→"选定"	
2	转动示教器上用于连接管理器的开关，拨到调试位置	

步骤	实施内容	图示
3	选择运行方式"T1"	
4	将用于连接管理器的开关转回到初始位置。所选的运行方式会显示在示教器的状态栏中	
5	将光标移动到 HOME → 单击"语句行选择"	
6	轻按使能开关至中间档位	
7	按下启动键	

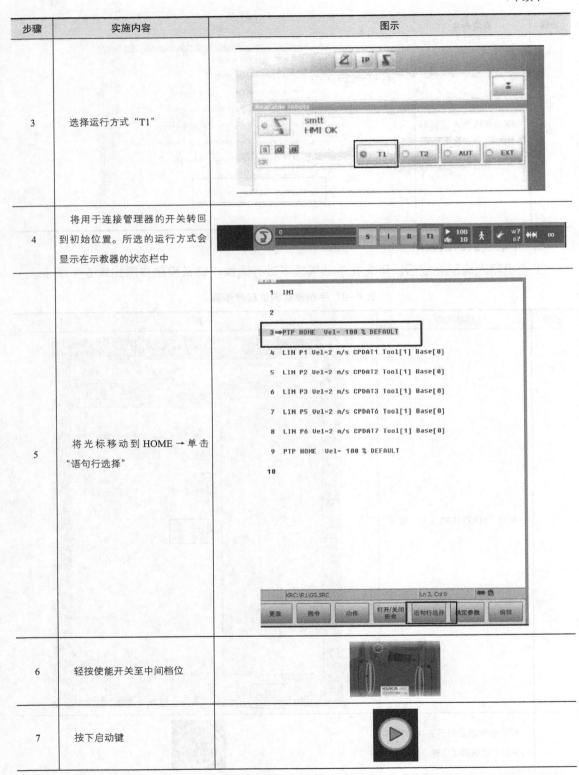

（续）

步骤	实施内容	图示
8	运行并调试程序	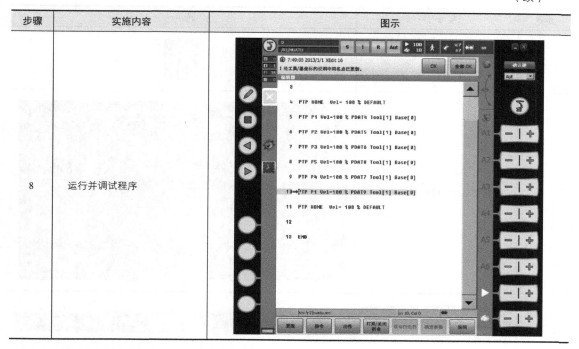

6. 工业机器人自动运行调试程序

工业机器人自动运行调试程序步骤如表 6-10 所示。

表 6-10　工业机器人自动运行调试程序步骤

步骤	实施内容	图示
1	选择"SDGYJSXY"→单击"选定"	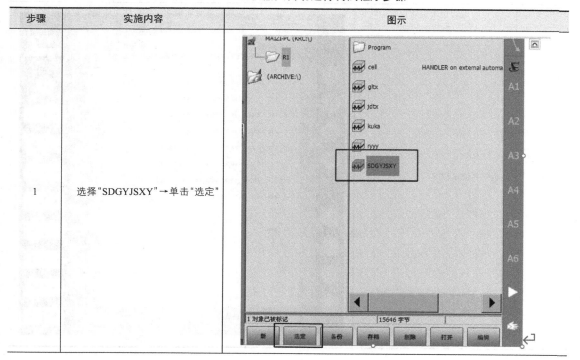

（续）

步骤	实施内容	图示
2	转动示教器上用于连接管理器的开关，拨到调试位置	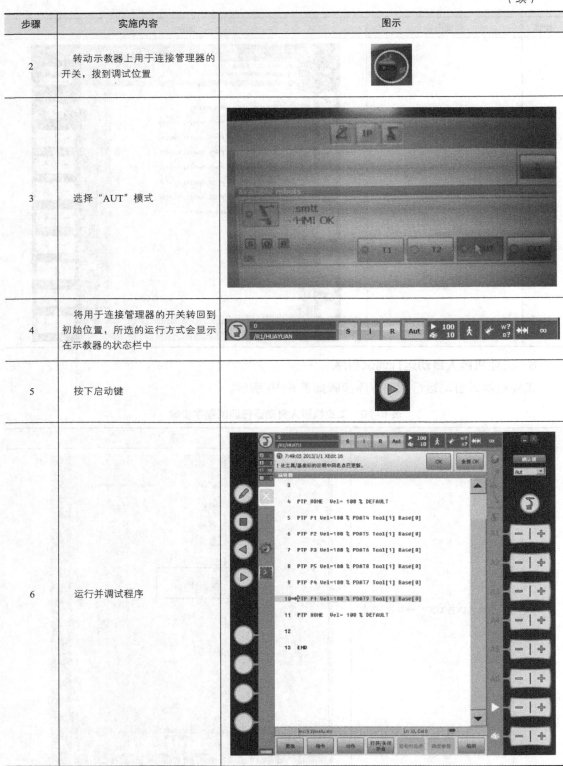
3	选择 "AUT" 模式	
4	将用于连接管理器的开关转回到初始位置，所选的运行方式会显示在示教器的状态栏中	
5	按下启动键	
6	运行并调试程序	

6.2 重复图形轨迹绘图编程

重复图形绘图编程方法有:

1. 更改基坐标法

基坐标测量是根据世界坐标系在工业机器人周围的某一个位置上创建坐标系。其目的是使工业机器人的运动以及编程设定的位置均以该坐标系为参照。因此,特定的工件支座或工作台边缘均可作为基准坐标系中合理的参照点。

更改基坐标后有以下便利:

1)便于以所选基坐标为参照,手动示教所需的点,如图 6-11 所示。

2)便于以所选基坐标为参照,手动移动 TCP 编辑所需工艺路径,如图 6-12、图 6-13 所示。

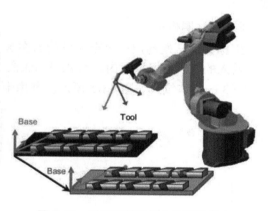

图 6-11 以所选基坐标为参照示教点

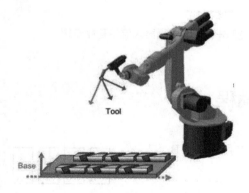

图 6-12 以所选基坐标为参照编辑工艺路径一

图 6-13 以所选基坐标为参照编辑工艺路径二

3)参照原基坐标的示教点相对位置不变,不必再重新进行示教,如图 6-14 所示。

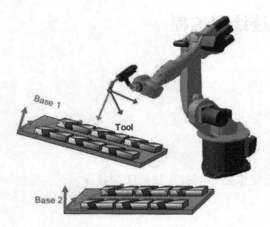

图 6-14　基坐标更改后点的相对位置不变

工业机器人编辑系统最多可建立 32 个不同的坐标系，以方便其根据程序流程完成流水线动作。

2. 坐标偏移法

坐标偏移法是利用一个定义好的点在 X、Y、Z 轴上偏移得到一个新的点。例如，在工业机器人的 XY 坐标平面内，点 P2 和 P3 在 X 方向的距离为 0，在 Y 方向的距离为 66mm。P2 和 P3 的具体位置如图 6-15 所示。利用坐标偏移法编写程序如图 6-16 所示。

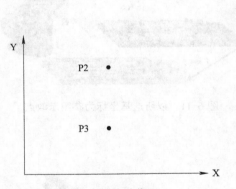

图 6-15　偏移位置

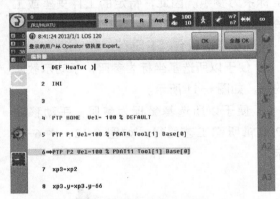

图 6-16　工业机器人偏移程序示例

实训项目十七 ▶ 重复图形绘图编程

实训要求：编写工业机器人程序，完成图 6-17 所示 A、B、C、D 四个重复图形轨迹的绘制。

1. 更换夹具

按照要求更换绘图夹具。

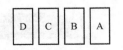

图 6-17　重复图形轨迹

2. 规划轨迹

设定 H 点为 HOME 点，P1 点为安全点，P2 为起始点兼关键点 1，P3 作为位置转换变量和目标点，首先把 P2 当前值赋给 P3，然后依次利用 P3 的偏移值作为关键点 2、关键点 3、关键点 4。图 6-17 中 A 轨迹的四个关键点利用偏移法规划，如图 6-18 所示。

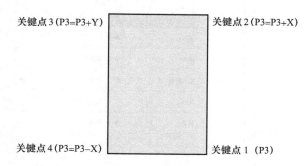

图 6-18　轨迹规划

各个点所应用到的程序指令及点位信息说明如表 6-11 所示。

表 6-11　各个点所应用到的程序指令及点位信息说明

程序点位名称	物理位置点	程序指令说明
H	HOME 点	
P1	安全点	1）使用 LIN 指令运行到位置点（HOME） 2）运行速度设为 100%，转弯区数据设为 CONT 3）工具数据设为 1，工件坐标设为 0
P2（P3）	关键点 1 （起始点）	1）使用 LIN 指令运行到位置点（起始点） 2）运行速度设为 100%，转弯区数据设为 CONT 3）工具数据设为 1，工件坐标设为 0
P3=P3+X	关键点 2	1）使用偏移指令运行到位置点（关键点 2） 2）运行速度设为 100%，转弯区数据设为 CONT 3）工具数据设为 1，工件坐标设为 0
P3=P3+Y	关键点 3	1）使用偏移指令运行到位置点（关键点 3） 2）运行速度设为 100%，转弯区数据设为 CONT 3）工具数据设为 1，工件坐标设为 0
P3=P3-X	关键点 4	1）使用偏移指令运行到位置点（关键点 4） 2）运行速度设为 100%，转弯区数据设为 CONT 3）工具数据设为 1，工件坐标设为 0

3. 编写程序

工业机器人程序的编写方法和步骤如表 6-12 所示。

表 6-12　工业机器人程序的编写方法和步骤

步骤	实施内容	图示
1	单击"配置"→"用户组",选择以专家用户组权限登录,输入密码"kuka"	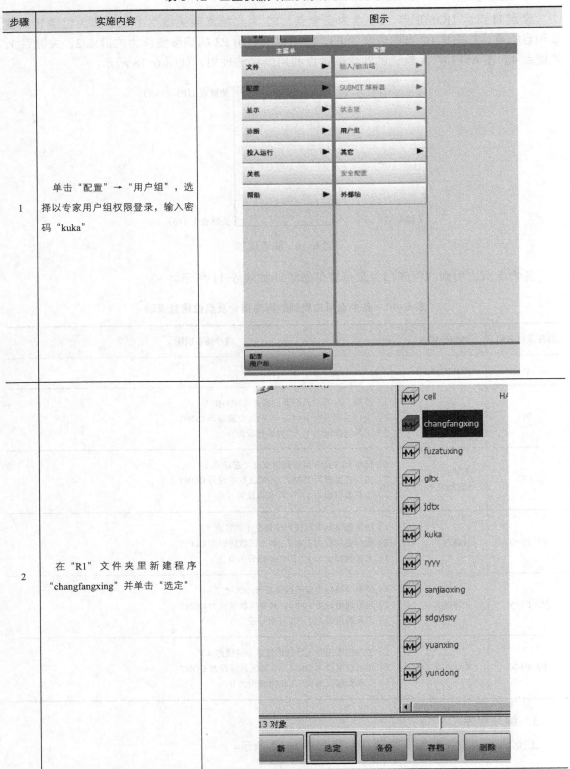
2	在"R1"文件夹里新建程序"changfangxing"并单击"选定"	

（续）

步骤	实施内容	图示
3	规划第一个矩形基坐标，位置在矩形 A 的右下角	
4	规划第二个矩形基坐标，位置在矩形 B 的右下角	
5	规划第三个矩形基坐标，位置在矩形 C 的右下角	
6	规划第四个矩形基坐标，位置在矩形 D 的右下角	
7	通过 3 点法创建规划矩形的基坐标	

工业机器人与西门子 S7-1200 PLC 技术及应用

（续）

步骤	实施内容	图示
8	建立绘图工具的工具坐标系	
9	到达矩形右下角上方的安全点，示教第一个点 P1（安全点），并选择建立的工具坐标系和基坐标系	

246

（续）

步骤	实施内容	图示
10	示教点 P2，即第一个矩形的关键点 1	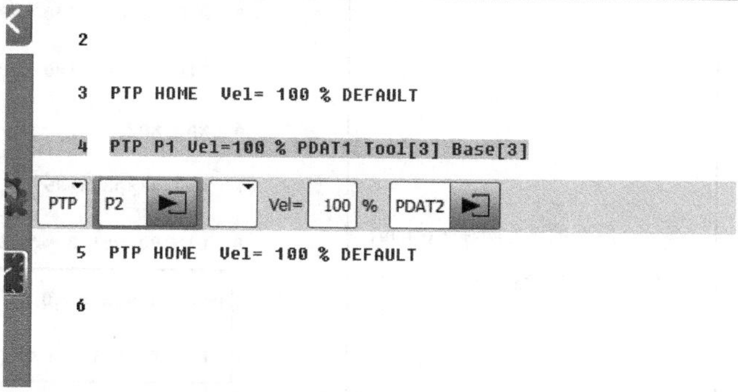 2 3 PTP HOME Vel= 100 % DEFAULT 4 PTP P1 Vel=100 % PDAT1 Tool[3] Base[3] PTP P2 Vel= 100 % PDAT2 5 PTP HOME Vel= 100 % DEFAULT 6
11	将 xp2 坐标值赋值给 xp3（偏移点）	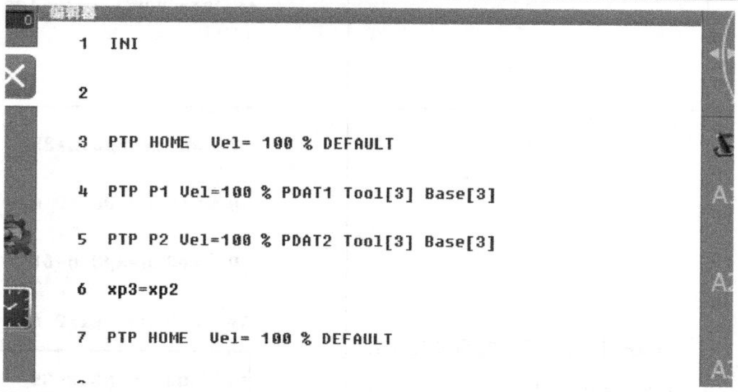 1 INI 2 3 PTP HOME Vel= 100 % DEFAULT 4 PTP P1 Vel=100 % PDAT1 Tool[3] Base[3] 5 PTP P2 Vel=100 % PDAT2 Tool[3] Base[3] 6 xp3=xp2 7 PTP HOME Vel= 100 % DEFAULT
12	将 xp3 沿 X 的正方向偏移 35mm	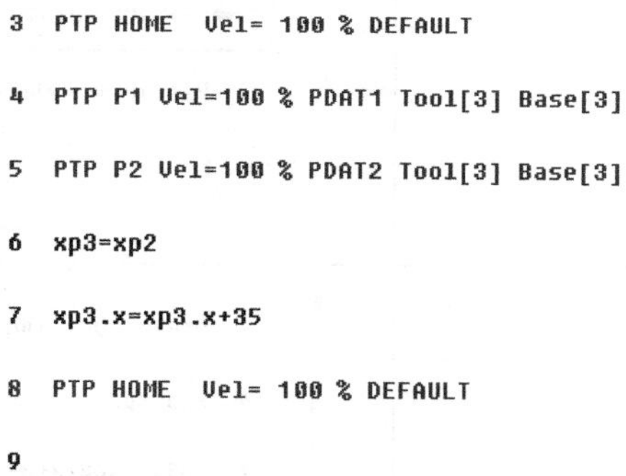 3 PTP HOME Vel= 100 % DEFAULT 4 PTP P1 Vel=100 % PDAT1 Tool[3] Base[3] 5 PTP P2 Vel=100 % PDAT2 Tool[3] Base[3] 6 xp3=xp2 7 xp3.x=xp3.x+35 8 PTP HOME Vel= 100 % DEFAULT 9
13	示教点 P3，即矩形的关键点 2	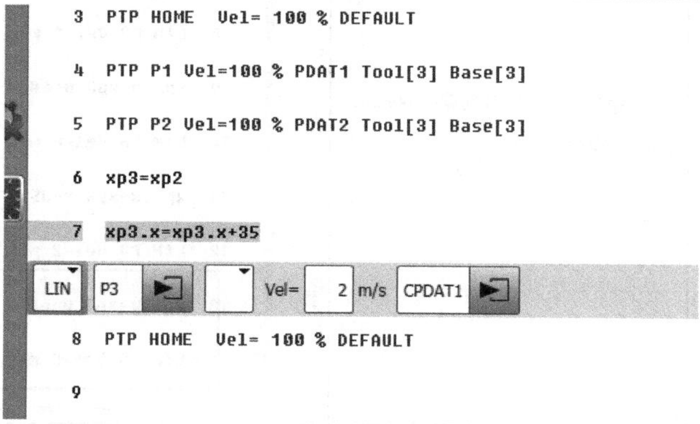 3 PTP HOME Vel= 100 % DEFAULT 4 PTP P1 Vel=100 % PDAT1 Tool[3] Base[3] 5 PTP P2 Vel=100 % PDAT2 Tool[3] Base[3] 6 xp3=xp2 7 xp3.x=xp3.x+35 LIN P3 Vel= 2 m/s CPDAT1 8 PTP HOME Vel= 100 % DEFAULT 9

（续）

步骤	实施内容	图示
14	将 xp3 沿 Y 的正方向偏移 60mm，运动到达矩形的关键点 3	4 PTP P1 Vel=100 % PDAT1 Tool[3] Base[3] 5 PTP P2 Vel=100 % PDAT2 Tool[3] Base[3] 6 xp3=xp2 7 xp3.x=xp3.x+35 8 LIN P3 Vel=2 m/s CPDAT1 Tool[3] Base[3] 9 ➡xp3.y=xp3.y+60 10 LIN P3 Vel=2 m/s CPDAT2 Tool[3] Base[3] 11 PTP HOME Vel= 100 % DEFAULT 12
15	将 xp3 往 X 的负方向偏移 35mm，到达矩形的关键点 4	7 xp3.x=xp3.x+35 8 LIN P3 Vel=2 m/s CPDAT1 Tool[3] Base[3] 9 xp3.y=xp3.y+60 10 LIN P3 Vel=2 m/s CPDAT2 Tool[3] Base[3] 11 xp3.x=xp3.x-35 12 ➡LIN P3 Vel=2 m/s CPDAT3 Tool[3] Base[3] 13 PTP HOME Vel= 100 % DEFAULT 14
16	将 xp3 往 Y 的负方向偏移 60mm，到达矩形的关键点 1	5 PTP P2 Vel=100 % PDAT2 Tool[3] Base[3] 6 xp3=xp2 7 xp3.x=xp3.x+35 8 LIN P3 Vel=2 m/s CPDAT1 Tool[3] Base[3] 9 xp3.y=xp3.y+60 10 LIN P3 Vel=2 m/s CPDAT2 Tool[3] Base[3] 11 xp3.x=xp3.x-35 12 LIN P3 Vel=2 m/s CPDAT3 Tool[3] Base[3] 13 xp3.y=xp3.y-60 14 ➡LIN P3 Vel=2 m/s CPDAT4 Tool[3] Base[3] 15 PTP HOME Vel= 100 % DEFAULT

（续）

步骤	实施内容	图示
17	复制长方形 A 的程序	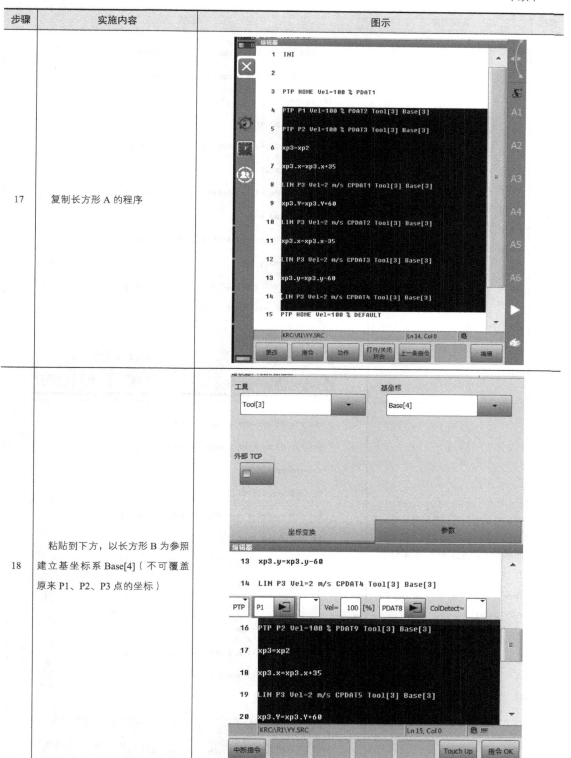
18	粘贴到下方，以长方形 B 为参照建立基坐标系 Base[4]（不可覆盖原来 P1、P2、P3 点的坐标）	

（续）

步骤	实施内容	图示
19	按照上述方法复制、粘贴程序，以长方形 C 为参照建立基坐标系 Base[5]（不可覆盖原来 P1、P2、P3 点的坐标）	15 PTP P1 Vel=100 % PDAT8 Tool[3] Base[5] 16 PTP P2 Vel=100 % PDAT9 Tool[3] Base[5] 17 xp3=xp2 18 xp3.x=xp3.x+35 19 LIN P3 Vel=2 m/s CPDAT5 Tool[3] Base[5] 20 xp3.Y=xp3.Y+60 21 LIN P3 Vel=2 m/s CPDAT6 Tool[3] Base[5] 22 xp3.x=xp3.x-35 23 LIN P3 Vel=2 m/s CPDAT7 Tool[3] Base[5] 24 xp3.y=xp3.y-60 25 LIN P3 Vel=2 m/s CPDAT8 Tool[3] Base[5] 26 PTP HOME Vel=100 % DEFAULT 27 KRC:\R1\YY.SRC　　Ln 15, Col 0 更改　指令　动作　打开/关闭折合　上一条指令　编辑
20	按照上述方法复制、粘贴程序，以长方形 D 为参照建立基坐标系 Base[6]（不可覆盖原来 P1、P2、P3 点的坐标）	15 PTP P1 Vel=100 % PDAT8 Tool[3] Base[6] 16 PTP P2 Vel=100 % PDAT9 Tool[3] Base[6] 17 xp3=xp2 18 xp3.x=xp3.x+35 19 LIN P3 Vel=2 m/s CPDAT5 Tool[3] Base[6] 20 xp3.Y=xp3.Y+60 21 LIN P3 Vel=2 m/s CPDAT6 Tool[3] Base[6] 22 xp3.x=xp3.x-35 23 LIN P3 Vel=2 m/s CPDAT7 Tool[3] Base[6] 24 xp3.y=xp3.y-60 25 LIN P3 Vel=2 m/s CPDAT8 Tool[3] Base[6] 26 PTP HOME Vel=100 % DEFAULT 27 KRC:\R1\YY.SRC　　Ln 15, Col 0 更改　指令　动作　打开/关闭折合　上一条指令　编辑

（续）

步骤	实施内容	图示
21	回到绘图板上方安全点 P4，程序结束	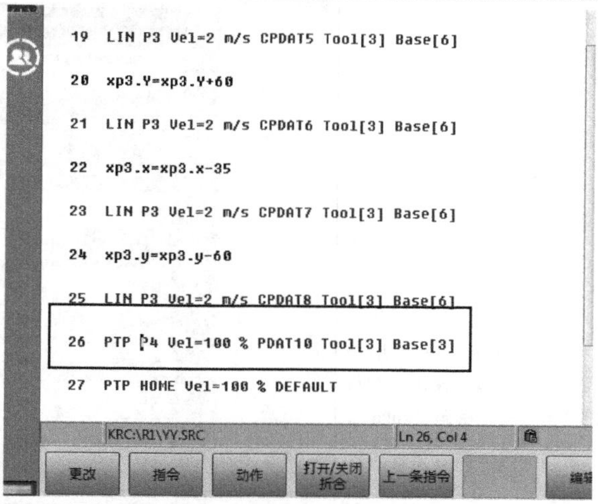

4. 手动调试程序

手动调试程序步骤可参照表 6-9 进行，此处不再赘述。

5. 工业机器人自动运行调试程序

工业机器人自动运行调试程序步骤可参照表 6-10 进行，此处不再赘述。

6.3 多样图形轨迹绘图编程

知 识目标

掌握子程序编程的原理和使用方法。

技 能目标

能够利用子程序进行复杂图形轨迹绘制程序的编写与调用。

相 关知识

6.3.1 子程序调用

子程序分为局部子程序和全局子程序。

1. 局部子程序

局部子程序位于主程序之后，并以 DEF Name_Userprogram（）和 END 标明。局部子程序创建步骤如表 6-13 所示。

表 6-13 局部子程序创建步骤

步骤	实施内容	图示
1	单击"配置"→"用户组",选择以专家用户组权限登录,输入密码"kuka"	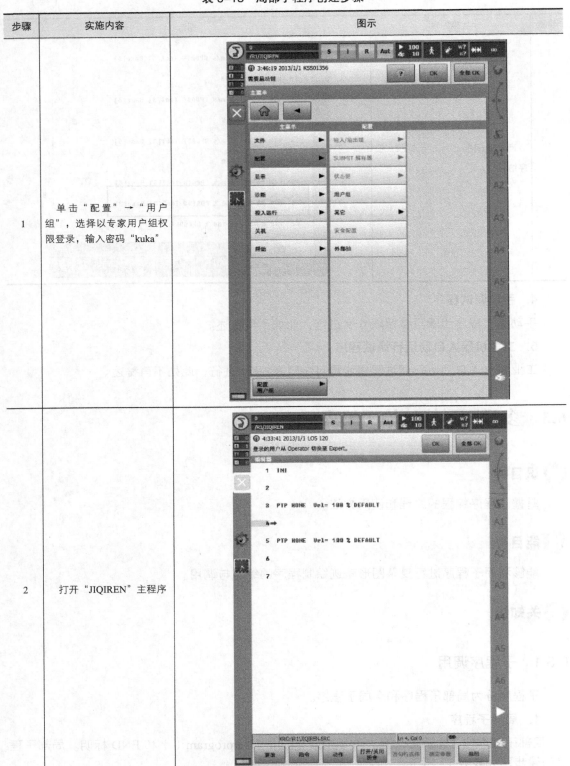
2	打开"JIQIREN"主程序	

步骤	实施内容	图示
3	单击"编辑"→"视图"→"DEF行"	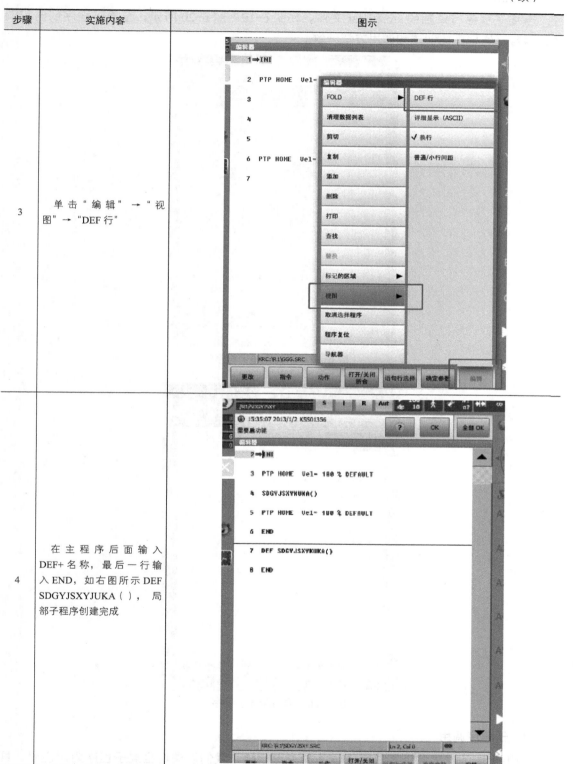
4	在主程序后面输入 DEF+名称，最后一行输入 END，如右图所示 DEF SDGYJSXYJUKA（），局部子程序创建完成	

2. 全局子程序

全局子程序有单独的 src 和 dat 文件。如图 6-19、图 6-20 所示，全局子程序创建和调用步骤与普通程序的创建和调用方法一致。

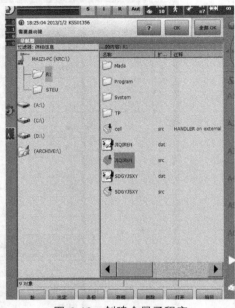

图 6-19　创建全局子程序

图 6-20　调用全局子程序

3. 子程序调用

调用全局子程序和调用局部子程序的方法一样，我们以调用全局子程序为例说明，具体步骤如表 6-14 所示。

表 6-14　子程序调用步骤

步骤	实施内容	图示
1	新建一个全局子程序 SDGYJSXY	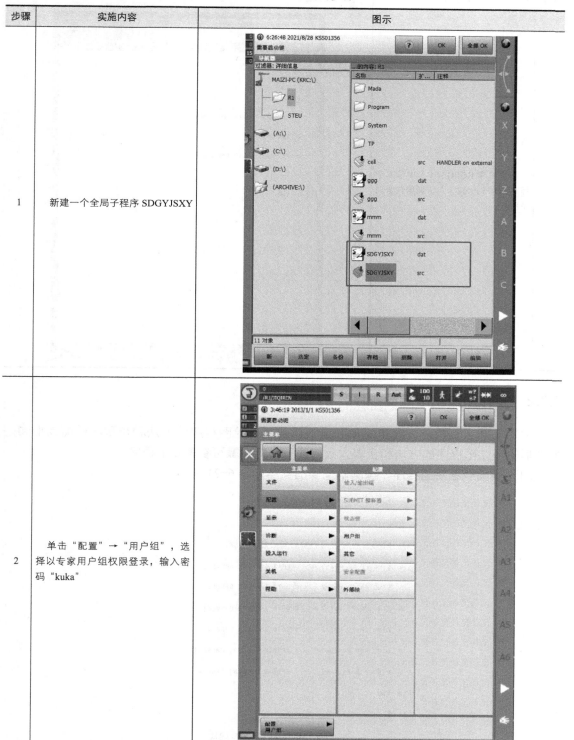
2	单击"配置"→"用户组",选择以专家用户组权限登录,输入密码"kuka"	

（续）

步骤	实施内容	图示
3	在主程序 JIQIREN（ ）中输入子程序 SDGYJSXY（ ），调用该全局子程序	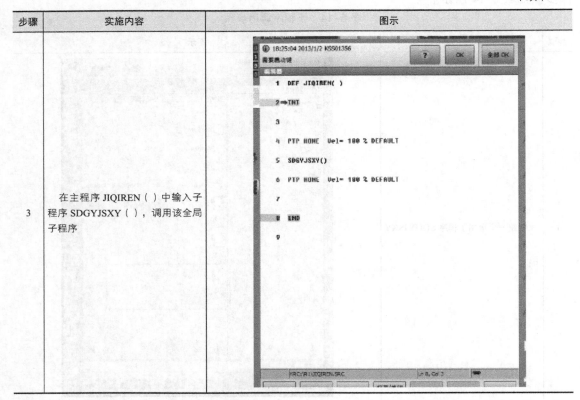

6.3.2 多样图形轨迹绘图程序

编写椭圆、三角形、圆角矩形和波浪弧线轨迹绘图程序的方法和步骤与前面圆形和矩形图形轨迹绘图程序的方法和步骤大致相同，具体步骤可参考以下程序。

（1）椭圆轨迹绘图程序 椭圆轨迹绘图程序如图 6-21 所示。

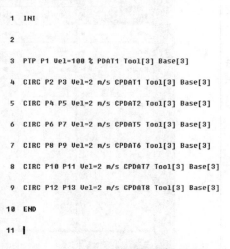

图 6-21 椭圆轨迹绘图程序

（2）三角形轨迹绘图程序　三角形轨迹绘图程序如图 6-22 所示。

（3）圆角矩形轨迹绘图程序　圆角矩形轨迹绘图程序如图 6-23 所示。

```
1  INI

2

3  PTP P1 Vel=100 % PDAT1 Tool[3] Base[3]

4  LIN P2 Vel=2 m/s CPDAT1 Tool[3] Base[3]

5  LIN P3 Vel=2 m/s CPDAT2 Tool[3] Base[3]

6  LIN P1 Vel=2 m/s CPDAT3 Tool[3] Base[3]

7  END
```

图 6-22　三角形轨迹绘图程序

```
1  INI

2  PTP P1 Vel=100 % PDAT1 Tool[3] Base[3]:3

3  CIRC P2 P3 Vel=2 m/s CPDAT1 Tool[3] Base[3]:3

4  LIN P4 Vel=2 m/s CPDAT2 Tool[3] Base[3]:3

5  CIRC P5 P6 Vel=2 m/s CPDAT3 Tool[3] Base[3]:3

6  LIN P7 Vel=2 m/s CPDAT4 Tool[3] Base[3]:3

7  CIRC P8 P9 Vel=2 m/s CPDAT5 Tool[3] Base[3]:3

8  LIN P10 Vel=2 m/s CPDAT6 Tool[3] Base[3]:3

9  CIRC P11 P12 Vel=2 m/s CPDAT7 Tool[3] Base[3]:3

10  LIN p1 Vel=2 m/s CPDAT8 Tool[3] Base[3]:3

11  END
```

图 6-23　圆角矩形轨迹绘图程序

（4）波浪弧线轨迹绘图程序　波浪弧线轨迹绘图程序如图 6-24 所示。

```
1  INI

2

3  PTP P1 Vel=100 % PDAT1 Tool[3] Base[3]:3

4  LIN P2 Vel=2 m/s CPDAT1 Tool[3] Base[3]:3

5  CIRC P3 P4 Vel=2 m/s CPDAT2 Tool[3] Base[3]:3

6  CIRC P5 P6 Vel=2 m/s CPDAT3 Tool[3] Base[3]:3

7  CIRC P7 P8 Vel=2 m/s CPDAT4 Tool[3] Base[3]:3

8  CIRC P9 P10 Vel=2 m/s CPDAT5 Tool[3] Base[3]:3

9  LIN P11 Vel=2 m/s CPDAT6 Tool[3] Base[3]:3

10  END

11
```

图 6-24　波浪弧线轨迹绘图程序

实训项目十八 ▶ 多样图形轨迹绘图编程

实训要求：编写工业机器人程序，并编写 HMI 控制画面和 PLC 控制程序，实现通过 HMI 控制工业机器人绘制图 6-7 所示绘图板图形轨迹。

1．工业机器人编程

绘图板图形轨迹绘图程序编写步骤如表 6-15 所示。

表 6-15　绘图板图形轨迹绘图程序编写步骤

步骤	实施内容	图示
1	单击"配置"→"用户组"，选择以专家用户组权限登录，输入密码"kuka"	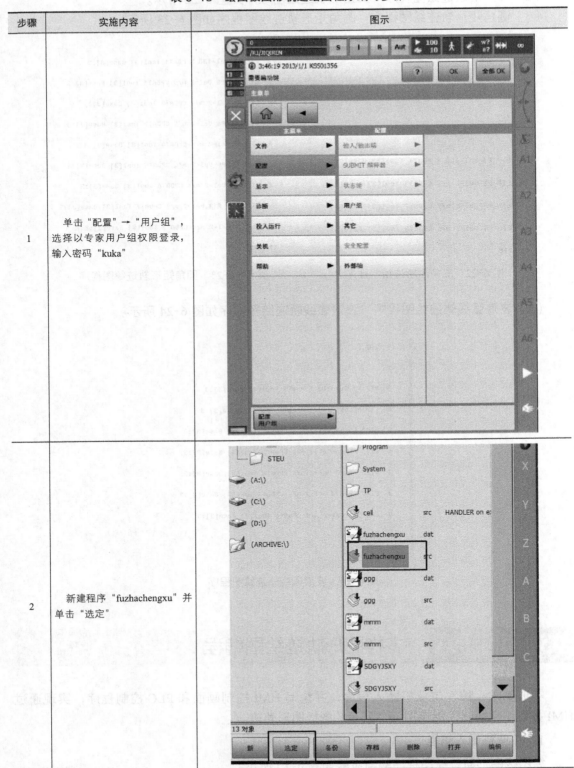
2	新建程序"fuzhachengxu"并单击"选定"	

（续）

步骤	实施内容	图示
3	单击"指令"→"逻辑"→"OUT"→"OUT"	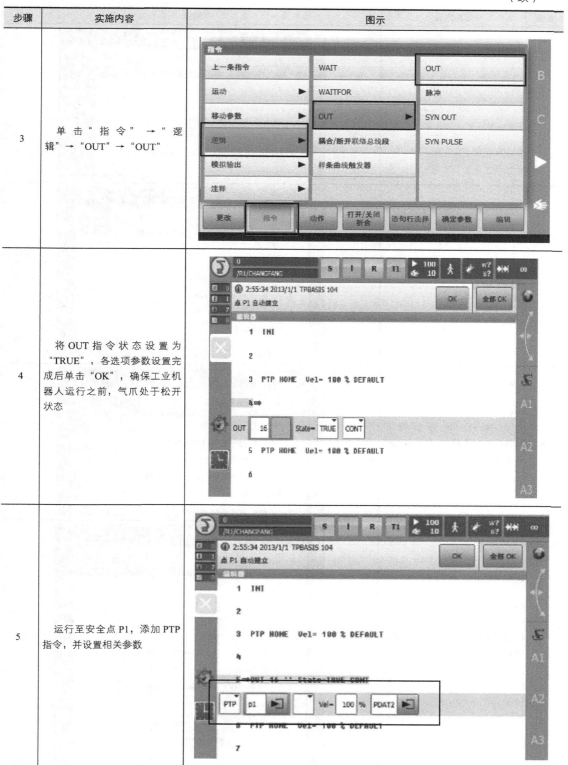
4	将 OUT 指令状态设置为"TRUE"，各选项参数设置完成后单击"OK"，确保工业机器人运行之前，气爪处于松开状态	
5	运行至安全点 P1，添加 PTP指令，并设置相关参数	

（续）

步骤	实施内容	图示
6	调用 changfangxing() 子程序	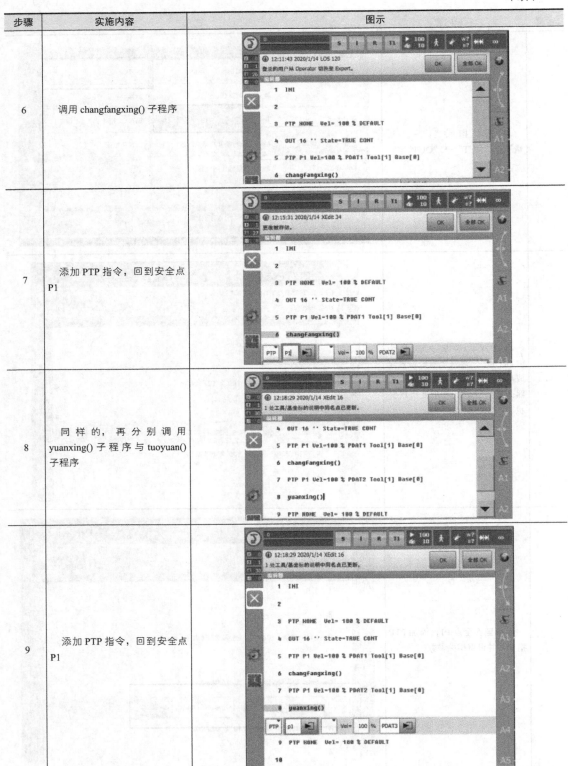
7	添加 PTP 指令，回到安全点 P1	
8	同样的，再分别调用 yuanxing() 子程序与 tuoyuan() 子程序	
9	添加 PTP 指令，回到安全点 P1	

（续）

步骤	实施内容	图示
10	调用 sanjiaoxing() 子程序	
11	添加 PTP 指令，回到安全点 P1	
12	调用 yuanjiaojuxing() 子程序	

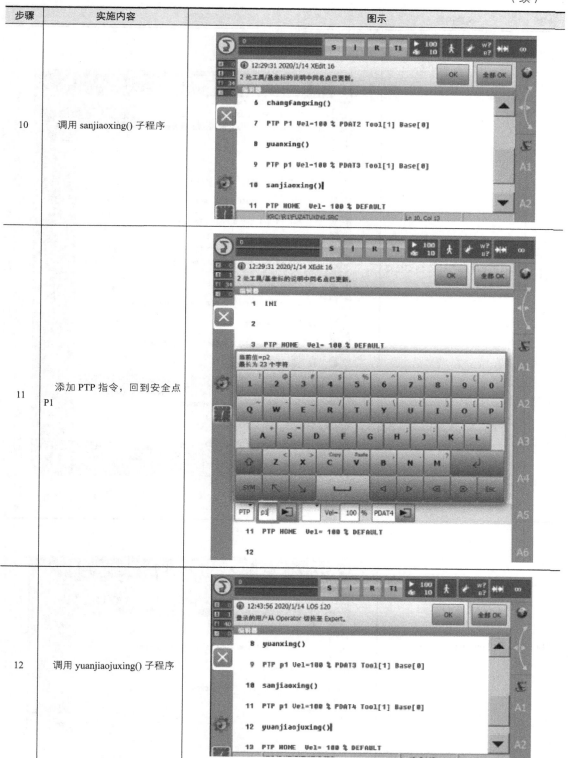

（续）

步骤	实施内容	图示
13	添加 PTP 指令，回到安全点 P1	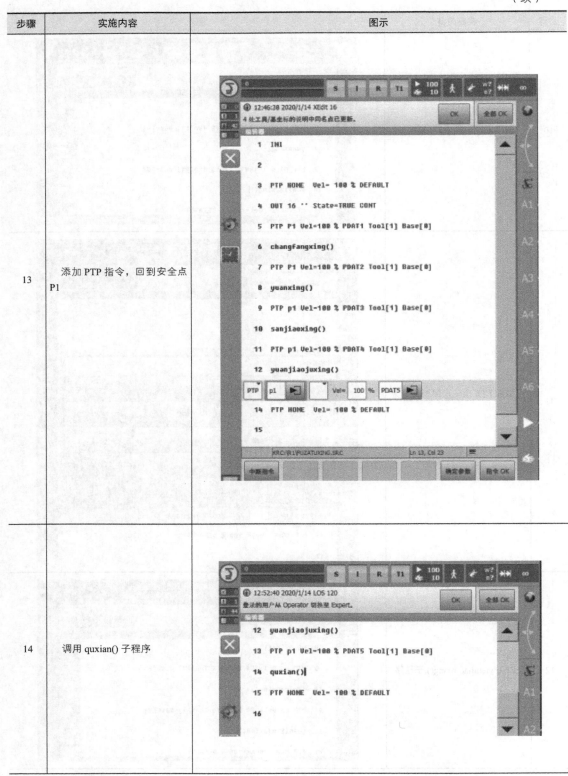
14	调用 quxian() 子程序	

（续）

步骤	实施内容	图示
15	添加 PTP 指令，回到安全点 P1，程序完成	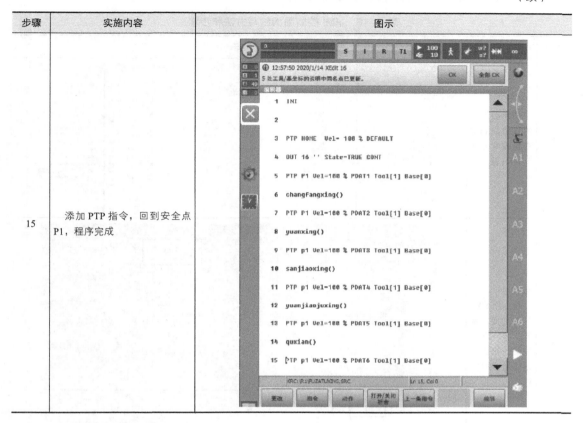

2. HMI 控制画面编程

在 HMI 控制画面中，分别添加"长方形""三角形""圆形""圆角矩形"和"弧线"选择按钮，以及"当前处于长方形激活状态""当前处于三角形激活状态""当前处于圆形激活状态""当前处于圆角矩形激活状态""当前处于弧线激活状态"状态指示灯和"当前程序号"I/O 域，如图 6-25 所示。

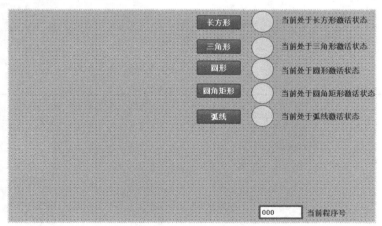

图 6-25 HMI 控制画面

HMI 控制画面编写方法和步骤如表 6-16 所示。

表 6-16　HMI 控制画面编写方法和步骤

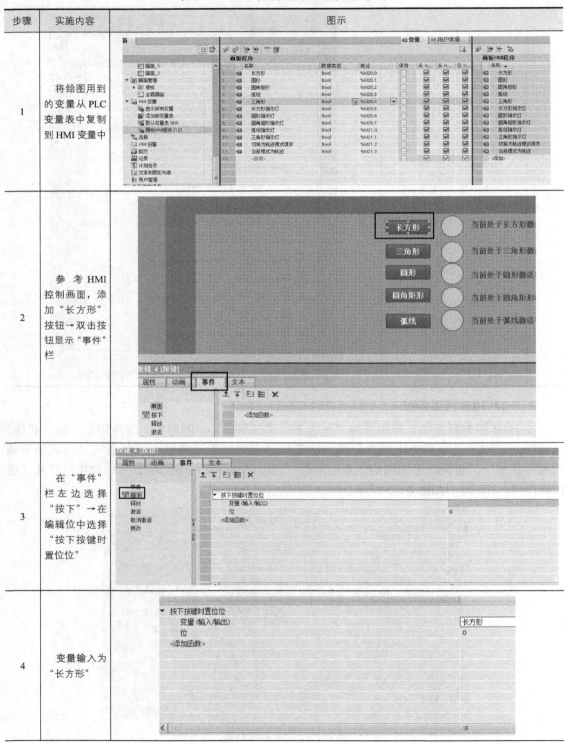

步骤	实施内容	图示
1	将绘图用到的变量从 PLC 变量表中复制到 HMI 变量中	
2	参考 HMI 控制画面，添加"长方形"按钮→双击按钮显示"事件"栏	
3	在"事件"栏左边选择"按下"→在编辑位中选择"按下按键时置位位"	
4	变量输入为"长方形"	

（续）

步骤	实施内容	图示
5	依次类推，分别设置 HMI 控制画面中的其他按钮，即三角形、圆形、圆角矩形、弧线按钮	
6	参考 HMI 控制画面添加"当前处于长方形激活状态"指示灯→双击指示灯显示下方"动画"栏→选择"动态化颜色和闪烁"	
7	在"外观"栏中输入相应变量名称，同时添加范围 1 和范围 0 的颜色	

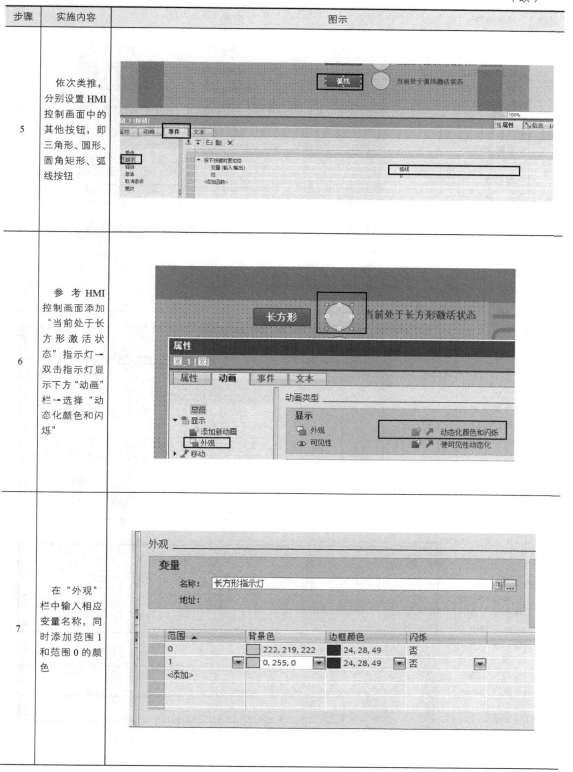

（续）

步骤	实施内容	图示
8	依次类推，分别设置 HMI 控制画面中其他指示灯变量，即"当前处于三角形激活状态""当前处于圆形激活状态""当前处于圆角矩形激活状态""当前处于弧线激活状态"状态指示灯	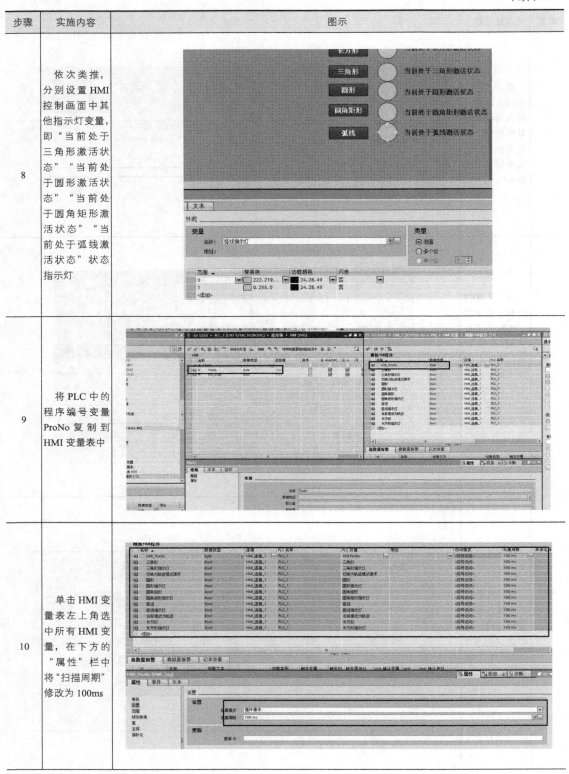
9	将 PLC 中的程序编号变量 ProNo 复制到 HMI 变量表中	
10	单击 HMI 变量表左上角选中所有 HMI 变量，在下方的"属性"栏中将"扫描周期"修改为 100ms	

（续）

步骤	实施内容	图示
11	双击"当前程序号"I/O 域→"属性"→"常规"→"变量"	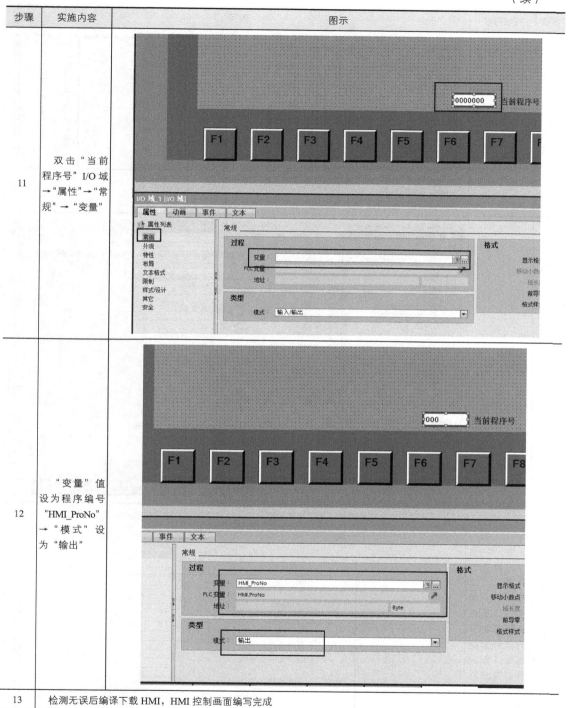
12	"变量"值设为程序编号"HMI_ProNo"→"模式"设为"输出"	
13	检测无误后编译下载 HMI，HMI 控制画面编写完成	

3. PLC 编程与调试

PLC 控制程序编写与调试步骤如表 6-17 所示。

表 6-17 PLC 控制程序编写与调试步骤

步骤	实施内容	图示
1	在画板程序变量表中建立和绘图程序相关的 PLC 变量	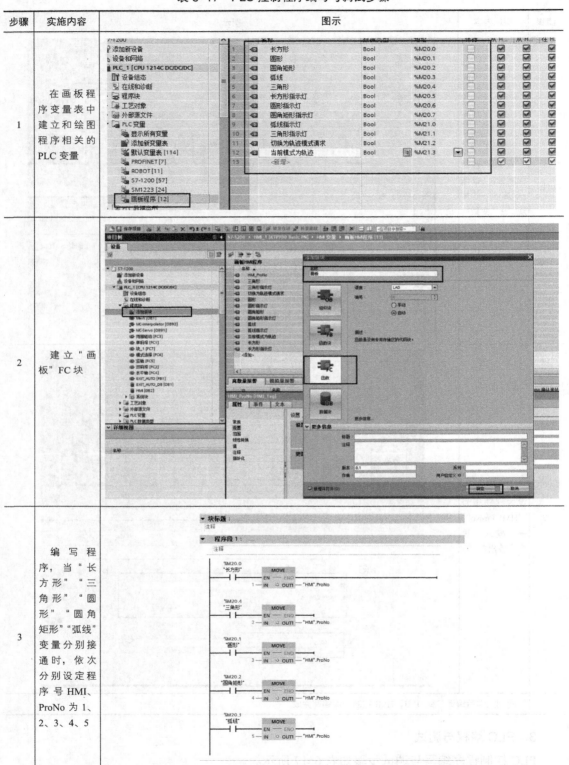
2	建立"画板"FC 块	
3	编写程序,当"长方形""三角形""圆形""圆角矩形""弧线"变量分别接通时,依次分别设定程序号 HMI、ProNo 为 1、2、3、4、5	

（续）

步骤	实施内容	图示
4	当程序号 HMI.ProNo 分别为1、2、3、4、5时，"长方形指示灯""三角形指示灯""圆形指示灯""圆角矩形指示灯""弧线指示灯"分别相应亮起	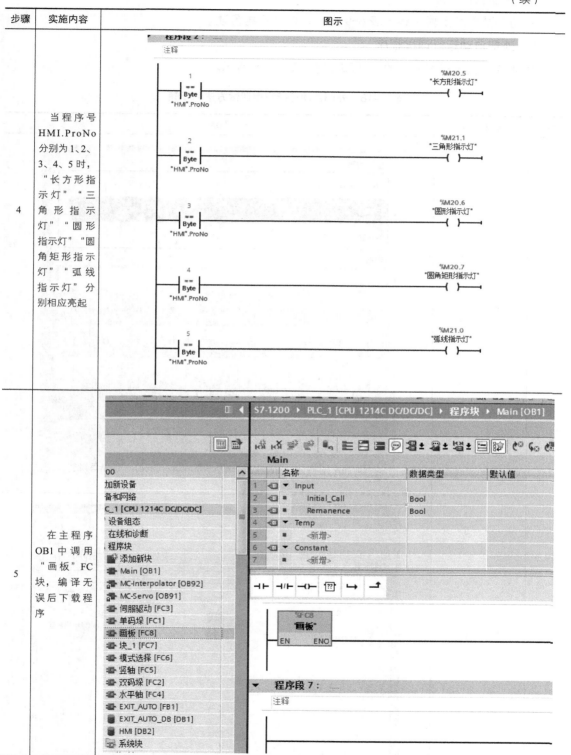
5	在主程序 OB1 中调用"画板"FC 块，编译无误后下载程序	

4. 手动调试程序

手动调试程序步骤请参照表 6-9 进行，此处不再赘述。

5. 外部自动运行调试程序

外部自动运行程序调试的方法和步骤如表 6-18 所示。

表 6-18　外部自动运行程序调试方法和步骤

步骤	实施内容	图示
1	切换到专家用户组权限	
2	选中"cell"程序	

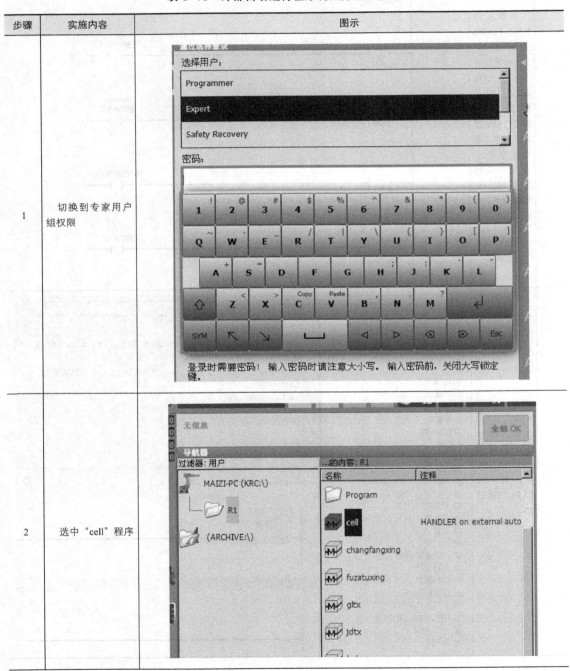

（续）

步骤	实施内容	图示
3	根据程序编号将子程序录入，如果 CASE 语句不够可自行添加	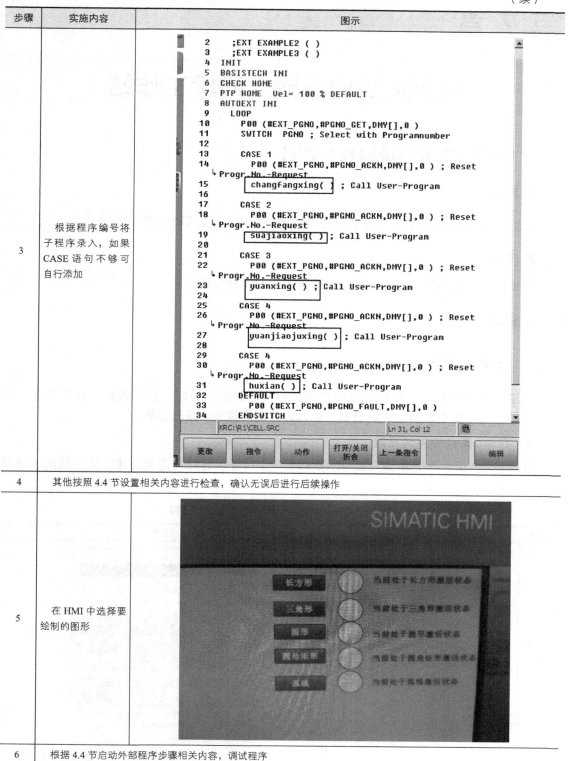
4	其他按照 4.4 节设置相关内容进行检查，确认无误后进行后续操作	
5	在 HMI 中选择要绘制的图形	
6	根据 4.4 节启动外部程序步骤相关内容，调试程序	

第7章

KUKA 工业机器人码垛工作站

7.1 单输送任务码垛编程与调试

知 识目标

掌握 KUKA 工业机器人与搬运码垛相关执行机构以及传感器的信号传递方法。

技 能目标

能够完成工业机器人码垛工作站单输送任务的编程与调试。

相 关知识

7.1.1 变量的声明

工业机器人编程时，使用变量的前提是对该变量进行声明，否则系统会提示错误。声明变量的方法主要有四种，下面分别介绍四种声明变量的方法和步骤。

1. 在 src 文件中声明变量

在 src 文件中声明变量的方法与步骤如表 7-1 所示。通过此方式创建的变量只能在局部程序中使用。

表 7-1　在 src 文件中声明变量方法与步骤

步骤	实施内容	图示
1	使用 Expert 专家用户组权限登录，密码为 "kuka"	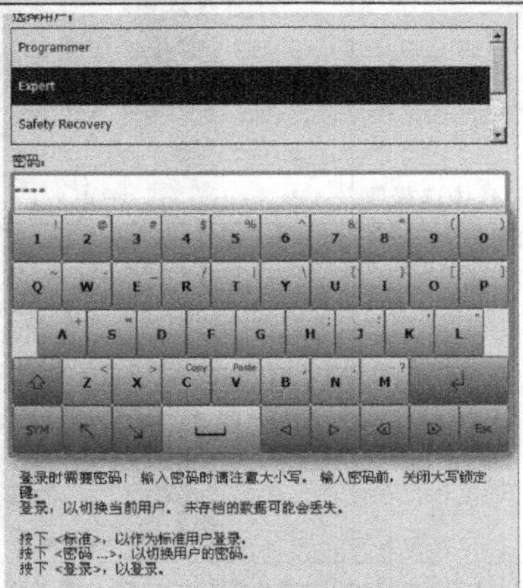

（续）

步骤	实施内容	图示
2	在导航器中打开一个需要声明变量的 src 文件，比如右图所示的 ww.src 文件，进入下一个界面	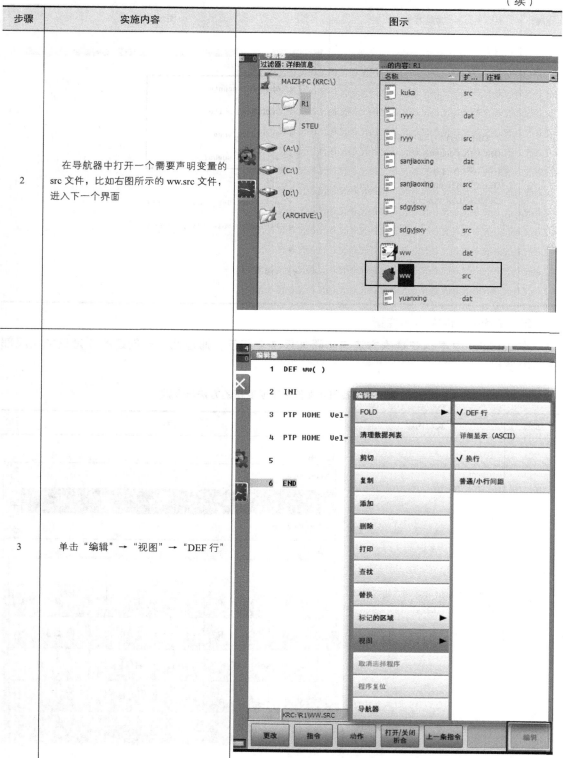
3	单击"编辑"→"视图"→"DEF 行"	

（续）

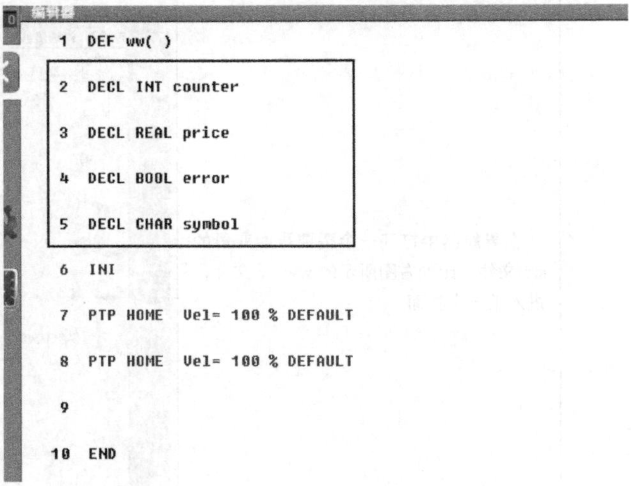

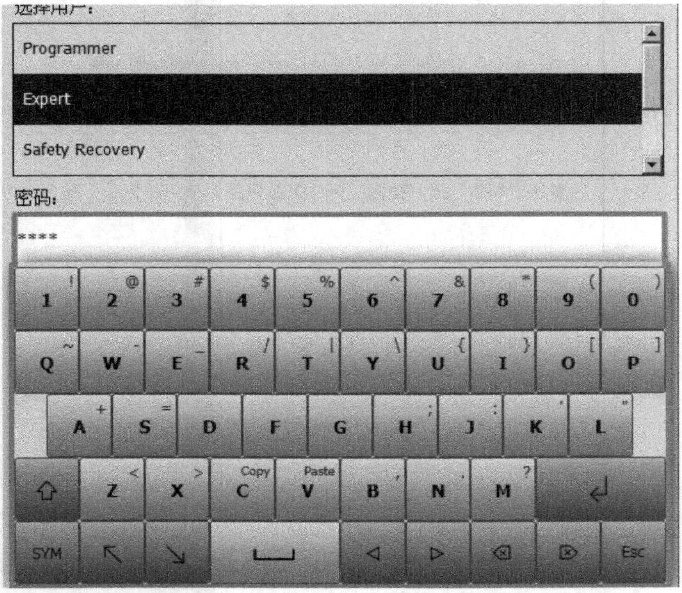

步骤	实施内容	图示
| 4 | 在 DEF ww() 中声明变量，如<br>DECL INT counter<br>DECL REAL price<br>DECL BOOL error<br>DECL CHAR symbol | ```
编辑器
0
  1  DEF ww( )
3 2  DECL INT counter
  3  DECL REAL price
  4  DECL BOOL error
  5  DECL CHAR symbol
  6  INI
  7  PTP HOME  Vel= 100 % DEFAULT
  8  PTP HOME  Vel= 100 % DEFAULT
  9
  10 END
``` |

2. 在 dat 文件中声明变量

在 dat 文件中声明变量的方法与步骤如表 7-2 所示。通过此方式创建的变量只能在局部程序中使用。

表 7-2　在 dat 文件中声明变量的方法与步骤

步骤	实施内容	图示
1	使用 Expert 专家用户组权限登录，密码为 "kuka"	选择用户: Programmer Expert Safety Recovery 密码: **** （键盘图示）
```

（续）

步骤	实施内容	图示
2	在导航器中打开需要声明变量的 dat 文件，比如右图所示的 ww.dat 文件，进入下一个界面	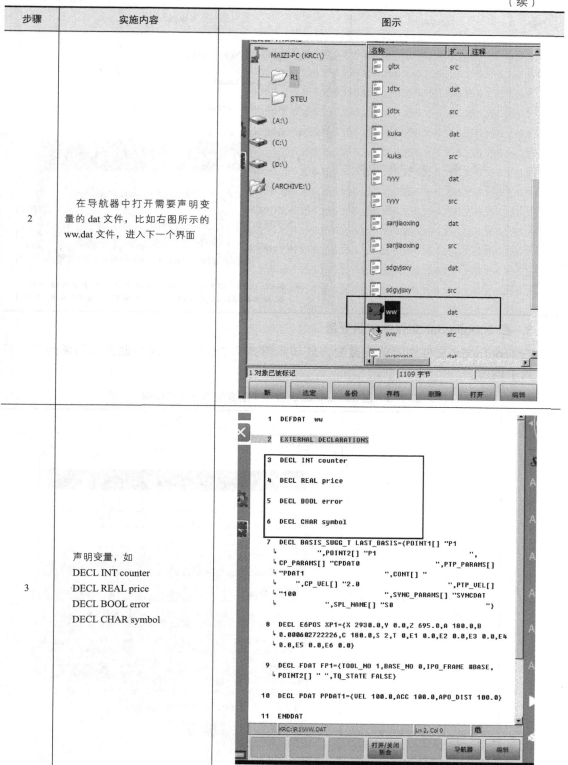
3	声明变量，如 DECL INT counter DECL REAL price DECL BOOL error DECL CHAR symbol	

（续）

步骤	实施内容	图示
4	单击"是"，关闭并保存数据列表	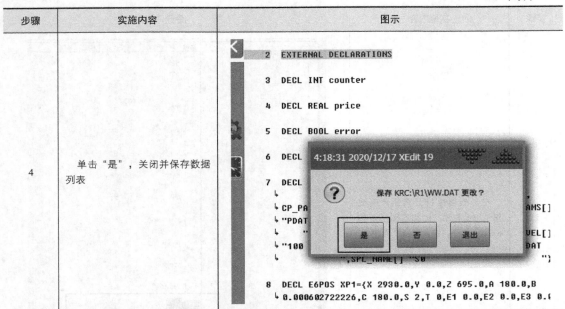

3. 在 $config.dat 文件中声明变量

在 $config.dat 文件中声明变量的方法与步骤如表 7-3 所示。通过此方式创建的变量可在全局中调用。

表 7-3　在 $config.dat 文件中声明变量的方法与步骤

步骤	实施内容	图示
1	使用 Expert 专家用户组权限登录，密码为 kuka	

（续）

步骤	实施内容	图示
2	在导航器中打开 System 文件夹中的 $config.dat	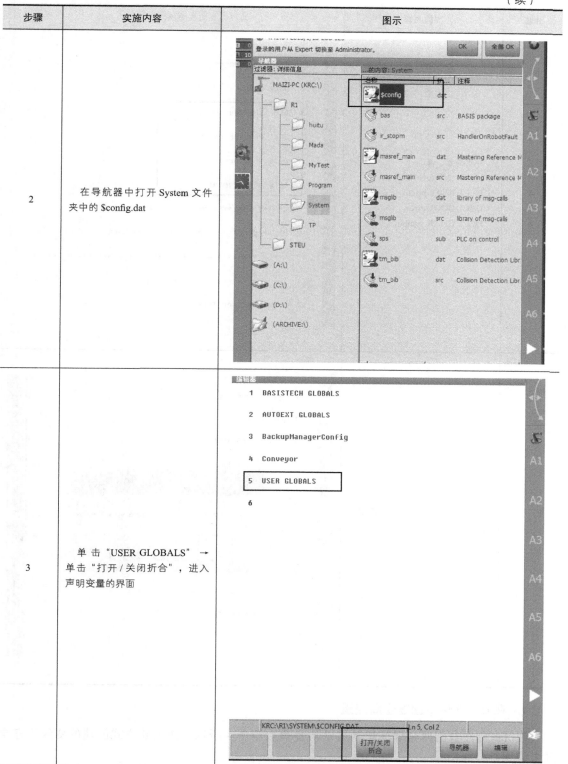
3	单击"USER GLOBALS" → 单击"打开/关闭折合"，进入声明变量的界面	

（续）

步骤	实施内容	图示
4	声明变量，如 DECL INT counter DECL REAL price DECL BOOL error DECL CHAR symbol	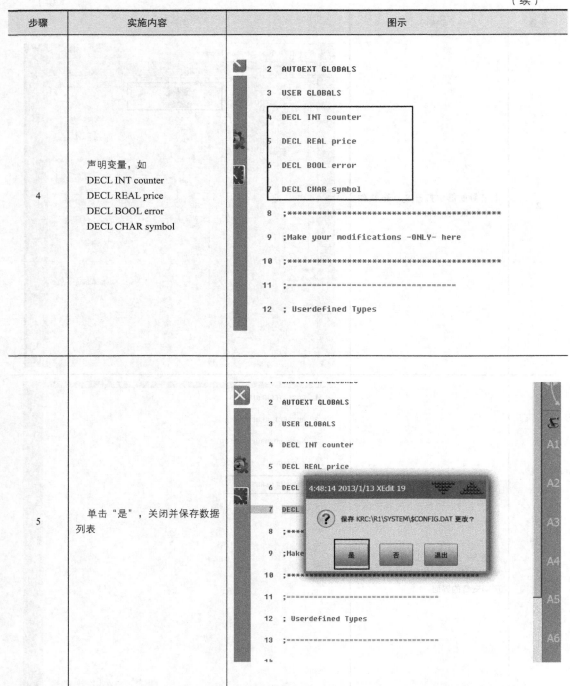
5	单击"是"，关闭并保存数据列表	

4. 在 dat 文件中创建全局变量

在 dat 文件中创建全局变量的方法与步骤如表 7-4 所示。通过此方式创建的变量可在全局中调用。

KUKA 工业机器人码垛工作站

表 7-4　在 dat 文件中创建全局变量的方法与步骤

步骤	实施内容	图示
1	使用 Expert 专家用户组权限登录，密码为 kuka	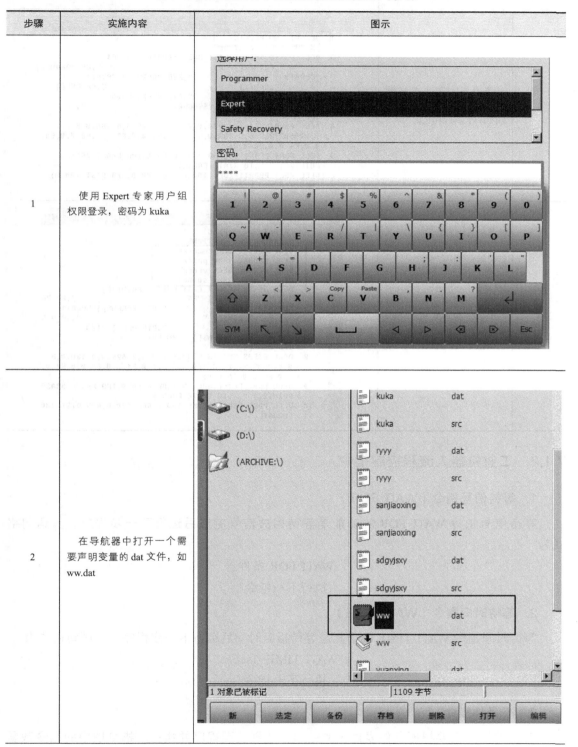
2	在导航器中打开一个需要声明变量的 dat 文件，如 ww.dat	

279

（续）

步骤	实施内容	图示

3	在表头上加上关键词 PUBLIC，即修改表头为 DEFDAT ww PUBLIC	编辑器
		1 DEFDAT ww PUBLIC
		2 EXTERNAL DECLARATIONS
		3 DECL BASIS_SUGG_T LAST_BASIS={POINT1[] "P1
		  ",POINT2[] "P1 ",CP_PARAMS[]
		  "CPDAT0 ",PTP_PARAMS[] "PDAT1
		  ",CONT[] " ",CP_VEL[]
		  "2.0 ",PTP_VEL[] "100
		  ",SYNC_PARAMS[] "SYNCDAT ",
		  SPL_NAME[] "S0 "}
		4 DECL E6POS XP1={X 2930.0,Y 0.0,Z 695.0,A 180.0,B
		  0.000602722226,C 180.0,S ,T 0,E1 0.0,E2 0.0,E3 0.0,E4
		  0.0,E5 0.0,E6 0.0}
		5 DECL FDAT FP1={TOOL_NO 1,BASE_NO 0,IPO_FRAME #BASE,
		  POINT2[] " ",TQ_STATE FALSE}
		6 DECL PDAT PPDAT1={VEL 100.0,ACC 100.0,APO_DIST 100.0}
		7 ENDDAT

4	声明全局变量时，添加 GLOBAL，如
	DECL GLOBAL INT counter
	DECL GLOBAL REAL price
	DECL GLOBAL BOOL error
	DECL GLOBAL CHAR symbol
		编辑器
		1 DEFDAT ww PUBLIC
		2 EXTERNAL DECLARATIONS
		3 DECL GLOBAL INT counter
		4 DECL GLOBAL REAL price
		5 DECL GLOBAL BOOL error
		6 DECL GLOBAL CHAR symbol
		7 DECL BASIS_SUGG_T LAST_BASIS={POINT1[] "P1
		  ",POINT2[] "P1 ",CP_PA
		  "CPDAT0 ",PTP_PARAMS[] "PDAT1
		  ",CONT[] " ",CP_VEL
		  "2.0 ",PTP_VEL[] "100
		  ",SYNC_PARAMS[] "SYNCDAT ",
		  SPL_NAME[] "S0 "}
		8 DECL E6POS XP1={X 2930.0,Y 0.0,Z 695.0,A 180.0,B
		  0.000602722226,C 180.0,S 2,T 0,E1 0.0,E2 0.0,E3 0.
		  0.0,E5 0.0,E6 0.0}
		9 DECL FDAT FP1={TOOL_NO 1,BASE_NO 0,IPO_FRAME #BASE
		  POINT2[] " ",TQ_STATE FALSE}
		10 DECL PDAT PPDAT1={VEL 100.0,ACC 100.0,APO_DIST 100
		11 ENDDAT

7.1.2 工业机器人流程控制指令

1. 等待信号指令（WAIT FOR）

等待信号指令 WAIT FOR 的功能是等待相关信号完成后运行下一步程序。其语句格式为

WAIT FOR 条件
执行下一指令

2. 等待时间指令（WAIT TIME）

等待时间指令 WAIT TIME 的功能是等待相应时间后运行下一步程序。其语句格式为

WAIT TIME=1sec
执行下一指令

3. IF 条件指令

IF 条件指令主要根据条件表达式的结果，选择处理程序并执行。指令块中的指令数量

没有限制。可互相嵌套多个 IF 指令。其语句格式为

IF 条件 THEN

指令

ELSE

指令

ENDIF

4. SWITCH···CASE 指令

SWITCH···CASE 指令的功能是根据选择标准从多个可能的指令块中选择一个。其中，每个指令块拥有至少一个标记，SWITCH···CASE 指令选择其标记与选择标准一致的块去执行。该块执行完毕后，则在 ENDSWITCH 后继续程序。如果标记与选择标准不一致，则执行 DEFAULT 块。其语句格式为

SWITCH 选择标准

CASE 1

CASE 2

CASE n

DEFAULT

ENDSWITCH

5. LOOP 连续循环指令

LOOP 连续循环指令的功能是连续重复执行指令块。该过程中可用 EXIT 离开循环。另外，循环可嵌套，在循环已嵌套时，则首先完整地执行外部循环，然后完整执行内部循环。其语句格式为

LOOP

指令 1

指令 2

⋮

ENDLOOP

6. FOR 计数循环指令

FOR 计数循环指令执行指令块直到计数器超出或低于定义的值。在执行完毕最后一次循环后，从 ENDFOR 后的第一条指令继续程序。循环过程中可用 EXIT 语句提前离开循环。另外，循环可嵌套，在循环已嵌套时，则首先完整地执行外部循环，然后完整地执行内部循环。其语句格式为

FOR 计数器 = 起始值 TO 终值

STEP 步幅

ENDFOR

7. WHILE 当型循环指令

WHILE 当型循环指令是一直重复指令块直到满足特定条件的循环。在每次循环执行之前检查条件，如果不满足条件，则从 ENDWHILE 后的下一条指令继续程序。如果从一开始就不满足条件，则不执行指令块。循环可嵌套，在循环已嵌套时，则首先完整地执行外部循环，然后完整地执行内部循环。其语句格式为

WHILE 重复条件

指令块

ENDWHILE

8. EXIT 离开循环

EXIT 语句的功能是从循环中跳出，然后在该循环后继续程序。在每个循环中都允许使用 EXIT。

7.1.3 码垛工作站组成

码垛工作站由工业机器人、料井、气缸、传送带、多种光电传感器、托盘等组成。码垛工作站用到的光电传感器名称及功能如表 7-5 所示。

表 7-5　码垛工作站用到的光电传感器名称及功能

序号	名称	功能	图示
1	料井传感器	用于检测料井有无物料	
2	气缸伸出到位传感器	用于检测气缸伸出是否到位	
3	物料到位检测传感器	用于检测物料是否到达传送带末端	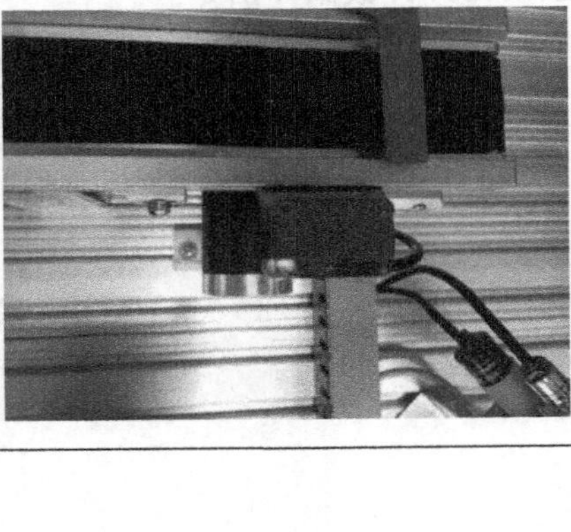

（续）

序号	名称	功能	图示
4	色标传感器	用于区分黄色物料和蓝色物料	

7.1.4　I/O 信号配置表

1. S7-1214C 模块相关信号

S7-1214C 模块使用的信号为常规信号，具体如表 7-6 所示。

表 7-6　S7-1214C 模块相关信号

S7-1214C IP 地址 192. 168. 1. 1						
输入			输出			
符号	输入地址	说明	符号	输出地址	说明	
SQ3	I0.2	西克电感传感器	M1-F	Q0.0	后传送带直流电动机正转（后传送带向右运行）	
SQ4	I0.3	电容传感器	M1-R	Q0.1	后传送带直流电动机反转（后传送带向左运行）	
SQ5	I0.4	西克光纤式光电传感器（色标传感器）	M2-F	Q0.2	前传送带直流电动机正转（前传送带向右运行）	
SQ6	I0.5	前传送带推料限位磁性感应开关	M2-R	Q0.3	前传送带直流电动机反转（前传送带向左运行）	
SQ7	I0.6	后传动带推料限位磁性感应开关	YV1	Q0.4	后传送带推料气缸	
			YV2	Q0.5	前传送带推料气缸	
SB1	I1.0	启动	HL1	Q0.6	红灯	
SB2	I1.1	停止（常闭）	HL2	Q0.7	绿灯	
SA	I1.2	模式转换开关（右 "1"）	HL3	Q1.0	黄灯	
			HA	Q1.1	蜂鸣器	

2. SM1223 模块相关信号

SM1223 模块为数字量扩展模块，其相关信号如表 7-7 所示。

表 7-7　SM1223 模块相关信号

扩展模块 SM1223							
输入				输出			
符号	输入	说明		符号	输出	说明	
SQ9	I2.0	前传送带料井中有料光电传感器		R_IN50	Q3.0	IN[50]	
SQ10	I2.1	后传送带物料到位					
SQ11	I2.2	前传送带物料到位					
SQ12	I2.3	光幕					
GM	I2.4	松下光纤传感器					

注：工业机器人变量 R_IN50 为传送带物料到位信号。

3. 其他交互信号

工业机器人与 PLC 的其他交互信号如表 7-8 所示。

表 7-8　其他交互信号

输入			输出		
符号	输入	说明	符号	输出	说明
R_OUT100	I22.0	工业机器人输出 OUT[100]	无	无	无
R_OUT101	I22.1	工业机器人输出 OUT[101]			
⋮	⋮	⋮			
R_OUT107	I22.7	工业机器人输出 OUT[107]			

注：工业机器人变量 R_OUT100 ～ 107 共 8 个位，用来存储工业机器人搬运的零件数量，送给 PLC 变量 IB22。信号传递遵循 PROFINET 协议。

实训项目十九 ▶ 完成单输送任务码垛编程与调试

实训要求：根据以下控制要求，完成单输送任务码垛编程与调试。

起停控制：按下启动按钮，工业机器人启动；按下停止按钮，工业机器人停止工作。

送料功能：工业机器人启动后，自动检测到传送带料井中有物料，警示灯绿灯闪烁。PLC 控制传送带推料气缸工作，驱动传送带电动机旋转，物料传送到指定位置。当抓取区检测到传送带物料到位时，电动机停止运转，传送带停止。

工业机器人码垛：抓取区检测到传送带物料到位，工业机器人抓取物料并搬运到托盘进行码垛。最终码垛结果如图 7-1 所示。

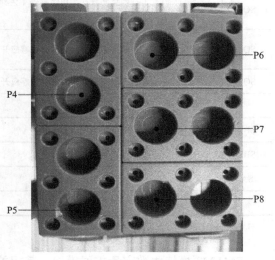

图 7-1　码垛结果

284

1. 工业机器人编程

单输送任务码垛程序的编制方法与步骤如表 7-9 所示。

表 7-9　单输送任务码垛程序的编制方法与步骤

步骤	实施内容	图示
1	使用 Expert 专家用户组权限登录，密码为 kuka	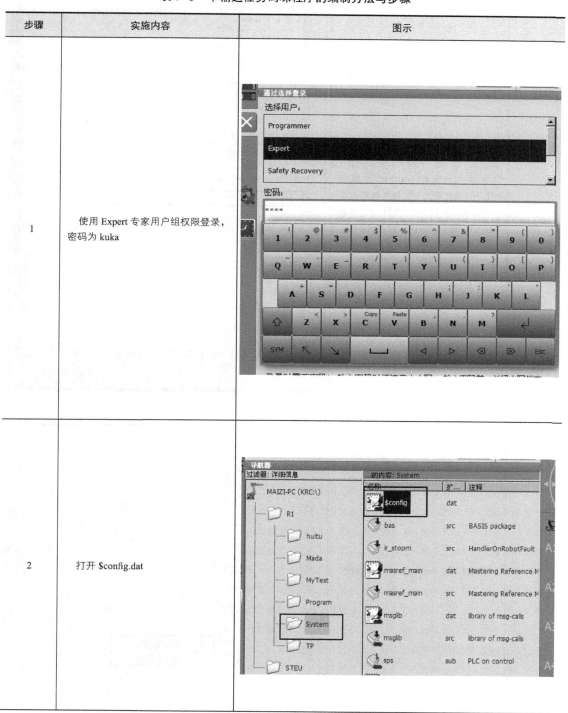
2	打开 $config.dat	

（续）

步骤	实施内容	图示
3	选中"USER GLOBALS"，单击"打开 / 关闭折合"，建立与 PLC 交互的记录码垛数量的 BYTE 全局变量 SIGNAL shu1 $out[124] To $out[131]	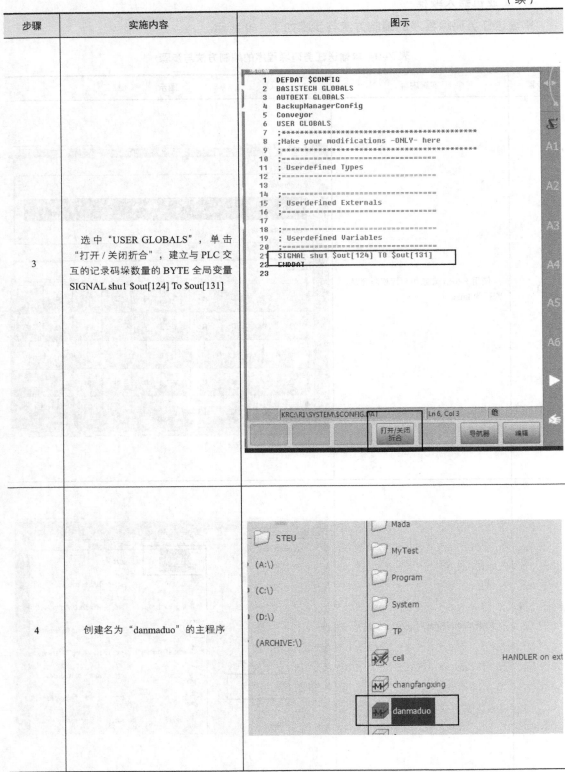
4	创建名为"danmaduo"的主程序	

（续）

步骤	实施内容	图示
5	选中程序，单击"编辑"→"视图"→"DEF 行"	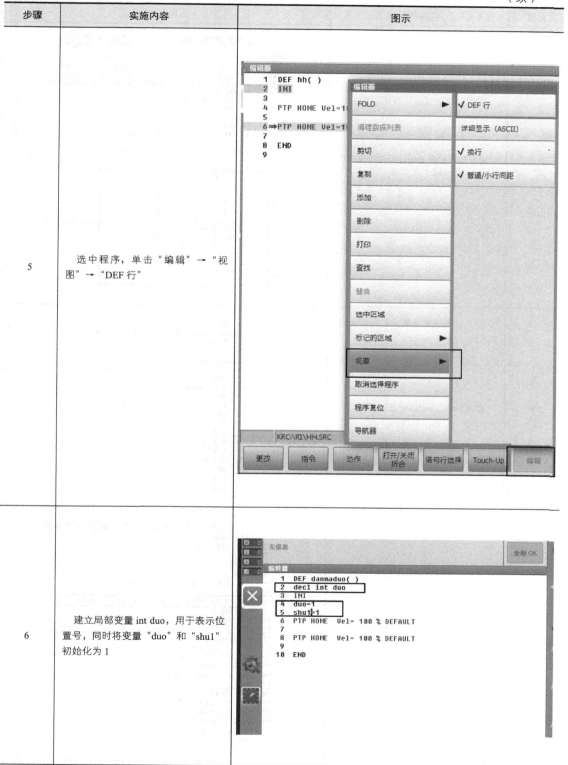
6	建立局部变量 int duo，用于表示位置号，同时将变量"duo"和"shu1"初始化为 1	

（续）

步骤	实施内容	图示
7	编写气爪松开 fang() 子程序与气爪夹合 jia() 子程序	无信息 编辑器 DEF danmaduo( ) decl int duo INI duo=1 shu1=1 PTP HOME Vel= 100 % DEFAULT PTP HOME Vel= 100 % DEFAULT END def fang() OUT 4'' State=FALSE OUT 1'' State=TRUE WAIT Time=1 sec OUT 1'' State=FALSE end def jia() OUT 1'' State=FALSE OUT 4'' State=TRUE WAIT Time=1 sec OUT 4'' State=FALSE end
8	添加 loop… endloop 循环语句	shu1=1 PTP HOME Vel= 100 % DEFAULT loop endloop PTP HOME Vel= 100 % DEFAULT END def fang() OUT 4'' State=FALSE OUT 1'' State=TRUE WAIT Time=1 sec OUT 1'' State=FALSE end def jia() OUT 1'' State=FALSE OUT 4'' State=TRUE WAIT Time=1 sec OUT 4'' State=FALSE end
9	在循环语句里添加 PTP 指令，到达传送带上方的安全点 P1	编辑器 DEF danmaduo( ) decl int duo INI duo=1 shu1=1 PTP HOME Vel= 100 % DEFAULT loop PTP P1 Vel=100 % PDAT1 Tool[1] Base[0] endloop PTP HOME Vel= 100 % DEFAULT END def fang() OUT 4'' State=FALSE OUT 1'' State=TRUE WAIT Time=1 sec OUT 1'' State=FALSE end def jia() OUT 1'' State=FALSE OUT 4'' State=TRUE WAIT Time=1 sec OUT 4'' State=FALSE end

（续）

步骤	实施内容	图示

10	添加 WAIT FOR 指令，等待传送带工件到位信号 IN[50]	<pre>1 DEF danmaduo( )
		2 decl int duo
		3 INI
		4 duo=1
		5 shu1=1
		6 PTP HOME Vel= 100 % DEFAULT
		7 loop
		8 PTP P1 Vel=100 % PDAT1 Tool[1] Base[0]
		9 WAIT FOR (IN 50 '')
		10 endloop
		11 PTP HOME Vel= 100 % DEFAULT
		12 END
		13 def fang()
		14 OUT 4'' State=FALSE
		15 OUT 1'' State=TRUE
		16 WAIT Time=1 sec
		17 OUT 1'' State=FALSE
		18 end
		19 def jia()
		20 OUT 1'' State=FALSE
		21 OUT 4'' State=TRUE
		22 WAIT Time=1 sec
		23 OUT 4'' State=FALSE
		24 end</pre>

11	调用气爪松开 fang() 子程序，到达夹取物料的位置点 P2，复位气爪状态	<pre>1 DEF danmaduo( )
		2 decl int duo
		3 INI
		4 duo=1
		5 shu1=1
		6 PTP HOME Vel= 100 % DEFAULT
		7 loop
		8 PTP P1 Vel=100 % PDAT1 Tool[1] Base[0]
		9 WAIT FOR (IN 50 '')
		10 fang()
		11 LIN P2 Vel=2 m/s CPDAT2 Tool[1] Base[0]
		12 endloop
		13 PTP HOME Vel= 100 % DEFAULT
		14 END
		15 def fang()
		16 OUT 4'' State=FALSE
		17 OUT 1'' State=TRUE
		18 WAIT Time=1 sec
		19 OUT 1'' State=FALSE
		20 end
		21 def jia()
		22 OUT 1'' State=FALSE
		23 OUT 4'' State=TRUE
		24 WAIT Time=1 sec
		25 OUT 4'' State=FALSE
		26 end</pre>

12	调用气爪夹合 jia() 子程序，夹取物料回到安全点 P1	<pre>2 decl int duo
		3 INI
		4 duo=1
		5 shu1=1
		6 PTP HOME Vel= 100 % DEFAULT
		7 loop
		8 PTP P1 Vel=100 % PDAT1 Tool[1] Base[0]
		9 WAIT FOR (IN 50 '')
		10 fang()
		11 LIN P2 Vel=2 m/s CPDAT2 Tool[1] Base[0]
		12 jia()
		13 LIN P1 Vel=2 m/s CPDAT3 Tool[1] Base[0]
		14 endloop
		15 PTP HOME Vel= 100 % DEFAULT
		16 END
		17 def fang()
		18 OUT 4'' State=FALSE
		19 OUT 1'' State=TRUE
		20 WAIT Time=1 sec
		21 OUT 1'' State=FALSE
		22 end
		23 def jia()
		24 OUT 1'' State=FALSE
		25 OUT 4'' State=TRUE
		26 WAIT Time=1 sec
		27 OUT 4'' State=FALSE
		28 end</pre>

（续）

步骤	实施内容	图示

13	根据位置号 duo 选择到达的安全点。如果 duo ≤ 2，到达安全点 P10，否则到达安全点 P11。其中，点 P10 是图 7-1 中点 P5 上方的安全点，点 P11 是图 7-1 中点 P8 上方安全点	<pre>1 DEF danmaduo( )
		2 decl int duo
		3 INI
		4 duo=1
		5 shu1=1
		6 PTP HOME Vel= 100 % DEFAULT
		7 loop
		8 PTP P1 Vel=100 % PDAT1 Tool[1] Base[0]
		9 WAIT FOR (IN 50 '')
		10 fang()
		11 LIN P2 Vel=2 m/s CPDAT2 Tool[1] Base[0]
		12 jia()
		13 LIN P1 Vel=2 m/s CPDAT3 Tool[1] Base[0]
		14 if duo<=2 then
		15 PTP P10 Vel=100 % PDAT2 Tool[1] Base[0]
		16 else
		17 PTP P11 Vel=100 % PDAT3 Tool[1] Base[0]
		18 endif
		19 endloop
		20 PTP HOME Vel= 100 % DEFAULT
		21 END
		22 def fang()
		23 OUT 4'' State=FALSE
		24 OUT 1'' State=TRUE</pre>

14	创建 SWITCH…CASE 选择语句，示教第一个位置点 P4，并以 LIN 指令到达点 P4	<pre>11 LIN P2 Vel=2 m/s CPDAT2 Tool[1] Base[0]
		12 jia()
		13 LIN P1 Vel=2 m/s CPDAT3 Tool[1] Base[0]
		14 if duo<=2 then
		15 PTP P10 Vel=100 % PDAT2 Tool[1] Base[0]
		16 else
		17 PTP P11 Vel=100 % PDAT3 Tool[1] Base[0]
		18 endif
		19 switch duo
		20 case 1
		21 LIN P4 Vel=2 m/s CPDAT5 Tool[1] Base[0]
		22 endswitch
		23 fang()
		24 xp9=$pos_act
		25 xp9.z=xp9.z-50
		26 endloop
		27 PTP HOME Vel= 100 % DEFAULT
		28 END
		29 def fang()
		30 OUT 4'' State=FALSE
		31 OUT 1'' State=TRUE
		32 WAIT Time=1 sec</pre>

15	以此类推，分别示教第二件物料的点 P5，第三件物料的点 P6，第四件物料的点 P7，第五件物料的点 P8	<pre>15 PTP P10 Vel=100 % PDAT2 Tool[1] Base[0]
		16 else
		17 PTP P11 Vel=100 % PDAT3 Tool[1] Base[0]
		18 endif
		19 switch duo
		20 case 1
		21 LIN P4 Vel=2 m/s CPDAT5 Tool[1] Base[0]
		22 case 2
		23 LIN P5 Vel=2 m/s CPDAT10 Tool[1] Base[0]
		24 case 3
		25 LIN P6 Vel=2 m/s CPDAT11 Tool[1] Base[0]
		26 case 4
		27 LIN P7 Vel=2 m/s CPDAT12 Tool[1] Base[0]
		28 case 5
		29 LIN P8 Vel=2 m/s CPDAT13 Tool[1] Base[0]
		30 endswitch
		31 endloop
		32 PTP HOME Vel= 100 % DEFAULT
		33 END
		34 def fang()
		35 OUT 4'' State=FALSE
		36 OUT 1'' State=TRUE
		37 WAIT Time=1 sec
		38 OUT 1'' State=FALSE
		39 end
		40 def jia()
		41 OUT 1'' State=FALSE</pre>

（续）

步骤	实施内容	图示
16	到达位置后，调用气爪松开子程序 fang()，将当前位置（$pos_act）传给点 xp9，xp9 往 Z 的负方向减去 50mm，以 LIN 指令到达物料上方的安全点 P9	``` case 1 21 LIN P4 Vel=2 m/s CPDAT5 Tool[1] Base[0] 22 case 2 23 LIN P5 Vel=2 m/s CPDAT10 Tool[1] Base[0] 24 case 3 25 LIN P6 Vel=2 m/s CPDAT11 Tool[1] Base[0] 26 case 4 27 LIN P7 Vel=2 m/s CPDAT12 Tool[1] Base[0] 28 case 5 29 LIN P8 Vel=2 m/s CPDAT13 Tool[1] Base[0] 30 endswitch 31 fang() 32 xp9=$pos_act 33 xp9.z=xp9.z-50 34 LIN P9 Vel=2 m/s CPDAT14 Tool[1] Base[0] 35 endloop 36 PTP HOME Vel= 100 % DEFAULT 37 END 38 def fang() 39 OUT 4'' State=FALSE 40 OUT 1'' State=TRUE ```
17	将代表位置的变量"duo"和代表数量的变量"shu1"分别每次循环后自动加 1	``` 17 PTP P11 Vel=100 % PDAT3 Tool[1] Base[0] 18 endif 19 switch duo 20 case 1 21 LIN P4 Vel=2 m/s CPDAT5 Tool[1] Base[0] 22 case 2 23 LIN P5 Vel=2 m/s CPDAT10 Tool[1] Base[0] 24 case 3 25 LIN P6 Vel=2 m/s CPDAT11 Tool[1] Base[0] 26 case 4 27 LIN P7 Vel=2 m/s CPDAT12 Tool[1] Base[0] 28 case 5 29 LIN P8 Vel=2 m/s CPDAT13 Tool[1] Base[0] 30 endswitch 31 fang() 32 xp9=$pos_act 33 xp9.z=xp9.z-50 34 LIN P9 Vel=2 m/s CPDAT14 Tool[1] Base[0] 35 duo=duo+1 36 shu1=shu1+1 37 endloop 38 PTP HOME Vel= 100 % DEFAULT 39 END 40 def fanq() ```
18	每次循环，检测位置变量 duo，如果位置变量 duo 到达第六个位置，则位置变量复位成 1，并重新开始计数	``` 22 case 2 23 LIN P5 Vel=2 m/s CPDAT10 Tool[1] Base[0] 24 case 3 25 LIN P6 Vel=2 m/s CPDAT11 Tool[1] Base[0] 26 case 4 27 LIN P7 Vel=2 m/s CPDAT12 Tool[1] Base[0] 28 case 5 29 LIN P8 Vel=2 m/s CPDAT13 Tool[1] Base[0] 30 endswitch 31 fang() 32 xp9=$pos_act 33 xp9.z=xp9.z-50 34 LIN P9 Vel=2 m/s CPDAT14 Tool[1] Base[0] 35 duo=duo+1 36 shu1=shu1+1 37 if duo>5 then 38 duo=1 39 endif 40 endloop 41 PTP HOME Vel= 100 % DEFAULT 42 END 43 def fang() 44 OUT 4'' State=FALSE 45 OUT 1'' State=TRUE 46 WAIT Time=1 sec 47 OUT 1'' State=FALSE ```

（续）

步骤	实施内容	图示
19	创建 baocun() 子程序，并用 PTP 指令分别创建 5 个空坐标点 P12、P13、P14、P15、P16	```44 OUT 4 State=FALSE 45 OUT 1'' State=TRUE 46 WAIT Time=1 sec 47 OUT 1'' State=FALSE 48 end 49 def jia() 50 OUT 1'' State=FALSE 51 OUT 4'' State=TRUE 52 WAIT Time=1 sec 53 OUT 4'' State=FALSE 54 end 55 def baochun() 56 PTP P12 Vel=100 % PDAT9 Tool[1] Base[0] 57 PTP P13 Vel=100 % PDAT10 Tool[1] Base[0] 58 PTP P14 Vel=100 % PDAT11 Tool[1] Base[0] 59 PTP P15 Vel=100 % PDAT12 Tool[1] Base[0] 60 PTP P16 Vel=100 % PDAT13 Tool[1] Base[0] 61 end```
20	将码垛的 5 个原始位置 xp4、xp5、xp6、xp7、xp8 分别保存到创建的空坐标点 P12、P13、P14、P15、P16 内	```48 49 DEF jia() 50 51 OUT 1 '' State=FALSE CONT 52 OUT 4 '' State=TRUE CONT 53 WAIT Time=1 sec 54 OUT 4 '' State=FALSE CONT 55 end 56 57 DEF baochun() 58 59 PTP P12 Vel=100 % PDAT1 Tool[4] Base[4] 60 PTP P13 Vel=100 % PDAT2 Tool[4] Base[4] 61 PTP P14 Vel=100 % PDAT6 Tool[4] Base[4] 62 PTP P15 Vel=100 % PDAT4 Tool[4] Base[4] 63 PTP P16 Vel=100 % PDAT5 Tool[4] Base[4] 64 xp12=xp4 65 xp13=xp5 66 xp14=xp6 67 xp15=xp7 68 xp16=xp8 69 end```
21	单击 "编辑" → "删除"，删除 5 条 PTP 动作指令，只留下点位信息	```56 57 DEF baochun() 58 59 PTP P12 Vel=100 % PDAT1 Tool[4] Base 60 PTP P13 Vel=100 % PDAT2 Tool[4] Base 61 PTP P14 Vel=100 % PDAT6 Tool[4] Base 62 PTP P15 Vel=100 % PDAT4 Tool[4] Base 63 PTP P16 Vel=100 % PDAT5 Tool[4] Base 64 xp12=xp4 65 xp13=xp5 66 xp14=xp6 67 xp15=xp7 68 xp16=xp8 69 end``` 复制／添加／删除／打印／查找／替换／选中区域／标记的区域／视图／取消选择程序／程序复位／导航器 KRC:\R1\HH.SRC Ln 6 更改／指令／动作／打开/关闭折合／语句行选择／Touch-Up／编辑

■KUKA 工业机器人码垛工作站

（续）

步骤	实施内容	图示
22	调用 baochun() 子程序	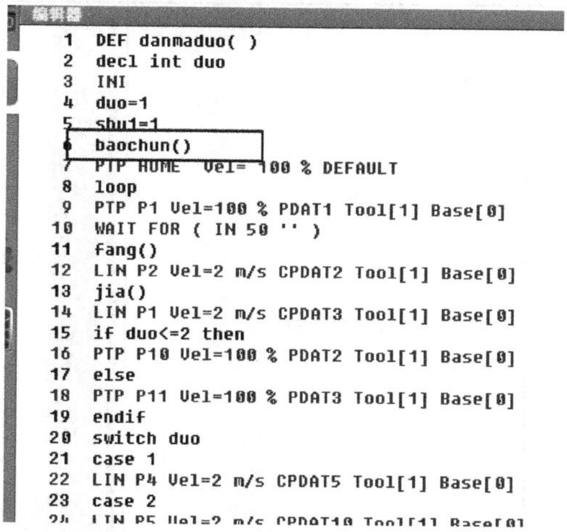 编辑器 1 DEF danmaduo( ) 2 decl int duo 3 INI 4 duo=1 5 shu1=1 6 baochun() 7 PTP HOME Vel= 100 % DEFAULT 8 loop 9 PTP P1 Vel=100 % PDAT1 Tool[1] Base[0] 10 WAIT FOR (IN 50 '') 11 fang() 12 LIN P2 Vel=2 m/s CPDAT2 Tool[1] Base[0] 13 jia() 14 LIN P1 Vel=2 m/s CPDAT3 Tool[1] Base[0] 15 if duo<=2 then 16 PTP P10 Vel=100 % PDAT2 Tool[1] Base[0] 17 else 18 PTP P11 Vel=100 % PDAT3 Tool[1] Base[0] 19 endif 20 switch duo 21 case 1 22 LIN P4 Vel=2 m/s CPDAT5 Tool[1] Base[0] 23 case 2 24 LIN P5 Vel=2 m/s CPDAT10 Tool[1] Base[0]
23	执行 baochun() 子程序并保存点位信息	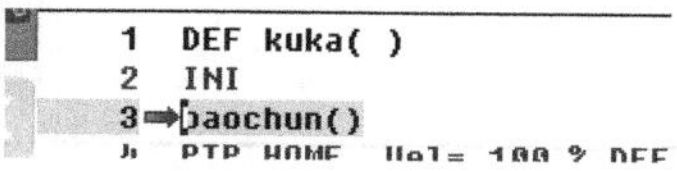 1 DEF kuka( ) 2 INI 3 → baochun() 4 PTP HOME Vel= 100 % DEF
24	修改程序中的点位信息，将 5 个原始位置 xp4、xp5、xp6、xp7、xp8 复位	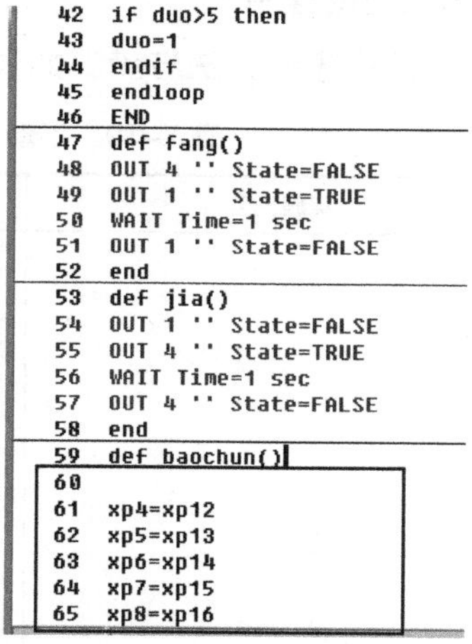 42 if duo>5 then 43 duo=1 44 endif 45 endloop 46 END 47 def fang() 48 OUT 4 '' State=FALSE 49 OUT 1 '' State=TRUE 50 WAIT Time=1 sec 51 OUT 1 '' State=FALSE 52 end 53 def jia() 54 OUT 1 '' State=FALSE 55 OUT 4 '' State=TRUE 56 WAIT Time=1 sec 57 OUT 4 '' State=FALSE 58 end 59 def baochun() 60 61 xp4=xp12 62 xp5=xp13 63 xp6=xp14 64 xp7=xp15 65 xp8=xp16
25	每次搬运到放料点，分别将 xp4、xp5、xp6、xp7、xp8 往 Z 轴负方向偏移 19.5mm，以防止物料相撞	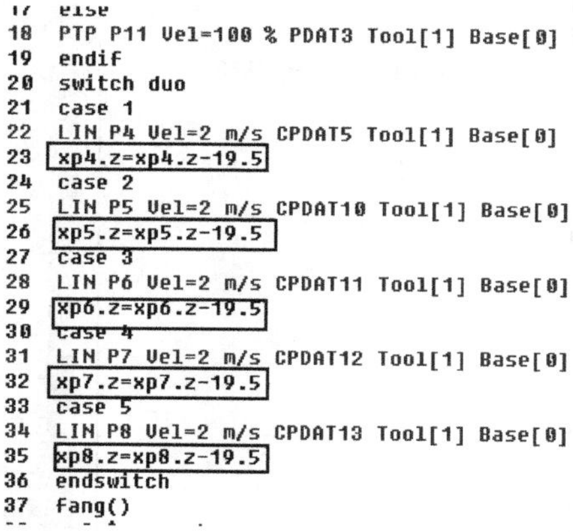 17 else 18 PTP P11 Vel=100 % PDAT3 Tool[1] Base[0] 19 endif 20 switch duo 21 case 1 22 LIN P4 Vel=2 m/s CPDAT5 Tool[1] Base[0] 23 xp4.z=xp4.z-19.5 24 case 2 25 LIN P5 Vel=2 m/s CPDAT10 Tool[1] Base[0] 26 xp5.z=xp5.z-19.5 27 case 3 28 LIN P6 Vel=2 m/s CPDAT11 Tool[1] Base[0] 29 xp6.z=xp6.z-19.5 30 case 4 31 LIN P7 Vel=2 m/s CPDAT12 Tool[1] Base[0] 32 xp7.z=xp7.z-19.5 33 case 5 34 LIN P8 Vel=2 m/s CPDAT13 Tool[1] Base[0] 35 xp8.z=xp8.z-19.5 36 endswitch 37 fang()

（续）

步骤	实施内容	图示
26	检查无误后保存程序	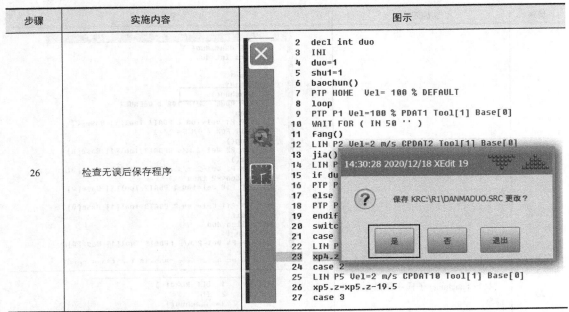

2. 手动模式调试程序

手动模式调试程序的方法与步骤如表 7-10 所示。

表 7-10　手动模式调试程序的方法与步骤

步骤	实施内容	图示
1	单击 "danmaduo" → "选定"	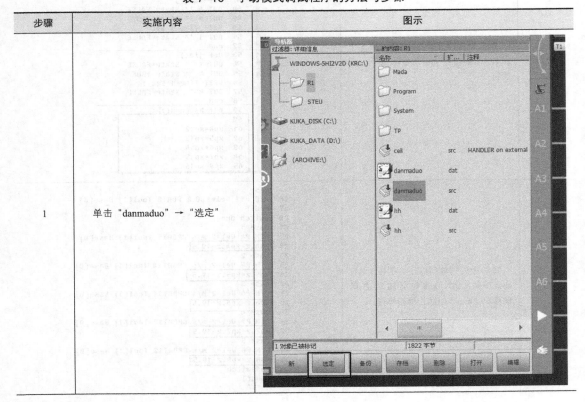

（续）

步骤	实施内容	图示
2	选择运行方式 T1	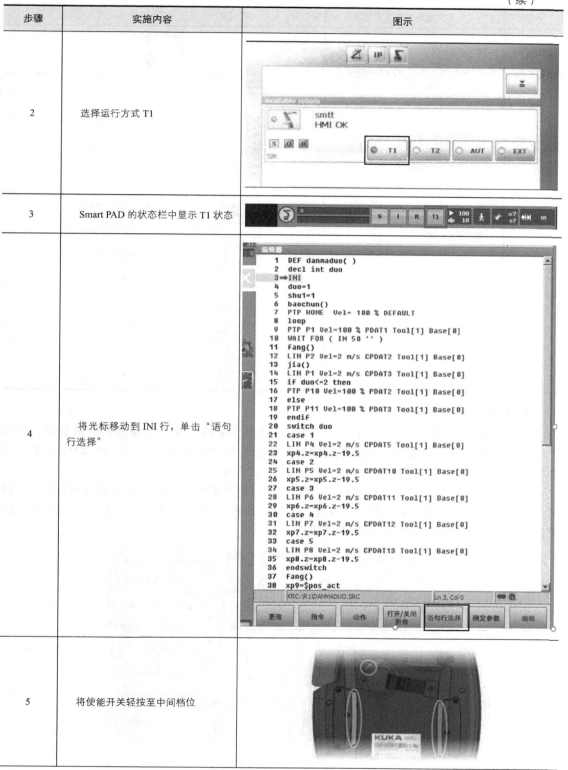
3	Smart PAD 的状态栏中显示 T1 状态	
4	将光标移动到 INI 行，单击"语句行选择"	
5	将使能开关轻按至中间档位	

（续）

步骤	实施内容	图示
6	按下启动键	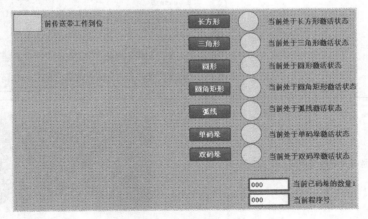
| 7 | 启动程序，测试程序 | ```
10 ↑WAIT FOR ( IN 50 '' )
11  fang()
12  LIN P2 Vel=2 m/s CPDAT2 Tool[1] Base[0]
13  jia()
14  LIN P1 Vel=2 m/s CPDAT3 Tool[1] Base[0]
15  if duo<=2 then
16  PTP P10 Vel=100 % PDAT2 Tool[1] Base[0]
17  else
18  PTP P11 Vel=100 % PDAT3 Tool[1] Base[0]
19  endif
20  switch duo
21  case 1
22  LIN P4 Vel=2 m/s CPDAT5 Tool[1] Base[0]
23  xp4.z=xp4.z-19.5
24  case 2
25  LIN P5 Vel=2 m/s CPDAT10 Tool[1] Base[0]
26  xp5.z=xp5.z-19.5
27  case 3
28  LIN P6 Vel=2 m/s CPDAT11 Tool[1] Base[0]
29  xp6.z=xp6.z-19.5
30  case 4
31  LIN P7 Vel=2 m/s CPDAT12 Tool[1] Base[0]
32  xp7.z=xp7.z-19.5
33  case 5
34  LIN P8 Vel=2 m/s CPDAT13 Tool[1] Base[0]
35  xp8.z=xp8.z-19.5
36  endswitch
37  fang()
38  xp9=$pos_act
39  xp9.z=xp9.z-50
40  LIN P9 Vel=2 m/s CPDAT14 Tool[1] Base[0]
41  duo=duo+1
42  shu1=shu1+1
43  if duo>5 then
44  duo=1
45  endif
46  endloop
47  PTP HOME  Vel= 100 % DEFAULT
``` |

3. HMI 控制画面编程

首先，在 PLC 控制程序中创建 4 个变量，分别为单输送任务码垛模式请求变量、单输送任务码垛模式指示灯变量、码垛数量变量（显示已经码垛的物料数量）和 SQ11 变量（传送带物料到位信号），并将这些变量复制到 HMI 变量中。

然后，基于前面工作任务的基础上，在 HMI 控制画面中添加单码垛功能选择按钮、"当前处于单码垛激活状态"指示灯、"当前已码垛的数量"I/O 域、"当前程序号"I/O 域和"前传送带工件到位"指示信号，如图 7-2 所示。

图 7-2　HMI 控制画面
```

最后根据控制要求和 PLC 变量表，添加 HMI 变量并进行变量设置，具体步骤如表 7-11 所示。

表 7-11   HMI 变量添加步骤

步骤	实施内容	图示
1	在 PLC 的 PROFINET 变量表中添加 Byte 变量 %IB22，变量"名称"为"码垛 1 数量"。该变量与工业机器人变量 OUT [100] ～ OUT [107] 相对应	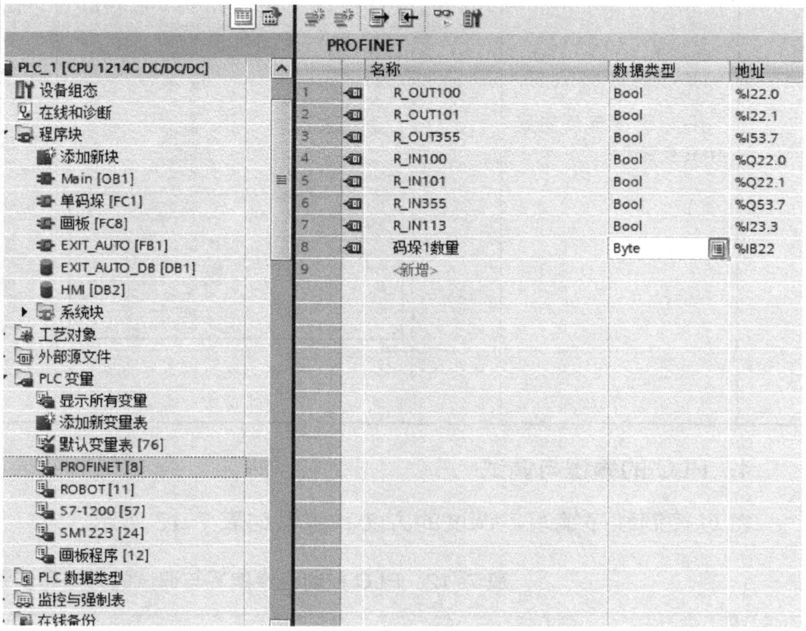
2	在 PLC 的默认变量表中建立变量辅助 1 ～辅助 6，同时添加单码垛模式请求变量和单码垛模式指示灯变量	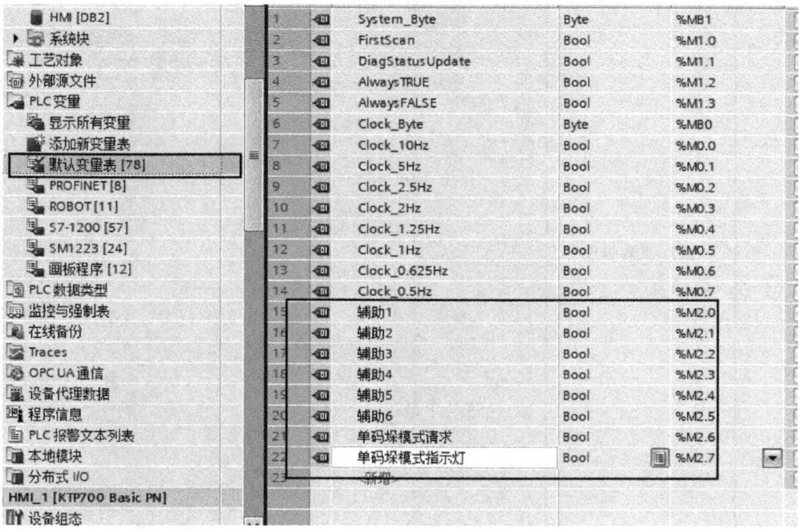

（续）

步骤	实施内容	图示
3	将以上变量复制到 HMI 变量表中	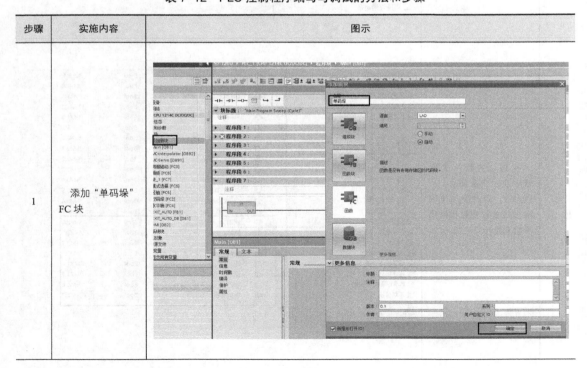

4. PLC 的编程与调试

PLC 控制程序编写与调试的方法和步骤如表 7-12 所示。

表 7-12　PLC 控制程序编写与调试的方法和步骤

步骤	实施内容	图示
1	添加"单码垛" FC 块	

（续）

步骤	实施内容	图示
2	编写"辅助 1"自锁程序	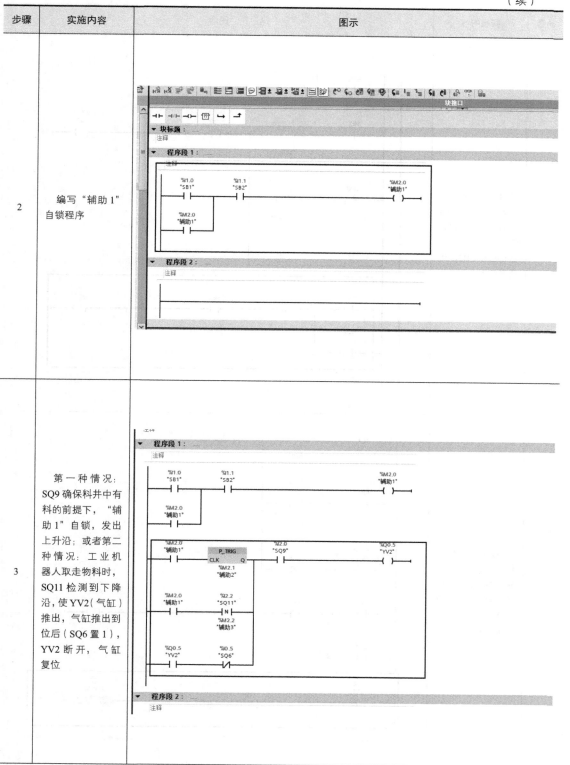
3	第一种情况：SQ9 确保料井中有料的前提下，"辅助 1"自锁，发出上升沿；或者第二种情况：工业机器人取走物料时，SQ11 检测到下降沿，使 YV2（气缸）推出，气缸推出到位后（SQ6 置 1），YV2 断开，气缸复位	

（续）

步骤	实施内容	图示
4	气缸推出后，M2-F 传送带正转起动，等到 SQ11（前传送带物料到位信号）或者按下停止按钮 SB2，传送带停止	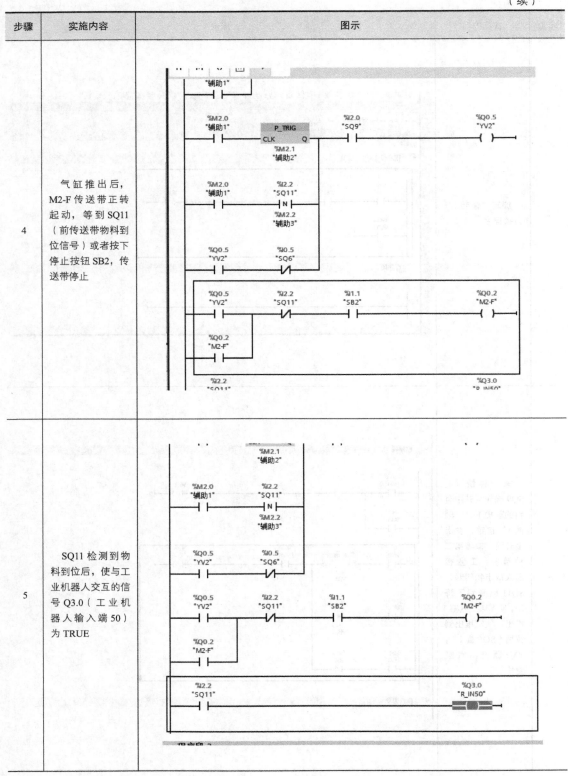
5	SQ11 检测到物料到位后，使与工业机器人交互的信号 Q3.0（工业机器人输入端 50）为 TRUE	

（续）

步骤	实施内容	图示
6	在 OB1 主 程序中调用"单码垛"FC 块	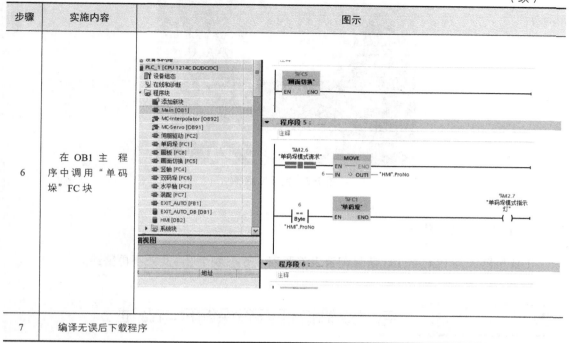
7	编译无误后下载程序	

7.2 双输送任务码垛编程与调试

知 识目标

掌握 KUKA 工业机器人与搬运码垛相关执行机构以及传感器的信号传递方法。

技 能目标

能够在单输送任务码垛的基础上进行功能扩展，实现双输送任务码垛编程与调试。

相 关知识

7.2.1 硬件组成

双输送任务码垛在工作流程上与单输送任务码垛基本相同，不同的是增加了色标传感器，用于识别物料的颜色，并根据不同颜色分别进行码垛。色标传感器如图 7-3 所示。

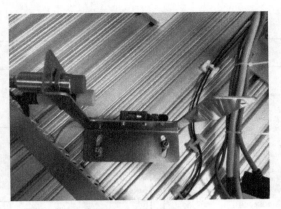

图 7-3　色标传感器

7.2.2　I/O 信号配置表

工业机器人与 PLC 的 I/O 信号配置表参照表 7-6 ～表 7-8，此处不再赘述。

实训项目二十　完成双输送任务码垛编程与调试

实训要求：根据以下控制要求，完成双输送任务码垛的编程与调试。

控制要求：在实训项目十九控制要求的基础上，增加以下要求：

1）物料从供料区的两个料井推出，如图 7-4 所示。

2）传送带传输到位，工业机器人抓取先到位的物料，如图 7-5 所示。

图 7-4　供料区

图 7-5　工业机器人抓取物料

3）工业机器人将物料送至颜色检测区域进行颜色识别，如图 7-6 所示。

4）将蓝色物料码垛到前面托盘，黄色物料码垛到后面托盘，如图 7-7 所示。

5）直至物料全部码垛完成，如图 7-8 所示。

图 7-6　颜色检测

图 7-7　工业机器人放置物料

图 7-8　码垛完成

如果需要工业机器人再次进行码垛工作，则需要清除托盘上的物料，将物料放入供料井中，并在触摸屏工作任务选择界面再次进行程序激活。

1. 工业机器人编程

工业机器人双输送任务码垛的编程步骤如表 7-13 所示。

表 7-13　工业机器人双输送任务码垛的编程步骤

步骤	实施内容	图示
1	切换到专家用户组权限，建立气爪的工具坐标系和码垛盘的基坐标系	<table><tr><td>投入运行</td><td>测量</td><td>基坐标</td></tr><tr><td>投入运行助手</td><td>工具 ▶</td><td>3 点</td></tr><tr><td>测量 ▶</td><td>基坐标 ▶</td><td>间接</td></tr><tr><td>调整 ▶</td><td>固定工具 ▶</td><td>数字输入</td></tr><tr><td>软件更新 ▶</td><td>附加负载数据</td><td>更改名称</td></tr><tr><td>售后服务 ▶</td><td>外部运动装置 ▶</td><td></td></tr></table>
2	建立 shuangmaduo 程序，删除原来 Home 点，示教码垛的安全点 P1	6:55:27 2020/12/25 XEdit 34　更改被保存。　OK　全部 OK　工具 TOOL_DATA[4]　基坐标 BASE_DATA[4]　外部 TCP False　碰撞识别 False　领　编辑器　PTP　P1　Vel= 100 %　PDAT1

（续）

步骤	实施内容	图示
| 3 | 选中并单击打开 "USER GLOBALS"，建立与 PLC 交互的变量 shu2，用于记录码垛数量，由于有的变量系统占用所以跳过 | ```
3   AUTOEXT GLOBALS
4   USER GLOBALS
5   ;***************************************************
6   ;Make your modifications -ONLY- here
7   ;***************************************************
8   ;=================================================
9   ; Userdefined Types
10  ;=================================================
11
12  ;=================================================
13  ; Userdefined Externals
14  ;=================================================
15
16  ;=================================================
17  ; Userdefined Variables
18  ;=================================================
19  SIGNAL shu1 $out[124]  TO $out[131]
20  SIGNAL shu2 $out[148]  TO $out[155]
21  ENDDAT
``` |
| 4 | 在单输送任务码垛的基础上建立另外两个变量 shu2 和 duo2，分别用来显示第二个托盘中物料的数量和位置 | ```
1  DEF shuangmaduo( )
2  INI
3  shu1=0
4  shu2=0
5  duo1=1
6  duo2=1
7  PTP P1 Vel=100 % PDAT1 Tool[4] Base[4]
``` |
| 5 | 重新建立气爪松开 fang() 子程序和气爪夹合 jia() 子程序 | ```
4   END
5   def fang()
6   OUT 4'' State=FALSE
7   OUT 1'' State=TRUE
8   WAIT Time=1 sec
9   OUT 1'' State=FALSE
10  end
11  def jia()
12  OUT 1'' State=FALSE
13  OUT 4'' State=TRUE
14  WAIT Time=1 sec
15  OUT 4'' State=FALSE
16  end
``` |
| 6 | 建立 LOOP 循环，并通过 if 语句检测输入端 IN[50]（前传送带物料到位）和 IN[51]（后传送带物料到位）信号是否为 TRUE，初步建立程序结构 | ```
1   DEF shuangmaduo( )
2   INI
3   PTP P1 Vel=100 % PDAT1 Tool[4] Base[4]
4   loop
5   if $IN[50]==TRUE THEN
6   ENDIF
7   IF $IN[51]==TURE THEN
8   ENDIF
9   endloop
10  END
11  def fang()
12  OUT 4'' State=FALSE
13  OUT 1'' State=TRUE
``` |
| 7 | 分别示教前传送带的抓取安全点 P2 和抓取点 P3，后传送带的抓取安全点 P4 和抓取点 P5 | ```
1   DEF shuangmaduo( )
2   INI
3   PTP P1 Vel=100 % PDAT1 Tool[4] Base[4]
4   loop
5   if $IN[50]==TRUE THEN
6   PTP P2 Vel=100 % PDAT2 Tool[4] Base[4]
7   LIN P3 Vel=2 m/s CPDAT1 Tool[4] Base[4]
8   jia()
9   LIN P2 Vel=2 m/s CPDAT2 Tool[4] Base[4]
10  ENDIF
11  IF $IN[51]==TURE THEN
12  PTP P4 Vel=100 % PDAT3 Tool[4] Base[4]
13  LIN P5 Vel=2 m/s CPDAT3 Tool[4] Base[4]
14  jia()
15  LIN P4 Vel=2 m/s CPDAT4 Tool[4] Base[4]
16  ENDIF
``` |
```

（续）

步骤	实施内容	图示
8	建立检测子程序 jiance()，到达颜色检测区上方的安全点 P6 和颜色检测区 P7	``` 30 end 31 def jiance() 32 PTP P6 Vel=100 % PDAT4 Tool[4] Base[4] 33 LIN P7 Vel=2 m/s CPDAT6 Tool[4] Base[4] 34 end ```
9	调用检测子程序 jiance() 区分物料颜色	``` 1 DEF shuangmaduo( ) 2 INI 3 PTP P1 Vel=100 % PDAT1 Tool[4] Base[4] 4 loop 5 if $IN[50]==TRUE THEN 6 PTP P2 Vel=100 % PDAT2 Tool[4] Base[4] 7 LIN P3 Vel=2 m/s CPDAT1 Tool[4] Base[4] 8 jia() 9 LIN P2 Vel=2 m/s CPDAT2 Tool[4] Base[4] 10 jiance() 11 ENDIF 12 IF $IN[51]==TURE THEN 13 PTP P4 Vel=100 % PDAT3 Tool[4] Base[4] 14 LIN P5 Vel=2 m/s CPDAT3 Tool[4] Base[4] 15 jia() 16 LIN P4 Vel=2 m/s CPDAT4 Tool[4] Base[4] 17 jiance() 18 ENDIF 19 endloop 20 END ```
10	建立放料子程序 fangliao()，通过 KUKA 输入端的 IN[52]（色标传感器）的值，将物料摆放到相应托盘	``` 39 LIN P1 Vel=2 m/s CPDAT6 Tool[4] Base[4] 40 end 41 def fangliao() 42 IF $IN[52]==TRUE THEN 43 44 ELSE 45 46 ENDIF 47 end ```
11	根据码垛的位置，选择上方安全点的位置（具体参考单码垛的相关操作）	``` 42 IF $IN[52]==TRUE THEN 43 IF duo1<=2 THEN 44 PTP P11 Vel=100 % PDAT8 Tool[4] Base[4] 45 ELSE 46 PTP P12 Vel=100 % PDAT9 Tool[4] Base[4] 47 ENDIF ```
12	建立 switch 语句，将工业机器人移动至第一个托盘第一个位置，示教出 P8、P9、P10 三个点	``` 43 switch duo1 44 case 1 45 case 2 46 case 3 47 case 4 48 case 5 49 LIN P8 Vel=2 m/s CPDAT7 Tool[4] Base[4] 50 LIN P9 Vel=2 m/s CPDAT8 Tool[4] Base[4] 51 LIN P10 Vel=2 m/s CPDAT9 Tool[4] Base[4] 52 ELSE ```
13	删除图例程序中 50、51 行，在 case1 ~ case5 语句里分别添加每个位置需偏移的位移	``` 48 ENDIF 49 switch duo1 50 case 1 51 XP8=XP9 52 case 2 53 XP8.Y=XP8.Y-60 54 case 3 55 XP8.X=XP8.X-52.19 56 XP8.Y=XP8.Y-2.71 57 XP8.A=XP8.A-88.6 58 XP8.B=XP8.B+5.72 59 case 4 60 XP8.Y=XP8.Y+40 61 case 5 62 XP8.Y=XP8.Y+40 63 endswitch 64 LIN P8 Vel=2 m/s CPDAT7 Tool[4] Base[4] ```

（续）

步骤	实施内容	图示
| 14 | 设置位置复位，确保在每次重新进入程序启动循环的时候复位点 P9 位置 | ```
1  DEF shuangmaduo( )
2  INI
3  shu1=0
4  shu2=0
5  duo1=1
6  duo2=1
7  XP9=XP10
8  PTP P1 Vel=100 % PDAT1 Tool[4] Base[4]
9  loop
10 if $IN[50]==TRUE THEN
11 PTP P2 Vel=100 % PDAT2 Tool[4] Base[4]
12 LIN P3 Vel=2 m/s CPDAT1 Tool[4] Base[4]
13 jia()
14 LIN P3 Vel=2 m/s CPDAT2 Tool[4] Base[4]
``` |
| 15 | 程序执行完毕，码垛位置数加 1，码垛数量加 1，完成 5 个位置码垛后，点 P9 向 Z 方向偏移 19.5mm，同时码垛位置数复位为 1 | ```
64 LIN P8 Vel=2 m/s CPDAT7 Tool[4] Base[4]
65 duo1=duo1+1
66 shu1=shu1+1
67 IF duo1==6 THEN
68 XP9.z=XP9.Z-19.5
69 duo1=1
70 ENDIF
71 ELSE
``` |
| 16 | 根据放置第一个托盘的程序，编写放置第二个托盘的程序，并将点位重新示教 | ```
ELSE
IF duo2<=2 THEN
PTP P14 Vel=100 % PDAT11 Tool[4] Base[4]
ELSE
PTP P15 Vel=100 % PDAT12 Tool[4] Base[4]
ENDIF
switch duo2
case 1
XP16=XP17
case 2
XP16.Y=XP16.Y-60
case 3
XP16.X=XP16.X-52.19
XP16.Y=XP16.Y-2.71
XP16.A=XP16.A-88.6
XP16.B=XP16.B+5.72
case 4
XP16.Y=XP16.Y+40
case 5
XP16.Y=XP16.Y+40
ENDSWITCH
LIN P16 Vel=2 m/s CPDAT11 Tool[4] Base[4]
duo2=duo2+1
shu2=shu2+1
IF duo2==6 THEN
XP17.Z=XP17.Z-19.5
duo2=1
ENDIF
ENDIF
``` |
| 17 | 检查无误后保存程序，并进行手动示教和自动示教 | |

2. HMI 控制画面编程

首先，在 PLC 变量表中增加 4 个变量，分别为双码垛请求变量、当前模式为双码垛变量、当前已码垛的数量和 SQ10 变量（表示后传送带物料已到位）。然后，将这些变量复制到 HMI 变量表中，并基于前面工作任务的基础上，在 HMI 控制画面中添加"双码垛"功能选择按钮、"当前处于双码垛激活状态"指示灯、"当前已码垛的数量 1" I/O 域、"当前已码垛的数量 2" I/O 域和"当前程序号" I/O 域，以及"后传送带工件到位"指示信号，如图 7-9 所示。
```

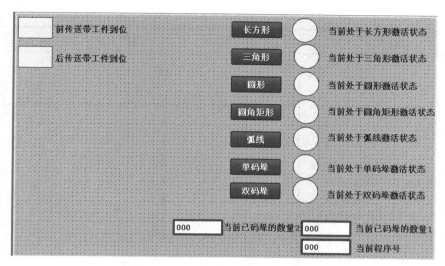

图 7-9　双码垛功能 HMI 控制画面

具体操作步骤请参考实训项目十九相关内容，此处不再赘述。

3. PLC 编程与调试

在实训项目十九的基础上，按表 7-14 所示步骤进行 PLC 编程与调试。

表 7-14　PLC 编程与调试步骤

步骤	实施内容	图示
1	建立"双码垛"FC 块	
2	在变量表中建立需要的变量，分别为"码垛 2 数量""双码垛请求""当前模式为双码垛"	

（续）

步骤	实施内容	图示
3	在单输送任务码垛的基础上，建立另一条传送带的程序，原理和单输送任务码垛相同	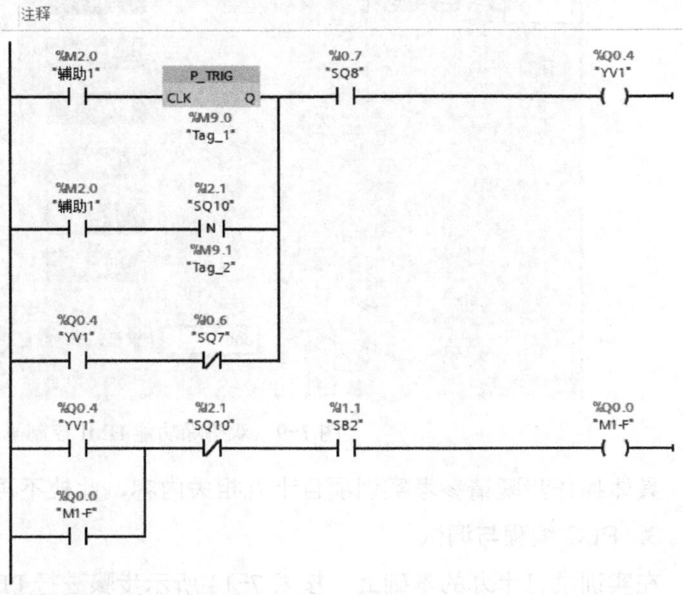
4	在 SQ10（后传送带物料到位）为 TRUE 时，将工业机器人的输入端 51 置位为 TRUE；在 SQ4（电容传感器）和 SQ5（蓝色为 1）为 TRUE 时，将工业机器人输入端 52 置位为 TRUE	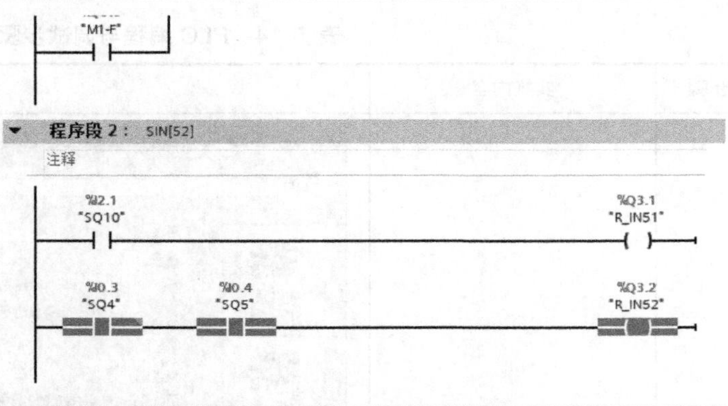
5	以"双码垛请求"为启动条件，设置程序编号"HMI".ProNo 为 9，激活"双码垛"FC块，同时"当前模式为双码垛"模式指示灯亮	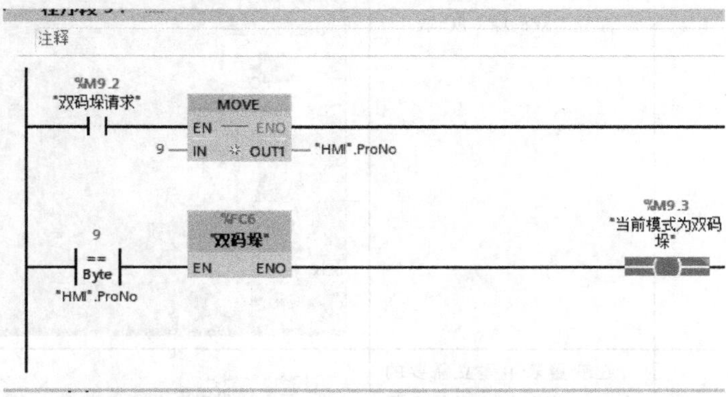
6	程序编译检查无误后下载	

第8章

KUKA 工业机器人装配工作站

8.1 单工件装配任务编程

了解工业机器人生产线装配工艺程序的编程方法。

能够利用工业机器人实现零件装配工艺编程。

8.1.1 装配工作站概述

装配工作站由工业机器人、装配夹具、杯盖仓、杯体仓、装配单元等部分组成，如图 8-1 所示。

图 8-1　装配工作站组成

1—工业机器人　2—装配夹具　3—杯盖仓　4—杯体仓　5—装配单元

装配单元包含三部分，分别是检测区、备装区和装配区，主要用来检测杯盖和杯体的方位，并按要求进行装配，具体如图 8-2 所示。

检测区主要包含红外传感器、定位销等，用来检测并按要求方位放置杯盖和杯体，具体如图 8-3 所示。

图 8-2　装配单元组成
1—检测区　2—备装区　3—装配区

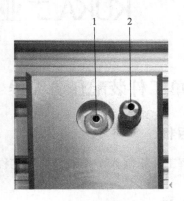

图 8-3　检测区组成
1—红外传感器　2—定位销

备装区用来放置经检测后待装配的配件。装配区用来装配杯盖和杯体。杯盖仓、杯盖、杯体仓和杯体分别如图 8-4 ～图 8-7 所示。

图 8-4　杯盖仓

图 8-5　杯盖

图 8-6　杯体仓

图 8-7　杯体

8.1.2　中断编程

在装配过程中，需要分别设定杯盖和杯体的放置角度，找好杯盖和杯体的相对位置才能正确装配。在设定杯盖放置角度的过程中，当角度达到要求后，需调用中断程序将杯盖放置到备装区。在设定杯体放置角度的过程中，当角度达到要求后，也需调用中断程序将杯体放置到装配区。

1. 中断的声明

当出现诸如输入定义的事件时，工业机器人中断当前程序，并处理一个定义的子程序，由中断而调用的子程序被称为中断程序。

事件和子程序用 INTERRUPT … DECL … WHEN … DO … 等来定义。中断示例如图 8-8 所示。

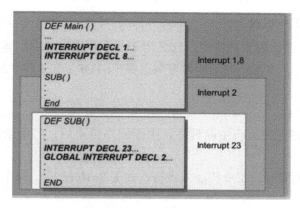

图 8-8　中断示例

在一个子程序中声明的中断在主程序中是未知的（此处为中断 23）。一个在声明的开头写有关键词 GLOBAL 的中断在上一层面也是已知的（此处为中断 2）。

中断句法是：INTERRUPT DECL PrI/O WHEN 事件 DO 子程序。

其中，PrI/O 为优先级。如果多个中断同时出现，则先执行最高优先级的中断，然后再执行优先级低的中断（1= 最高优先级）。中断优先级示例如图 8-9 所示。

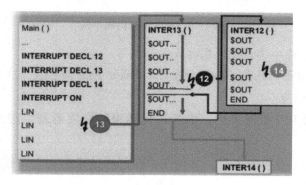

图 8-9　中断优先级示例

事件是应出现中断的事件，该事件在出现时通过一个脉冲边沿被识别（脉冲边沿触发）。中断子程序是应处理的中断程序的名称，该子程序被称为中断程序，运行时间变量不允许作为参数传递给中断程序，允许使用在一个数据列表中声明的变量。如：

INTERRUPT DECL 23 WHEN \$IN[12]==TRUE DO INTERRUPT_PROG(20,VALUE)

为非全局中断，优先级为 23，输入端 12 为脉冲正沿，中断程序为 INTERRUPT_PROG（20,VALUE）。

2. 中断启动和关闭

声明后将取消中断（Interrupt）。所以，对中断进行声明后，必须先激活中断，然后才能对定义的事件做出反应。

句法：INTERRUPT 操作（编号）

操作：ON，激活一个中断；OFF，取消激活一个中断。

3. BRAKE 制动工业机器人

BRAKE 是制动工业机器人的指令，它只用于一个中断程序中。当出现一个中断事件需立即停住工业机器人时，有两个制动斜坡可供选择（STOP 1 和 STOP 2）。

BRAKE：STOP 2。

BRAKE F：STOP 1。

工业机器人停止时，先运行中断程序，中断程序结束后，将继续运行已开始的工业机器人运动。

在处理中断例程的同时，工业机器人运行，如图 8-10 所示。

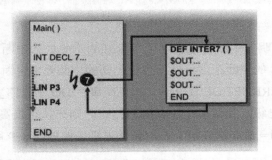

图 8-10　处理中断例程示例

BRAKE 从中断程序中停止工业机器人说明如下：

1）不允许使用用于初始化（INI）或运动（例如 PTP 或 LIN …）的联机表单，处理时这些表单将引发出错信息。

2）BRAKE 制动工业机器人后，中断例程结束时它将沿着主程序中定义的轨迹继续运行。

3）BRAKE 制动工业机器人后，如需在中断例程结束后沿一个新的轨迹运行，则可用 RESUME 指令来实现。

表 8-1 对停止工业机器人参数进行了详细说明。

表 8-1　停止工业机器人参数说明

参数	说明
BRAKE	对于不带 F 的 BRAKE 指令，工业机器人用斜坡停止制动（沿轨迹停止）。通过连续的倍事缓慢制动同步机器人轴，且不离开编程设定的轨迹。该方式主要应用在高速时慢速停止
BRAKE F	对于带 F 的 BRAKE 指令，工业机器人的制动与沿轨迹紧急停止时相同。尽快制动同步工业机器人轴，且不离开编程设定的轨迹。该方式主要应用在高速时快速停止
BRAKE FF	对于带 FF 的 BRAKE 指令，工业机器人用转速停止制动（不沿轨迹）。停止所有同步和异步工业机器人轴，且同时离开编程设定的轨迹。在低速范围内可以达到特别短的制动行程。该方式主要应用在低速时极快停止

4. RESUME 中断当前运行

1）RESUME 将中断在声明当前中断的层面以下的所有运行中的中断程序和所有运行中的子程序。

2）在出现 RESUME 指令时，预进指针不允许在声明中断的层面里，而必须至少在下一级层面里。

3）RESUME 只允许出现在中断程序中。

4）中断一旦声明为 GLOBAL，则不允许在中断例程中使用 RESUME。

5）在中断程序中更改变量 $BASE，只在中断程序中有效。

6）计算机预进，即变量 $ADVANCE，不允许在中断程序中改变。

7）应使用 BRAKE 和 RESUME 中断的运行，原则上要在子程序中编程。

8）RESUME 后，工业机器人控制系统的特性取决于以下运动指令：

PTP 指令：作为 PTP 运动运行。

LIN 指令：作为 LIN 运动运行。

CIRC 指令：始终作为 LIN 运动运行。在一个 RESUME 后，工业机器人不位于原先的 CIRC 运动起点。因此，将执行与原先规划不同的运动，尤其对 CIRC 运动而言，这将隐藏着明显的潜在危险。

8.1.3　I/O 信号配置表

工业机器人与 PLC 的 I/O 信号配置表如表 8-2 所示。

表 8-2　工业机器人与 PLC 的 I/O 信号配置表

PLC 输入			PLC 输出		
符号	输入地址	说明	符号	输出地址	说明
SQ5	I0.4	西克光纤传感器			
工业机器人输出			工业机器人输入		
符号	输出地址	说明	符号	输入地址	说明
R_OUT1		气爪松开	R_IN53	Q3.3	中断 1 启动条件
R_OUT4		气爪夹合	R_IN54	Q3.4	中断 2 启动条件

实训项目二十一 ▶ 完成单工件装配任务的编程

实训要求：根据以下控制要求，完成单工件装配任务的编程。

控制要求：首先，工业机器人将杯盖从杯盖仓抓起，放置在装配单元检测区红外传感器上对准凸起，红外传感器识别后抬起平移至装配单元备装区。接着，工业机器人将杯体从杯体仓抓起，放置在装配单元检测区红外传感器上旋转至红外传感器对准杯体的小圆孔，抬起杯体顺时针旋转 90°，放至装配单元装配区。然后，工业机器人从备装区拿起杯盖放到杯体上顺时针旋转 30° 拧紧。最后，将成品放置到成品放置区。

本任务的装配流程如图 8-11 所示。

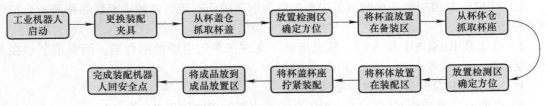

图 8-11 单工件装配任务流程

1. 工业机器人编程

根据控制要求，利用中断命令编写工业机器人程序，具体步骤如表 8-3 所示。

表 8-3 利用中断命令编写工业机器人程序步骤

步骤	实施内容	图示
1	新建程序 zhuangpei()	编辑器 1 DEF zhuangpei( ) 2 INI 3 ➡END 4
2	声明中断 Q1、Q2。其中，Q1 中断的触发条件是输入端 53，Q2 中断的触发条件是输入端 54	编辑器 1 DEF zhuangpei( ) 2 INI 3 INTERRUPT DECL 2 WHEN $IN[53]==TRUE DO Q1() 4 INTERRUPT DECL 1 WHEN $IN[54]==TRUE DO Q2() 5 END 6
3	建立气爪松开 fang() 子程序和气爪夹合 jia() 子程序	编辑器 1 DEF zhuangpei( ) 2 INI 3 INTERRUPT DECL 2 WHEN $IN[53]==TRUE DO Q1() 4 INTERRUPT DECL 1 WHEN $IN[54]==TRUE DO Q2() 5 END 6 DEF fang() 7 OUT 4 '' State=TRUE 8 OUT 1 '' State=TRUE 9 WAIT Time=1 sec 10 OUT 4 '' State=FALSE 11 END 12 DEF jia() 13 OUT 1 '' State=FALSE 14 OUT 4 '' State=TRUE 15 WAIT Time=1 sec 16 OUT 4 '' State=FALSE 17 END

第8章

KUKA 工业机器人装配工作站

（续）

步骤	实施内容	图示
| 4 | 创建中断程序 Q1()、Q2() | ```
11   END
12   DEF jia()
13   OUT 1 '' State=FALSE
14   OUT 4 '' State=TRUE
15   WAIT Time=1 sec
16   OUT 4 '' State=FALSE
17   END
18   DEF Q1()
19   END
20   DEF Q2()
21   END
``` |
| 5 | 建立放置杯盖的 gai() 子程序和杯体的 zuo() 子程序，并在子程序中通过输入端 56 的状态调用杯盖的 gai() 子程序和杯体的 zuo() 子程序 | ```
      INI
5   OUT 56'' State=FALSE
6   gai()
7   OUT 56'' State=TRUE
8   zuo()
9   END
10  def fang()
11  OUT 4'' State=FALSE
12  OUT 1'' State=TRUE
13  WAIT Time=1 sec
14  OUT 1'' State=FALSE
15  end
16  def jia()
17  OUT 1'' State=FALSE
18  OUT 4'' State=TRUE
19  WAIT Time=1 sec
20  OUT 4'' State=FALSE
21  end
22  DEF Q1()
23  END
24  DEF Q2()
25  END
26  DEF gai()
27  END
28  DEF zuo()
29  END
``` |
| 6 | 调用气爪松开的 fang() 子程序，同时示教杯盖抓取点上方的安全点 P1 | 工具 Tool[5] 基坐标 Base[5] 外部 TCP 坐标变换 参数 编辑器 20 21 22 DEF Q1() 23 END 24 DEF Q2() 25 END 26 DEF gai() 27 fang() PTP P1 Vel= 100 [%] PDAT1 ColDetect= 31 32 |

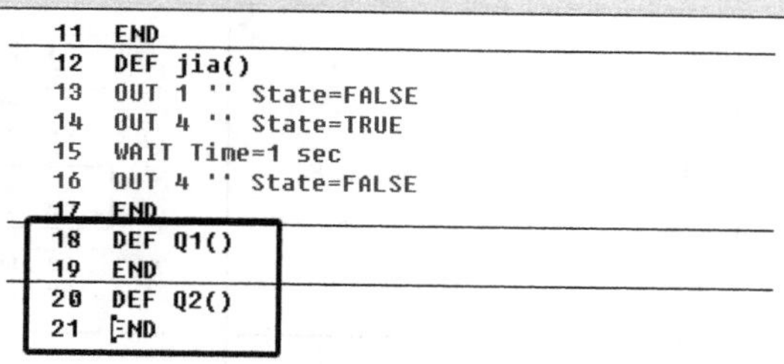

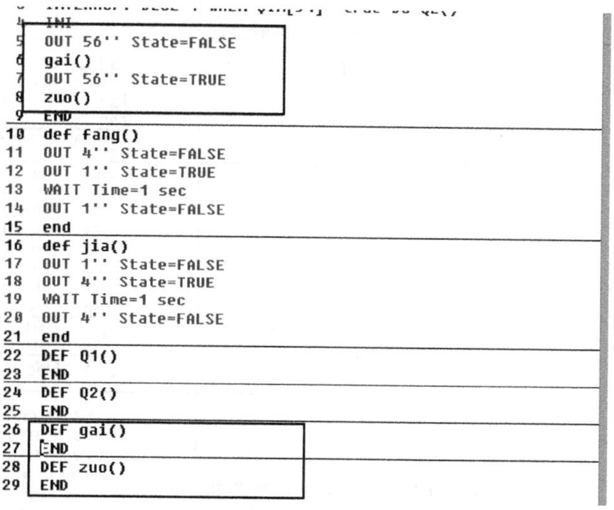

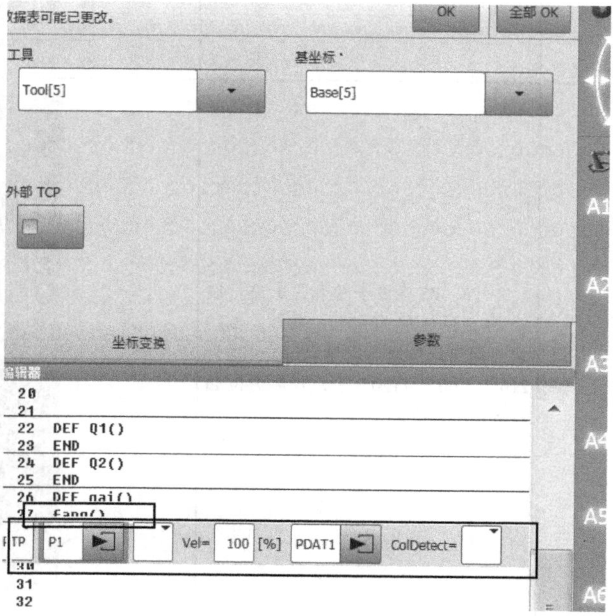

315

（续）

步骤	实施内容	图示
| 7 | 以直线运动到杯盖的抓取点 P2 | ```
24  DEF Q2()
25  END
26  DEF gai()
27  fang()
28  PTP P1 Uel=100 % PDAT1 Tool[5] Base[5]
29  LIN P2 Uel=2 m/s CPDAT1 Tool[5] Base[5]
30  jia()
31  END
32  DEF ZUO()
33  END
``` |
| 8 | 以直线运动到达 P1 点，同时示教检测区上方的安全点 P3 | ```
25  END
26  DEF gai()
27  fang()
28  PTP P1 Uel=100 % PDAT1 Tool[5] Base[5]
29  LIN P2 Uel=2 m/s CPDAT1 Tool[5] Base[5]
30  jia()
31  LIN P1 Uel=2 m/s CPDAT3 Tool[5] Base[5]
32  LIN P3 Uel=2 m/s CPDAT4 Tool[5] Base[5]
33  END
34  DEF ZUO()
``` |
| 9 | 开启检测中断的范围 | ```
26  DEF gai()
27  fang()
28  PTP P1 Uel=100 % PDAT1 Tool[5] Base[5]
29  LIN P2 Uel=2 m/s CPDAT1 Tool[5] Base[5]
30  jia()
31  LIN P1 Uel=2 m/s CPDAT3 Tool[5] Base[5]
32  LIN P3 Uel=2 m/s CPDAT4 Tool[5] Base[5]
33  INTERRUPT ON 1
34  INTERRUPT OFF 1
35  END
``` |
| 10 | 示教点 P4 和 P5。其中，P4 为检测杯盖凸起的起点，P5 为检测杯盖凸起的终点，以此来确定杯盖的方位 | ```
27  fang()
28  PTP P1 Uel=100 % PDAT1 Tool[5] Base[5]
29  LIN P2 Uel=2 m/s CPDAT1 Tool[5] Base[5]
30  jia()
31  LIN P1 Uel=2 m/s CPDAT3 Tool[5] Base[5]
32  LIN P3 Uel=2 m/s CPDAT4 Tool[5] Base[5]
33  INTERRUPT ON 1
34
35  PTP P4 Uel=100 % PDAT2 Tool[5] Base[5]
36  LIN P5 Uel=2 m/s CPDAT5 Tool[5] Base[5]
37  INTERRUPT OFF 1
38  END
``` |
| 11 | 点 P4、P5 均位于检测区上方，设置 P4 点的 A 轴为 90°，具体方位如右上图所示位置。设置 P5 的 A 轴为 210°（90°+120°），具体方位如右下图所示位置 | |

（续）

步骤	实施内容	图示
12	防止预进指针	31 LIN P3 Vel=2 m/s CPDAT3 Tool[5] Base[5] 32 INTERRUPT ON 1 33 PTP P4 Vel=100 % PDAT3 Tool[5] Base[5] 34 LIN P5 Vel=2 m/s CPDAT4 Tool[5] Base[5] WAIT Time= 0 sec 35 INTERRUPT OFF 1
13	在中断发生子程序中添加 BRAKE F，停止工业机器人后，执行其他运动	15 END 16 DEF jia() 17 OUT 1 '' State=FALSE 18 OUT 4 '' State=TRUE 19 WAIT Time=1 sec 20 OUT 4 '' State=FALSE 21 END 22 DEF Q1() 23 BRAKE F 24 END 25 DEF Q2() 26 END
14	建立 shang() 子程序，用于杯盖（或杯体）定位后向上平移	33 INTERRUPT ON 1 34 PTP P4 Vel=100 % PDAT3 Tool[5] Base[5] 35 LIN P5 Vel=2 m/s CPDAT4 Tool[5] Base[5] 36 WAIT Time=0 sec 37 INTERRUPT OFF 1 38 END 39 DEF zuo() 40 END 41 DEF shang() 42 END 43
15	建立并示教点 P6，作为（杯盖或杯体）向上平移到达的位置点（在中断程序中不允许使用联机表单，应该先建立并示教好点位，再使用 PTP 指令到达）	39 DEF zuo() 40 END 41 DEF shang() 42 XP7.A=$POS_ACT.A 43 XP6=$POS_ACT 44 XP6.Z=XP6.Z-30 45 PTP XP6 46 END KRC:\R1\DDD.SRC Ln 45, Col 7
16	调用 shang() 子程序运行至备装区安全点 P8，再运行至备装区放置点 P7。调用 fang() 子程序，杯盖放置后回到安全点 P8	33 END 34 DEF Q1() 35 BRAKE F 36 shang() 37 LIN XP8 38 LIN XP7 39 fang() 40 PTP XP8 41 END
17	声明中断当前运行，在主程序中执行新路径	34 DEF Q1() 35 BRAKE F 36 shang() 37 LIN XP8 38 LIN XP7 39 fang() 40 PTP XP8 41 RESUME 42 END
18	抓取杯体的子程序和杯盖相似，P10 为抓取杯体的杯体仓上方安全点，P11 为杯体抓取点，P12 为检测区 90° 的点，P13 为检测区 210° 的点	46 PTP P10 Vel=100 % PDAT5 Tool[5] Base[5] 47 LIN P11 Vel=2 m/s CPDAT6 Tool[5] Base[5] 48 jia() 49 PTP P10 Vel=100 % PDAT6 Tool[5] Base[5] 50 PTP P3 Vel=100 % PDAT7 Tool[5] Base[5] 51 PTP P12 Vel=100 % PDAT8 Tool[5] Base[5] 52 INTERRT ON 2 53 LIN P13 Vel=2 m/s CPDAT7 Tool[5] Base[5] 54 WAIT Time=0 sec 55 INTERRT OFF 2 56 END

（续）

步骤	实施内容	图示

19	建立并示教装配区安全点 P14 和装配区放置点 P15，编写 Q2 中断子程序，调用 shang() 子程序运行至 P14，再运行至 P15。调用 fang() 子程序，放置杯体后回到安全点 P14	`30  END`
		`31  DEF Q2()`
		`32  BRAKE F`
		`33  shang()`
		`34  LIN XP14`
		`35  LIN XP15`
		`36  fang()`
		`37  PTP XP14`
		`38  RESUME`
		`39  END`

20	调整点 P15 的方位，将点 P15 的 A 轴旋转 90°，以保证杯体上的定位检测孔与定位销对齐	`65  DEF shang()`
		`66  XP7.A=$POS_ACT.A`
		`67  XP15.A=$POS_ACT.A+90`
		`68  XP6=$POS_ACT`
		`69  XP6.Z=XP6.Z-30`
		`70  PTP XP6`
		`71  END`
		`72`

21	运行到点 P14，到达装配区上方安全点，再运行至备装区安全点 P8，到达备装区抓取点 P16 并重新示教，抓取杯盖	`zuo()`
		`PTP P14 Vel=100 % PDAT9 Tool[5] Base[5]`
		`PTP P8 Vel=100 % PDAT10 Tool[5] Base[5]`
		`PTP P16 Vel=100 % PDAT19 Tool[5] Base[5]`
		`jia()`

22	运行至备装区上方安全点 P8，到达装配区上方安全点 P14，运行到装配区放置点 P17，示教拧合杯盖的 90° 点 P18	`11  PTP P16 Vel=100 % PDAT19 Tool[5] Base[5]`
		`12  jia()`
		`13  PTP P8 Vel=100 % PDAT11 Tool[5] Base[5]`
		`14  PTP P14 Vel=100 % PDAT12 Tool[5] Base[5]`
		`15  PTP P17 Vel=100 % PDAT13 Tool[5] Base[5]`
		`16  PTP P18 Vel=100 % PDAT14 Tool[5] Base[5]`

23	调用 shang() 子程序，运行到装配区上方安全点，运行到成品放置区上方安全点 P19，示教成品放置点 P20。放置后回到点 P19，最后回到杯盖抓取点上方的安全点 P1	`5  PTP P18 Vel=100 % PDAT14 Tool[5] Base[5]`
		`6  shang()`
		`7  PTP P19 Vel=100 % PDAT15 Tool[5] Base[5]`
		`8  PTP P20 Vel=100 % PDAT16 Tool[5] Base[5]`
		`9  PTP P19 Vel=100 % PDAT17 Tool[5] Base[5]`
		`10 PTP P1 Vel=100 % PDAT18 Tool[5] Base[5]`
		`11 END`

24	检查无误后，手动调试程序	

2. HMI 控制画面编程

首先，基于前面工作任务的基础上，在 HMI 控制画面中添加"单装配"功能选择和"当前处于单装配激活状态"指示灯，如图 8-12 所示。

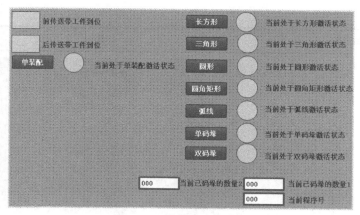

图 8-12　单装配功能选择

　　然后，根据控制要求和 PLC 变量表，添加 HMI 变量并进行变量设置，具体步骤如表 8-4 所示。

表 8-4　添加 HMI 控制画面变量

步骤	实施内容	图示
1	将新添加的 PLC 变量"装配模式请求"和"当前模式为装配"变量复制到 HMI 变量表中，并分别设置循环时间为 100ms	
2	单击"单装配"按钮并设置按钮事件的变量为"装配模式请求"	

（续）

步骤	实施内容	图示
3	单击"当前处于单装配激活状态"指示灯并设置指示灯"动画"的变量为"当前模式为装配"	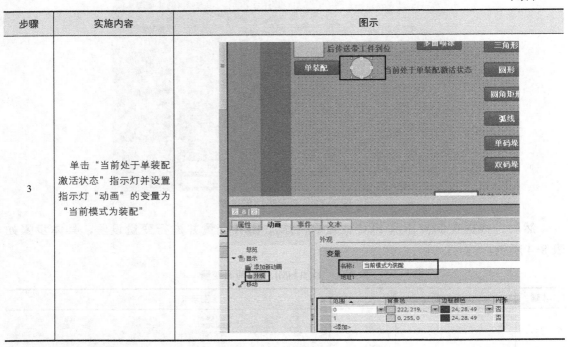

3. PLC 编程

PLC 的编程主要是在前期工作任务的基础上添加装配程序块，并与工业机器人联机完成最终调试。具体 PLC 编程步骤如表 8-5 所示。

表 8-5　PLC 编程步骤

步骤	实施内容	图示
1	建立"装配"FC 块	

（续）

步骤	实施内容	图示
2	编写程序，在 SQ12（光纤传感器）为 TRUE 和工业机器人输出端 56 为 FALSE 时，工业机器人输入端 53 为 TRUE。反之，工业机器人输入端 54 为 TRUE	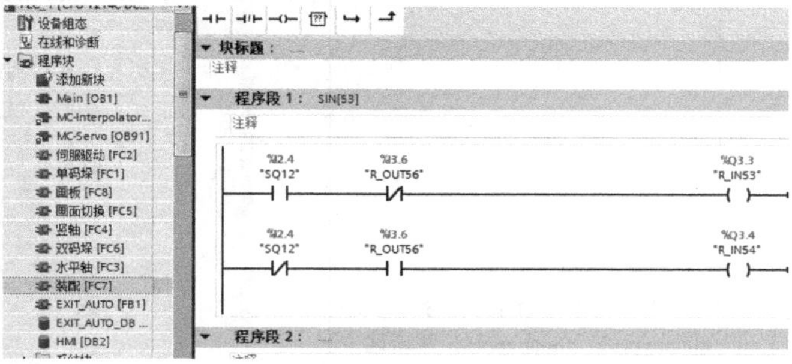
3	分别建立"装配模式请求"和"当前模式为装配"变量	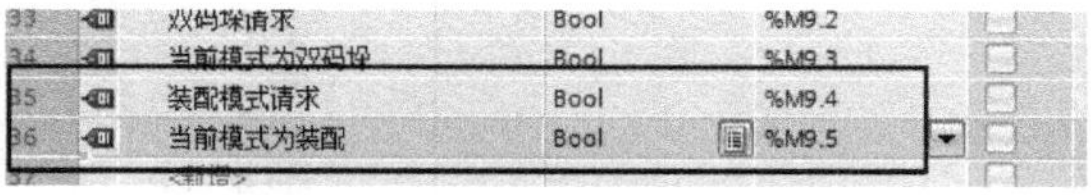
4	编写程序，以"装配模式请求"变量为启动条件，设置程序号"HMI".ProNo 变为 10，且"当前模式为装配"模式灯亮	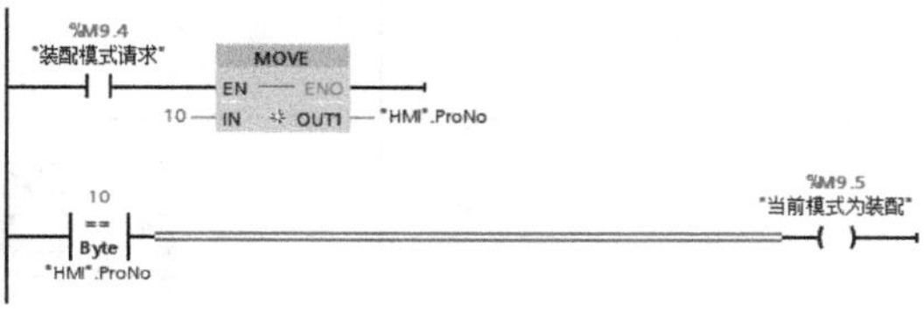
5	在主程序中调用"装配" FC 块	

8.2 多工件装配任务编程

实训项目二十二 ▶ 完成多工件装配任务的编程

实训要求：在单工件装配任务基础上，完成多个工件装配任务的编程。

1. 工业机器人编程

掌握了一个工件的装配示教编程后，如果要连续装配多个工件（此处以装配三个工件为例），则可以备份此程序，修改相应点的位置，再新建一个主程序，用调用子程序的方法完成多个工件的连续装配。具体步骤如表 8-6 所示。

表 8-6　工业机器人多工件装配任务编程步骤

步骤	实施内容	图示
1	分别备份单工件装配任务子程序 zhuangpei2、zhuangpei3，并新建主程序 duozhuangpei	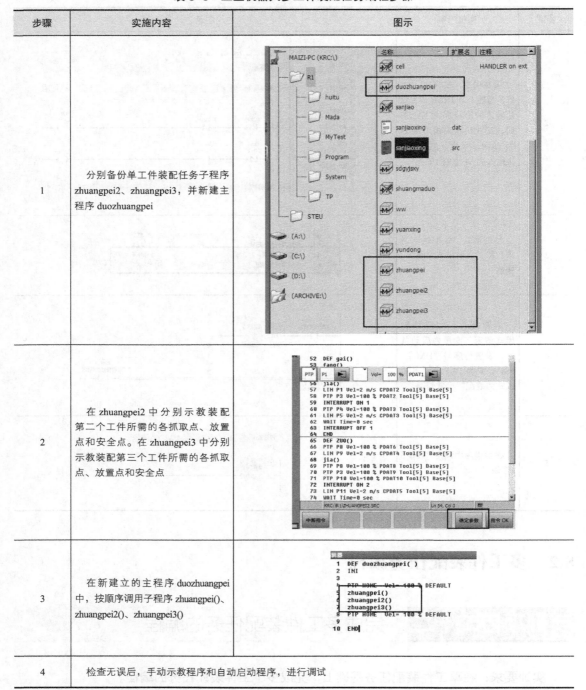
2	在 zhuangpei2 中分别示教装配第二个工件所需的各抓取点、放置点和安全点。在 zhuangpei3 中分别示教装配第三个工件所需的各抓取点、放置点和安全点	
3	在新建立的主程序 duozhuangpei 中，按顺序调用子程序 zhuangpei()、zhuangpei2()、zhuangpei3()	
4	检查无误后，手动示教程序和自动启动程序，进行调试	

2. HMI 控制画面编程

首先，在 HMI 控制画面中增加"多装配"选择按钮和"当前处于多装配激活状态"指示灯，画面如图 8-13 所示。

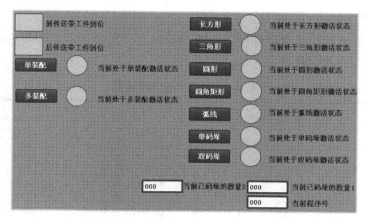

图 8-13　HMI 控制画面

然后，根据 PLC 变量增加 HMI 变量表，具体步骤如表 8-7 所示。

表 8-7　HMI 添加变量步骤

步骤	实施内容	图示
1	单击"多装配"按钮→"事件"→"按下"→"按下按键时置位位"，变量设为"多装配模式请求"	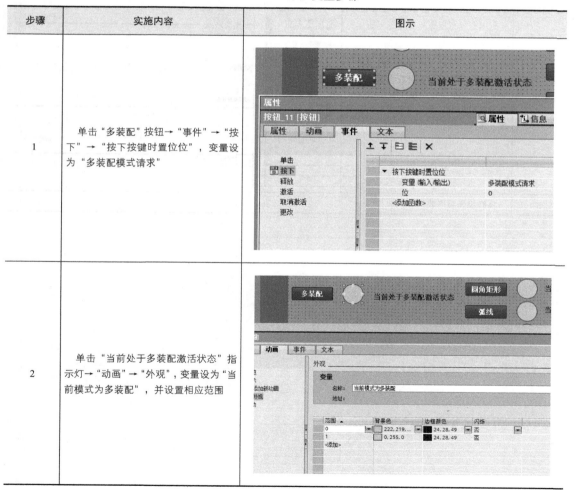
2	单击"当前处于多装配激活状态"指示灯→"动画"→"外观"，变量设为"当前模式为多装配"，并设置相应范围	

3. PLC 编程

PLC 编程主要是在单工件装配任务的程序基础上，增加了多工件装配任务控制程序，具体 PLC 新增编程步骤如表 8-8 所示。

表 8-8　PLC 新增编程步骤

步骤	实施内容	图示
1	分别建立"多装配模式请求"变量和"当前模式为多装配"变量	
2	编写程序，以"多装配模式请求"变量为启动条件，设置程序号"HMI".ProNo 变为 11，且"当前模式为多装配"模式灯亮	
3	保存编译后下载	

第 9 章

KUKA 工业机器人喷涂工作站

9.1 单面喷涂编程

9.1.1 喷涂工作站组成

本喷涂工作站由工业机器人、喷枪、水平轴电动机、竖轴电动机、小车等组成。喷涂工作站各部分通过机械连接机构进行组合，并通过电气控制实现快速对接，最终实现工业机器人喷涂模拟训练。各组成部分如图 9-1 所示。

图 9-1 喷涂工作站组成

1—工业机器人 2—喷枪 3—水平轴电动机 4—竖轴电动机 5—小车

9.1.2 控制要求

1. 初始状态

工业机器人的初始状态要求是：工业机器人运动轨迹无障碍物，传送带无障碍物，且更换夹具为喷枪。

2. 控制流程

单面喷涂工作流程如图 9-2 所示。

图 9-2　单面喷涂工作流程

9.1.3 I/O 信号配置表

工业机器人与 PLC 的 I/O 信号配置表如表 9-1 所示。

表 9-1　工业机器人与 PLC 的 I/O 信号配置表

PLC 输入			PLC 输出		
符号	输入地址	说明	符号	输出地址	说明
SQ1	I0.0	竖轴原点电感传感器			
SQ2	I0.1	水平轴原点电感传感器			
工业机器人输出			工业机器人输入		
符号	输出地址	说明	符号	输入地址	说明
R_OUT1		喷涂开始	R_IN117	Q24.1	轴完成回原点
R_OUT4		喷涂停止	R_IN116	Q24.0	轴到达准备位置
R_OUT141	I27.1	伺服轴使能			
R_OUT142	I27.2	伺服轴主动回原点			
R_OUT143	I27.3	伺服轴到达准备位置			
R_OUT144	I27.4	伺服轴零点位置			

实训项目二十三 ▶ 完成单面喷涂的编程　　▶▶

实训要求：根据现场控制要求，完成单面喷涂的编程。

1. 工业机器人编程

在编写工业机器人程序之前，需要规划工业机器人喷涂轨迹和关键点。以顶面喷涂为例，喷涂轨迹需要根据汽车轮廓进行规划，如图 9-3 所示。

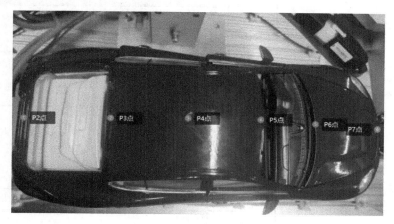

图 9-3 单面喷涂轨迹规划

喷涂编程主要需考虑工业机器人和伺服之间的协同工作，编程步骤如表 9-2 所示。

表 9-2 工业机器人编程步骤

步骤	实施内容	图示
1	创建新程序为 penqi()，并建立喷枪启动 pen() 子程序和停止 ting() 子程序	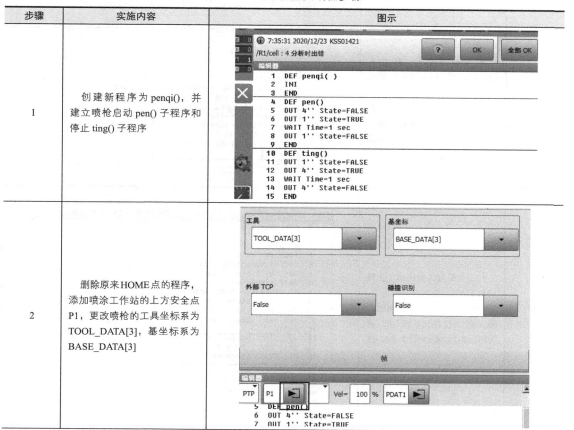
2	删除原来 HOME 点的程序，添加喷涂工作站的上方安全点 P1，更改喷枪的工具坐标系为 TOOL_DATA[3]，基坐标系为 BASE_DATA[3]	

（续）

步骤	实施内容	图示
3	调用停止子程序 ting()，复位喷枪状态	``` 1 DEF danmianpenqi( ) 2 INI 3 ting() 4 PTP P1 Uel=100 % PDAT1 Tool[3] Base[3] 5 END 6 DEF pen() 7 OUT 4'' State=FALSE 8 OUT 1'' State=TRUE 9 WAIT Time=1 sec 10 OUT 1'' State=FALSE 11 END 12 DEF ting() 13 OUT 1'' State=FALSE 14 OUT 4'' State=TRUE 15 WAIT Time=1 sec 16 OUT 4'' State=FALSE 17 END ```
4	添加输出端 141，并将其置位成 TRUE，使伺服驱动器处于使能状态	``` 1 DEF penqi( ) 2 INI 3 ting() 4 fuwei() 5 PTP P1 Uel=100 % PDAT1 Tool[3] Base[3]:3 6 OUT 141'' State=TRUE 7 WAIT Time=1 sec 8 END 9 DEF pen() 10 OUT 4 '' State=FALSE ```
5	检测输入端 115 是否为 TRUE 状态（检测两轴是否已回原点），如果条件达成，KUKA 输出端 142 为 TRUE，两轴开始回原点，等待完成信号 116 变为 TRUE 后，输出端 142 复位为 FALSE	``` 1 DEF penqi( ) 2 INI 3 ting() 4 fuwei() 5 PTP P1 Uel=100 % PDAT1 Tool[3] Base[3]:3 6 OUT 141'' State=TRUE 7 WAIT Time=1 sec 8 IF $IN[115]==TRUE THEN 9 OUT 142'' State=TRUE 10 WAIT FOR (IN 116 '') 11 OUT 142'' State=FALSE 12 ENDIF 13 END ```
6	将工业机器人输出端 143 置位为 TRUE，使两轴开始运动，等待两轴运动到准备位置时，输入端的 117 变为 TRUE，再将输出端的 143 置位为 FALSE	``` 1 DEF penqi( ) 2 INI 3 ting() 4 fuwei() 5 PTP P1 Uel=100 % PDAT1 Tool[3] Base[3] 6 OUT 141'' State=TRUE 7 WAIT Time=1 sec 8 IF $IN[115]==TRUE THEN 9 OUT 142'' State=TRUE 10 WAIT FOR (IN 116 '') 11 OUT 142'' State=FALSE 12 ENDIF 13 OUT 143'' State=TRUE 14 WAIT FOR (IN 117 '') 15 OUT 143'' State=FALSE 16 17 18 19 20 ```

（续）

步骤	实施内容	图示
7	以直线运动到达点 P2，调用喷涂打开程序 pen()	``` 1 DEF penqi( ) 2 INI 3 ting() 4 fuwei() 5 PTP P1 Vel=100 % PDAT1 Tool[3] Base[3] 6 OUT 141'' State=TRUE 7 WAIT Time=1 sec 8 IF $IN[115]==TRUE THEN 9 OUT 142'' State=TRUE 0 WAIT FOR (IN 116 '') 1 OUT 142'' State=FALSE 2 ENDIF 3 OUT 143'' State=TRUE 4 WAIT FOR (IN 117 '') 5 OUT 143'' State=FALSE 6 LIN P2 Vel=2 m/s CPDAT23 Tool[3] Base[3] 7 pen() ```
8	示教点 P3，以 LIN 指令到达 P3 点	``` 14 WAIT FOR (IN 116) 15 OUT 143'' State=FALSE 16 LIN P2 Vel=2 m/s CPDAT23 Tool[3] Base[3] 17 pen() 18 LIN P3 Vel=2 m/s CPDAT24 Tool[3] Base[3] 19 END 20 DEF pen() 21 OUT 4 'úĩ' State=FALSE 22 OUT 1 '' State=TRUE 23 WAIT Time=1 sec 24 OUT 1 '' State=FALSE ```
9	示教点 P4 和 P5，以 CIRC 指令到达点 P4 和 P5	``` 15 OUT 143'' State=FALSE 16 LIN P2 Vel=2 m/s CPDAT23 Tool[3] Base[3] 17 pen() 18 LIN P3 Vel=2 m/s CPDAT24 Tool[3] Base[3] 19 CIRC P4 P5 Vel=2 m/s CPDAT25 Tool[3] Base[3] 20 END 21 DEF pen() 22 OUT 4 'úĩ' State=FALSE 23 OUT 1 '' State=TRUE 24 WAIT Time=1 sec 25 OUT 1 '' State=FALSE 26 END 27 DEF ting() ```
10	示教点 P6，以 LIN 指令运动到达点 P6	``` 10 WAIT FOR (IN 116) 11 OUT 142'' State=FALSE 12 ENDIF 13 OUT 143'' State=TRUE 14 WAIT FOR (IN 116 '') 15 OUT 143'' State=FALSE 16 LIN P2 Vel=2 m/s CPDAT23 Tool[3] Base[3] 17 pen() 18 LIN P3 Vel=2 m/s CPDAT24 Tool[3] Base[3] 19 CIRC P4 P5 Vel=2 m/s CPDAT25 Tool[3] Base[3] 20 LIN P6 Vel=2 m/s CPDAT26 Tool[3] Base[3] 21 END 22 DEF pen() 23 OUT 4 'úĩ' State=FALSE 24 OUT 1 '' State=TRUE 25 WAIT Time=1 sec 26 OUT 1 '' State=FALSE ```
11	示教点 P7，以 LIN 指令到达点 P7，调用停止子程序 ting()，喷枪停止	``` 14 WAIT FOR (IN 116) 15 OUT 143'' State=FALSE 16 LIN P2 Vel=2 m/s CPDAT23 Tool[3] Base[3] 17 pen() 18 LIN P3 Vel=2 m/s CPDAT24 Tool[3] Base[3] 19 CIRC P4 P5 Vel=2 m/s CPDAT25 Tool[3] Base[3] 20 LIN P6 Vel=2 m/s CPDAT26 Tool[3] Base[3] 21 LIN P7 Vel=2 m/s CPDAT27 Tool[3] Base[3] 22 ting() 23 END 24 DEF pen() ```

步骤	实施内容	图示
| 12 | 单面喷涂完成，返回安全点 P1 | ```
15  LIN P2 Vel=2 m/s CPDAT1 Tool[3] Base[3]
16  pen()
17  LIN P3 Vel=2 m/s CPDAT2 Tool[3] Base[3]
18  CIRC P4 P5 Vel=2 m/s CPDAT3 Tool[3] Base[3
19  LIN P6 Vel=2 m/s CPDAT4 Tool[3] Base[3]
20  LIN P7 Vel=2 m/s CPDAT5 Tool[3] Base[3]
21  ting()
22  PTP P1 Vel=100 % PDAT2 Tool[3] Base[3]
23  END
24  DEF pen()
25  OUT 4'' State=FALSE
26  OUT 1'' State=TRUE
27  WAIT Time=1 sec
28  OUT 1'' State=FALSE
29  END
30  DEF ting()
``` |
| 13 | 工业机器人输出端 144 为 TRUE，使两轴开始运动，等待原点到位信号 117 为 TRUE，将输出端 144 复位为 FALSE | ```
14  WAIT FOR ( IN 110  )
15  OUT 143'' State=FALSE
16  LIN P2 Vel=2 m/s CPDAT23 Tool[3] Base[3]
17  pen()
18  LIN P3 Vel=2 m/s CPDAT24 Tool[3] Base[3]
19  CIRC P4 P5 Vel=2 m/s CPDAT25 Tool[3] Base[3]
20  LIN P6 Vel=2 m/s CPDAT26 Tool[3] Base[3]
21  LIN P7 Vel=2 m/s CPDAT27 Tool[3] Base[3]
22  ting()
23  PTP P1 Vel=100 % PDAT3 Tool[3] Base[3]
24  OUT 144'' State=TRUE
25  WAIT FOR ( IN 117 '' )
26  OUT 144'' State=FALSE
27  END
28  DEF pen()
29  OUT 4 'ú1' State=FALSE
30  OUT 1 '' State=TRUE
``` |
| 14 | 运动完成，将输出端 141 复位为 FALSE，取消两轴使能状态 | ```
17  WAIT FOR ( IN 110 )
15  OUT 143'' State=FALSE
16  LIN P2 Vel=2 m/s CPDAT23 Tool[3] Base[3]
17  pen()
18  LIN P3 Vel=2 m/s CPDAT24 Tool[3] Base[3]
19  CIRC P4 P5 Vel=2 m/s CPDAT25 Tool[3] Base[3]
20  LIN P6 Vel=2 m/s CPDAT26 Tool[3] Base[3]
21  LIN P7 Vel=2 m/s CPDAT27 Tool[3] Base[3]
22  ting()
23  PTP P1 Vel=100 % PDAT3 Tool[3] Base[3]
24  OUT 144'' State=TRUE
25  WAIT FOR ( IN 117 '' )
26  OUT 144'' State=FALSE
27  OUT 141'' State=FALSE
28  END
29  DEF pen()
``` |
| 15 | 添加复位子程序 fuwei()，并在主程序中调用，将工业机器人的输出信号 141～144 复位 | ```
1   DEF penqi( )
2   INI
3   ting()
4   fuwei()
5   PTP P1 Vel=100 % PDAT1 Tool[3] Base[3]
6   OUT 141'' State=TRUE
7   WAIT Time=1 sec
8   IF $IN[115]==TRUE THEN
9   OUT 142'' State=TRUE
10  WAIT FOR ( IN 116 '' )
11  OUT 142'' State=FALSE
12  ENDIF
13  OUT 143'' State=TRUE
14  WAIT FOR ( IN 116 '' )

39  OUT 4 'ú1' State=FALSE
40  END
41  DEF fuwei()
42  OUT 141'' State=FALSE
43  OUT 142'' State=FALSE
44  OUT 143'' State=FALSE
45  OUT 144'' State=FALSE
46  END
``` |

2. HMI 控制画面编程

首先，基于之前工作任务的基础上，在 HMI 控制画面中增加"单面喷涂"功能选择按钮，具体画面如图 9-4 所示。

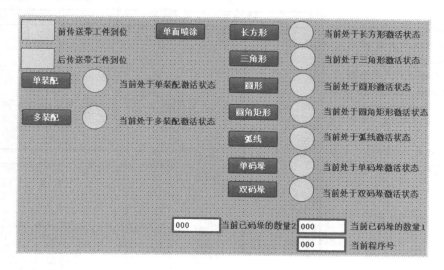

图 9-4　单面喷涂功能选择画面

然后，在单面喷涂功能中，新建单面喷涂伺服参数设定及显示画面，用来设置伺服参数以及显示旋转轴的状态。其中，伺服参数的设定包括"水平轴位置"和"竖轴位置"的参数设定。旋转轴的状态显示包括"水平轴已归位""竖轴已归位""水平轴已启用"和"竖轴已启用"状态指示信号。另外，该画面还设置有"确认错误"和"退出模式"功能。具体如图 9-5 所示。

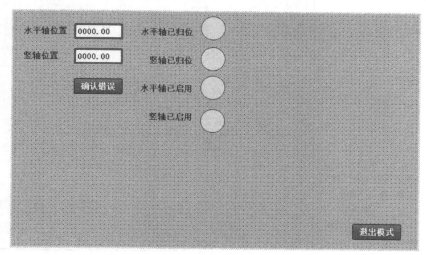

图 9-5　单面喷涂伺服参数设定及显示

最后，根据控制要求和 PLC 变量，添加 HMI 变量并进行变量设置，具体操作步骤如表 9-3 所示。

表 9-3 添加 HMI 变量步骤

步骤	实施内容	图示
1	将轴工艺对象中的轴_1_HomingDone 变量和轴_2_HomingDone 变量复制到 HMI 变量表中，分别为轴_1_StatusBits_HomingDone 和轴_2_StatusBits_HomingDone，并分别进行设置，单击"属性"→"设置"，"采集模式"设为"循环操作"，"采集周期"设为 100ms	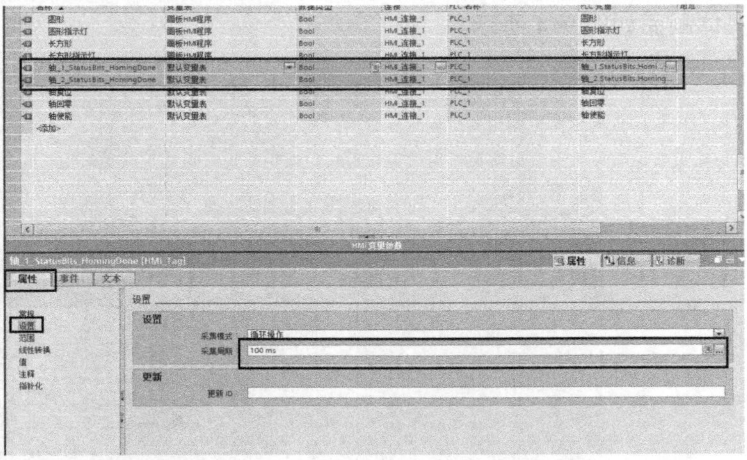
2	将 PLC 变量表中的"单面喷涂请求""确认错误"和"模式退出"变量复制到 HMI 变量表中	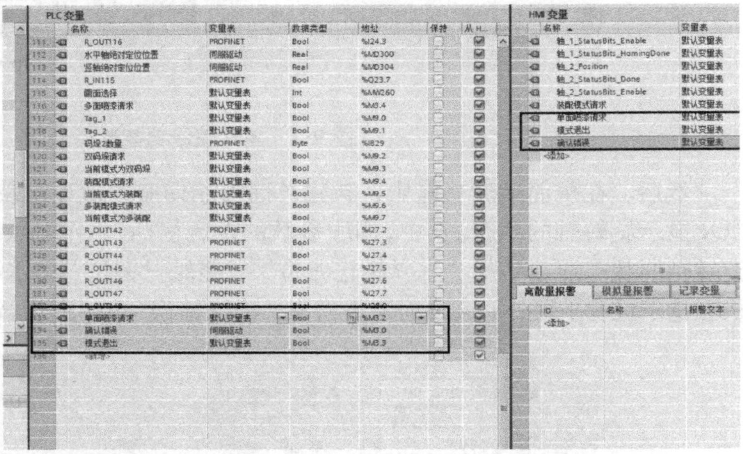
3	分别选中"单面喷涂请求""确认错误"和"模式退出"变量，单击"属性"→"设置"，"采集模式"设为"循环连续"，"采集周期"设为 100ms	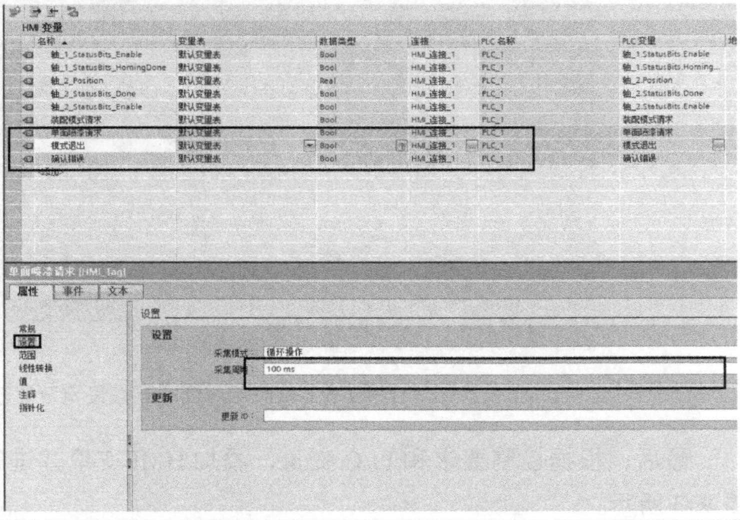

（续）

步骤	实施内容	图示
4	选中 HMI 变量表中的"画面选择"变量→"属性"→"设置"→"采集模式"设为"循环连续"→"采集周期"设为 100ms	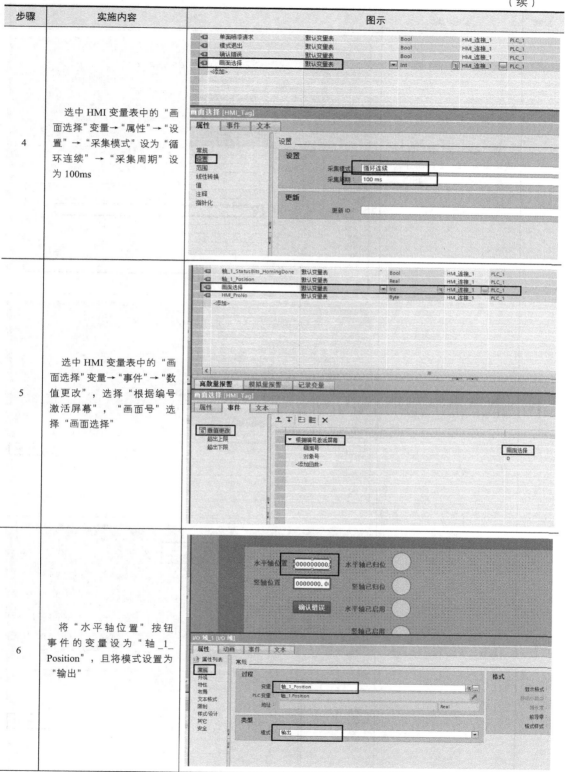
5	选中 HMI 变量表中的"画面选择"变量→"事件"→"数值更改"，选择"根据编号激活屏幕"，"画面号"选择"画面选择"	
6	将"水平轴位置"按钮事件的变量设为"轴_1_Position"，且将模式设置为"输出"	

（续）

步骤	实施内容	图示
7	将"竖轴位置"按钮事件的变量设为"轴_2_Position"，且将"模式"设为"输出"	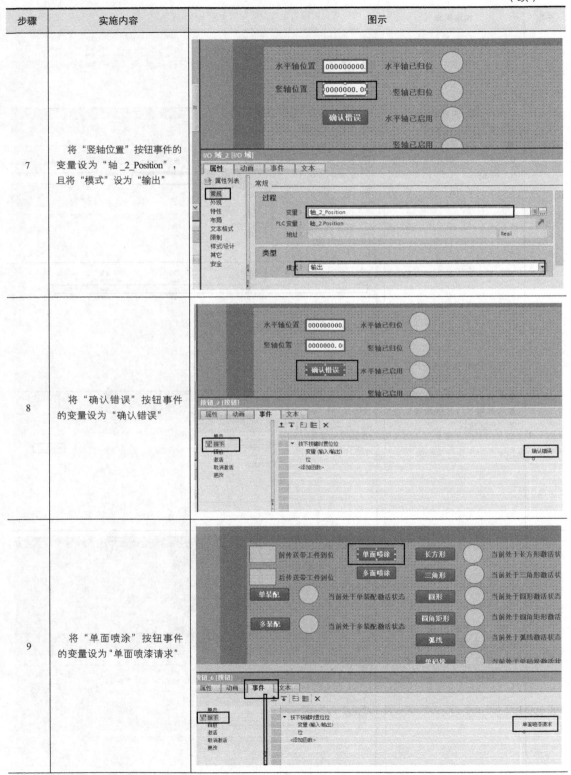
8	将"确认错误"按钮事件的变量设为"确认错误"	
9	将"单面喷涂"按钮事件的变量设为"单面喷漆请求"	

（续）

步骤	实施内容	图示
10	将"水平轴已归位"指示灯动画的变量设为"轴_1_StatusBits_HomingDone"，并设置外观	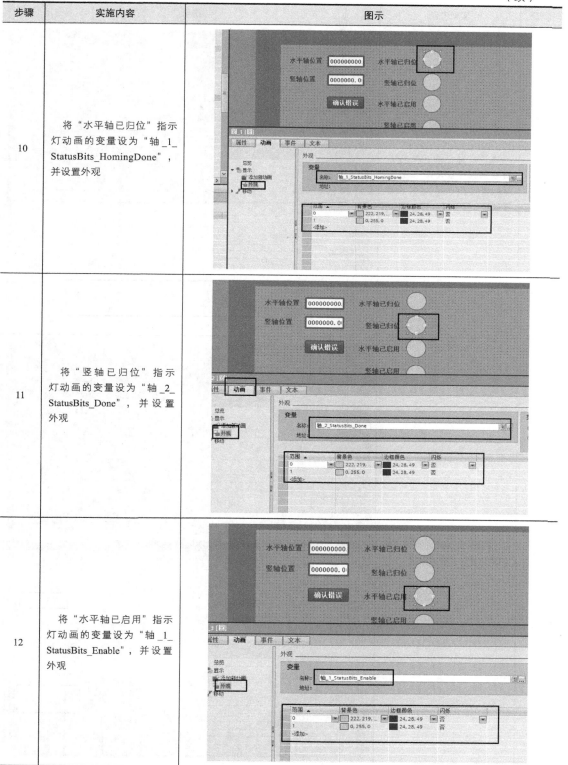
11	将"竖轴已归位"指示灯动画的变量设为"轴_2_StatusBits_Done"，并设置外观	
12	将"水平轴已启用"指示灯动画的变量设为"轴_1_StatusBits_Enable"，并设置外观	

（续）

步骤	实施内容	图示
13	将"竖轴已启用"指示灯动画的变量设为"轴_2_StatusBits_Enable"，并设置外观	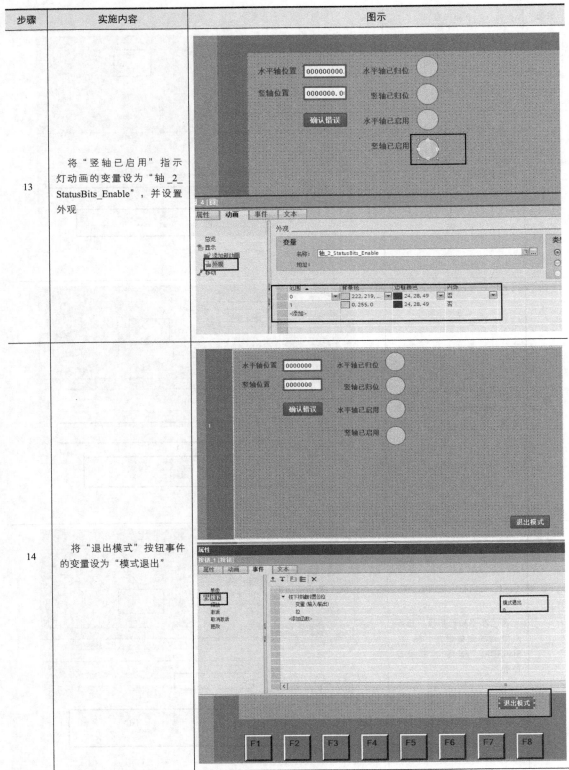
14	将"退出模式"按钮事件的变量设为"模式退出"	

（续）

步骤	实施内容	图示
15	建立"画面切换"FC块，编写画面切换程序，选择"单面喷涂请求"时，"画面选择"变量赋值为2，选择"模式退出"时，"画面选择"赋值为1	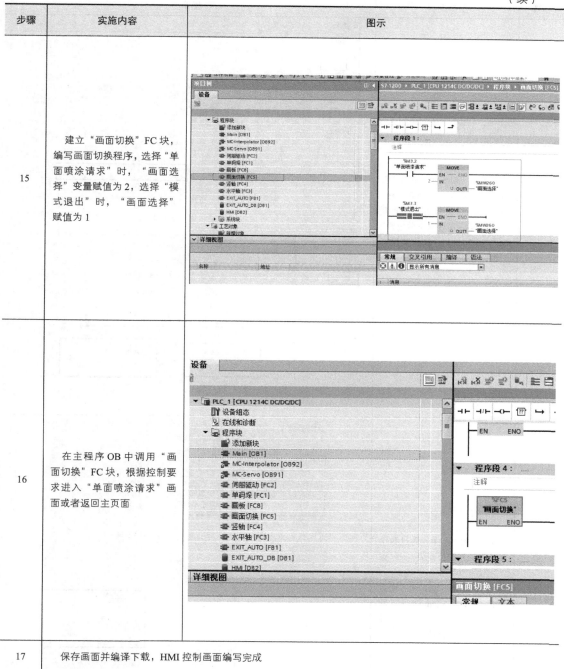
16	在主程序OB中调用"画面切换"FC块，根据控制要求进入"单面喷涂请求"画面或者返回主页面	
17	保存画面并编译下载，HMI控制画面编写完成	

3. PLC 编程

首先，根据第3章内容组态V90伺服驱动器并调试，直到伺服器能够正常运行。然后，结合实际装置及任务要求，编写PLC程序。具体PLC编程步骤如表9-4所示。

表 9-4　PLC 编程步骤

步骤	实施内容	图示
1	组态水平轴参数：单击"机械"，"电机每转的负载位移"设为 13.7mm，单击"位置限制"，"软限位开关下限位置"设为 -6.5mm，"软限位开关上限位置"设为 70.0mm	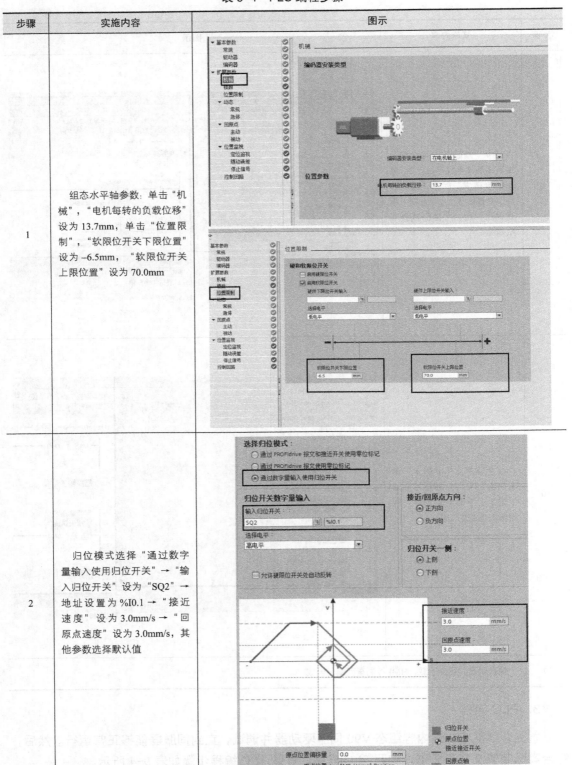
2	归位模式选择"通过数字量输入使用归位开关"→"输入归位开关"设为"SQ2"→地址设置为 %I0.1 →"接近速度"设为 3.0mm/s →"回原点速度"设为 3.0mm/s，其他参数选择默认值	

（续）

步骤	实施内容	图示
3	组态竖轴参数：单击"机械"，"电机每转的负载位移"设为 27.0mm	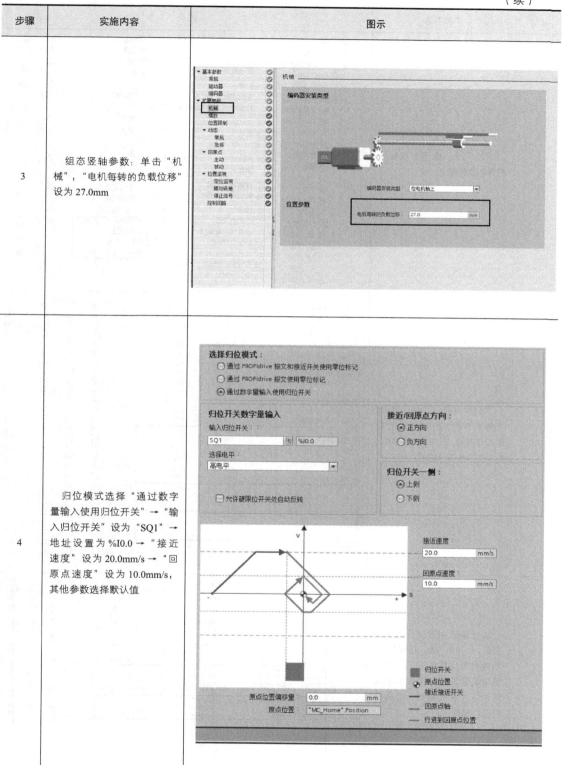
4	归位模式选择"通过数字量输入使用归位开关"→"输入归位开关"设为"SQ1"→地址设置为 %I0.0→"接近速度"设为 20.0mm/s→"回原点速度"设为 10.0mm/s，其他参数选择默认值	

（续）

步骤	实施内容	图示
5	组态完成，编译下载硬件配置和软件配置	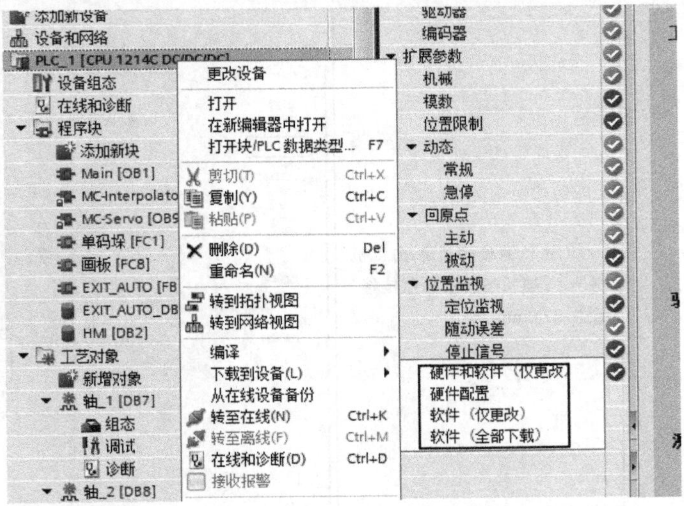
6	下载完成后，在 PROFINET 变量表中建立通信需要的变量 R_OUT141 ～ R_OUT146、R_IN115 ～ R_IN117	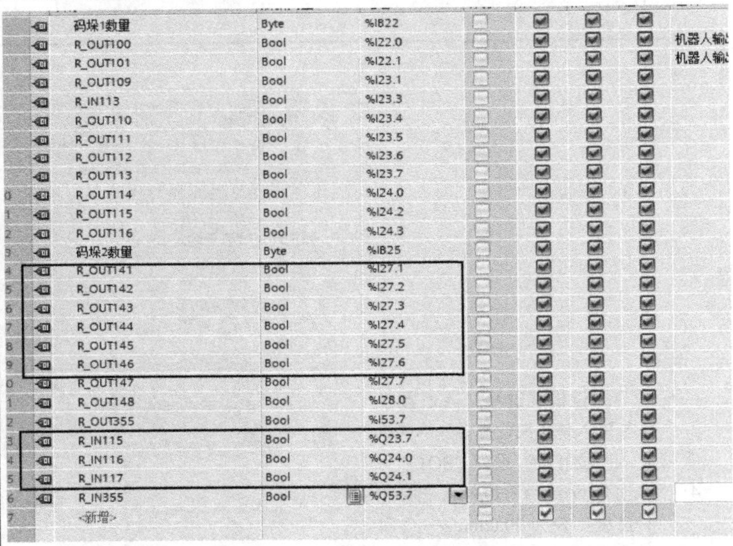
7	建立编程中需使用的其他变量，分别为"确认错误""水平轴绝对定位位置""竖轴绝对定位位置""单面喷漆请求""模式退出""画面选择"变量	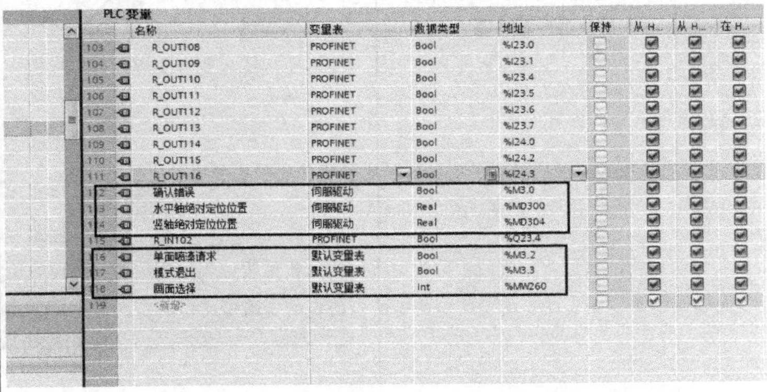

（续）

步骤	实施内容	图示
8	建立三个 FC 函数块，分别是伺服驱动 FC、水平轴 FC、竖轴 FC	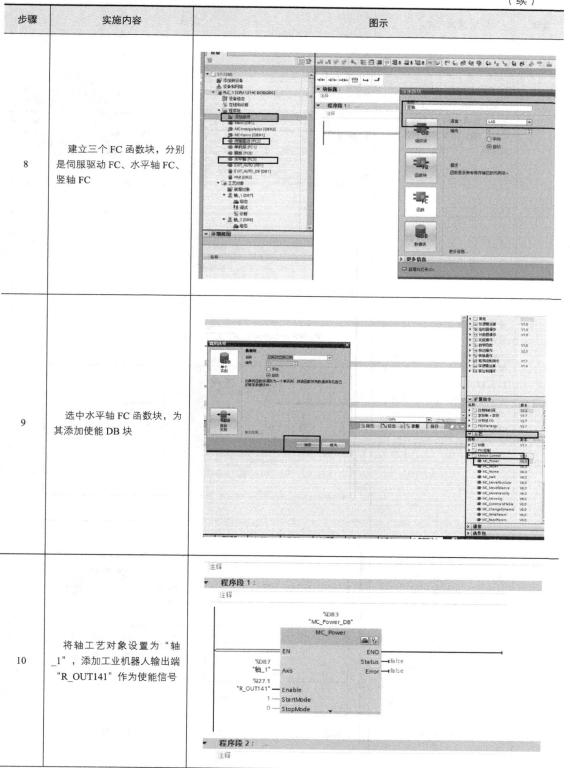
9	选中水平轴 FC 函数块，为其添加使能 DB 块	
10	将轴工艺对象设置为"轴_1"，添加工业机器人输出端"R_OUT141"作为使能信号	

（续）

步骤	实施内容	图示
11	添加"确认错误"DB块，将轴工艺对象设置为"轴_1"，添加"确认错误"变量作为触发信号	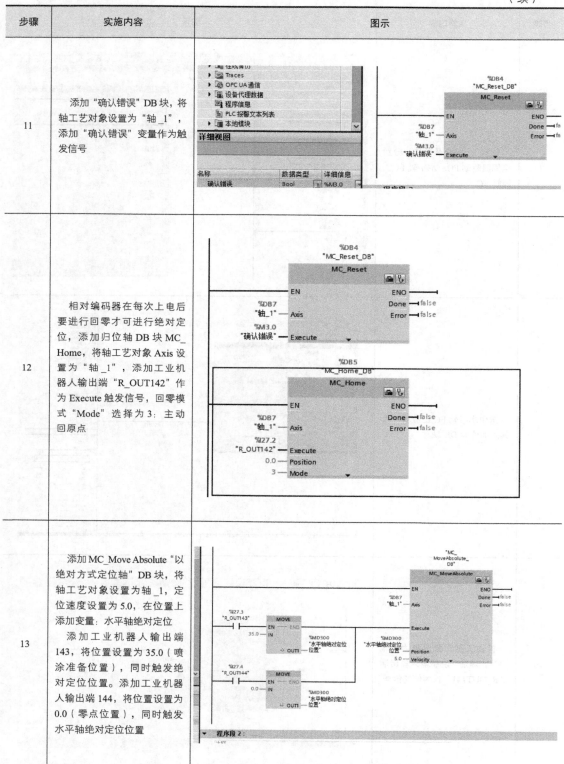
12	相对编码器在每次上电后要进行回零才可进行绝对定位，添加归位轴DB块MC_Home，将轴工艺对象Axis设置为"轴_1"，添加工业机器人输出端"R_OUT142"作为Execute触发信号，回零模式"Mode"选择为3：主动回原点	
13	添加MC_Move Absolute "以绝对方式定位轴" DB块，将轴工艺对象设置为轴_1，定位速度设置为5.0，在位置上添加变量：水平轴绝对定位 添加工业机器人输出端143，将位置设置为35.0（喷涂准备位置），同时触发绝对定位位置。添加工业机器人输出端144，将位置设置为0.0（零点位置），同时触发水平轴绝对定位位置	

（续）

步骤	实施内容	图示
14	在竖轴 FC 块中分别添加 MC_Power、MC_Reset、MC_ Home DB 块，将轴工艺对象设置为竖轴（轴_2）	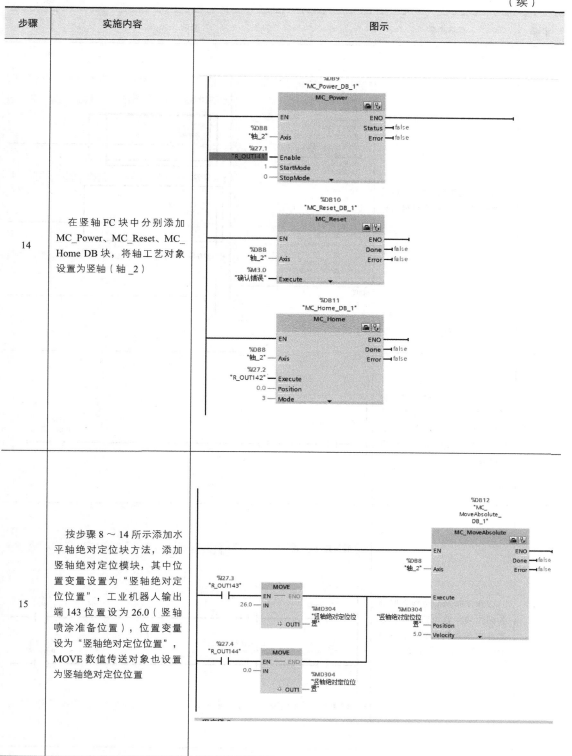
15	按步骤 8 ～ 14 所示添加水平轴绝对定位块方法，添加竖轴绝对定位模块，其中位置变量设置为"竖轴绝对定位位置"，工业机器人输出端 143 位置设为 26.0（竖轴喷涂准备位置），位置变量设为"竖轴绝对定位位置"，MOVE 数值传送对象也设置为竖轴绝对定位位置	

（续）

步骤	实施内容	图示
16	在伺服驱动 FC 块中分别调用水平轴 FC 块和竖轴 FC 块	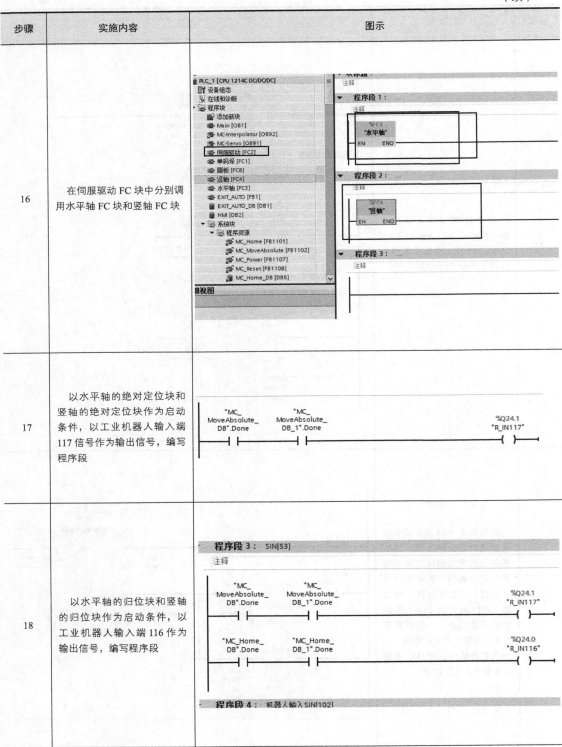
17	以水平轴的绝对定位块和竖轴的绝对定位块作为启动条件，以工业机器人输入端 117 信号作为输出信号，编写程序段	
18	以水平轴的归位块和竖轴的归位块作为启动条件，以工业机器人输入端 116 作为输出信号，编写程序段	

（续）

步骤	实施内容	图示
19	将轴 _1 和轴 _2 背景块中的 HomingDone（轴已回原点）作为常开输入信号，工业机器人输入端 115 作为输出信号	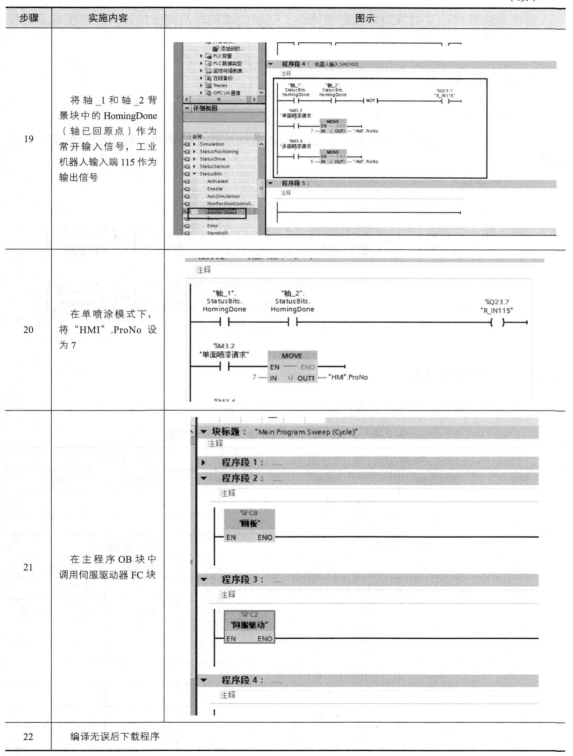
20	在单喷涂模式下，将 "HMI" .ProNo 设为 7	
21	在主程序 OB 块中调用伺服驱动器 FC 块	
22	编译无误后下载程序	

9.2 多面喷涂编程

多面喷涂程序除了完成汽车顶部喷涂外，还要完成汽车两侧面喷涂。在三面喷涂过程中，水平轴需要先后定位三次。

9.2.1 控制要求

1. 初始状态

工业机器人的初始状态要求是，工业机器人运动轨迹无障碍物，传送带无障碍物，且更换夹具为喷枪。

2. 工作流程

多面喷涂工作流程如图 9-6 所示。

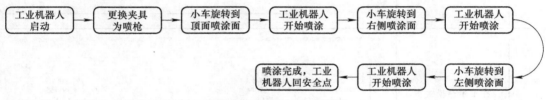

图 9-6　多面喷涂工作流程

9.2.2 I/O 信号配置表

工业机器人与 PLC 的 I/O 信号配置表如表 9-5 所示。

表 9-5　工业机器人与 PLC 的 I/O 信号配置表

PLC 输入			PLC 输出		
符号	输入地址	说明	符号	输出地址	说明
SQ1	I0.0	伺服水平轴原点			
SQ2	I0.1	伺服竖轴原点			
工业机器人输出			工业机器人输入		
符号	输出地址	说明	符号	输入地址	说明
R_OUT1		喷涂开始	R_IN117	Q24.1	轴完成回原点
R_OUT4		喷涂停止	R_IN116	Q24.0	轴到达准备位置
R_OUT141	I27.1	伺服轴使能			
R_OUT142	I27.2	伺服轴主动回原点			
R_OUT143	I27.3	伺服轴到达位置（上平面）			
R_OUT144	I27.4	伺服轴回到零位置			
R_OUT145	I27.5	伺服轴到达位置（右侧面）			
R_OUT146	I27.6	伺服轴到达位置（左侧面）			

实训项目二十四 ▶ 完成多面喷涂的编程 ▶▶

实训要求： 根据现场控制要求，完成多面喷涂的编程。

1. 工业机器人编程

多面喷涂轨迹规划和关键点除了顶面喷涂外，还增加了两个侧面喷涂的关键点，右侧喷涂点位规划如图 9-7 所示，七个关键点分别为 P7 ～ P13。

图 9-7　右侧喷涂点位规划

左侧喷涂点位规划如图 9-8 所示，七个关键点分别为 P14 ～ P20。

图 9-8　左侧喷涂点位规划

编写多面喷涂机器人程序时，需在顶面喷涂的基础上，增加两侧面喷涂程序，具体步骤如表 9-6 所示。

表 9-6　多面喷涂机器人编程步骤

步骤	实施内容	图示
| 1 | 打开 "penqi()" 程序，根据程序编号选择语句 | ```
23  PTP P1 Vel=100 % PDAT2 Tool[3] Ba:
24  IF PGNO==8 THEN
25
26  ENDIF
27  OUT 118'' State=TRUE
``` |
| 2 | 根据图 9-7 与图 9-8 的点位示教并编写两个侧面的喷涂程序，编程原理与单面喷涂相同，此处不再赘述 | ```
19  CIRC P4 P5 Vel=2 m/s CPDAT25 Tool[3] Base[3]
20  LIN P6 Vel=2 m/s CPDAT26 Tool[3] Base[3]
21  LIN P7 Vel=2 m/s CPDAT27 Tool[3] Base[3]
22  ting()
23  PTP P1 Vel=100 % PDAT3 Tool[3] Base[3]
24  IF PGNO==8 THEN
25  OUT 145'' State=TRUE
26  WAIT FOR ( IN 117 '' )
27  OUT 145'' State=FALSE
28  LIN P7 Vel=2 m/s CPDAT28 Tool[3] Base[3]
29  pen()
30  LIN P8 Vel=2 m/s CPDAT29 Tool[3] Base[3]
31  CIRC P9 P10 Vel=2 m/s CPDAT30 Tool[3] Base[3]
32  LIN P11 Vel=2 m/s CPDAT31 Tool[3] Base[3]
33  CIRC P12 P13 Vel=2 m/s CPDAT32 Tool[3] Base[3]
34  ting()
35  PTP P1 Vel=100 % PDAT5 Tool[3] Base[3]
36  OUT 146'' State=TRUE
37  WAIT FOR ( IN 117 '' )
38  OUT 146'' State=FALSE
39  LIN P14 Vel=2 m/s CPDAT33 Tool[3] Base[3]
40  pen()
41  LIN P15 Vel=2 m/s CPDAT34 Tool[3] Base[3]
42  CIRC P16 P17 Vel=2 m/s CPDAT35 Tool[3] Base[3]
43  LIN P18 Vel=2 m/s CPDAT36 Tool[3] Base[3]
44  CIRC P19 P20 Vel=2 m/s CPDAT37 Tool[3] Base[3]
45  ting()
46  PTP P1 Vel=100 % PDAT6 Tool[3] Base[3]
47  ENDIF
48  OUT 144'' State=TRUE
49  WAIT FOR ( IN 117 '' )
50  OUT 144'' State=FALSE
51  OUT 141'' State=FALSE
52  END
``` |
| 3 | 将工业机器人的输出信号 141 ～ 146 复位 | ```
62  WAIT Time=1 sec
63  OUT 4 '位' State=FALSE
64  END
65  DEF fuwei()
66  OUT 141'' State=FALSE
67  OUT 142'' State=FALSE
68  OUT 143'' State=FALSE
69  OUT 144'' State=FALSE
70  OUT 145'' State=FALSE
71  OUT 146'' State=FALSE
72  END
``` |
| 4 | 保存程序，根据程序编号录入子程序，如 CASE 语句不够可自行添加 | ```
22   CASE 3
23   P00 (#EXT_PGNO,#PGNO_ACKN,DMY[],0) ; Reset
⤷ Progr.No.-Request
24   yuanxing( ) ; Call User-Program
25
26   CASE 5
27   P00 (#EXT_PGNO,#PGNO_ACKN,DMY[],0) ; Reset
⤷ Progr.No.-Request
28   yuanjiaojuxing( ) ; Call User-Program
29
30   CASE 6
31   P00 (#EXT_PGNO,#PGNO_ACKN,DMY[],0) ; Reset
⤷ Progr.No.-Request
32   huxian( ) ; Call User-Program
33   CASE 7
34   P00 (#EXT_PGNO,#PGNO_ACKN,DMY[],0) ; Reset
⤷ Progr.No.-Request
35   penqi( ) ; Call User-Program
36   CASE 8
37   P00 (#EXT_PGNO,#PGNO_ACKN,DMY[],0) ; Reset
⤷ Progr.No.-Request
38   penqi( ) ; Call User-Program
39   DEFAULT
40   P00 (#EXT_PGNO,#PGNO_FAULT,DMY[],0)
41   ENDSWITCH
42   ENDLOOP
```
KRC:\R1\CELL.SRC    Ln 38, Col 10 |
| 5 | 按照前面章节的方法进行手动调试和自动调试 | |

## 2. HMI 控制画面编程

首先，基于之前工作任务的基础上，在 HMI 控制画面中增加"多面喷涂"选择按钮，具体画面如图 9-9 所示。

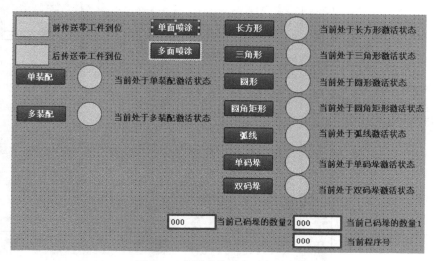

图 9-9　多面喷涂功能选择画面

然后，在多面喷涂功能中，新建多面喷涂伺服参数设定及状态显示画面，主要用来设置伺服参数以及显示旋转轴状态。伺服参数的设定包括"水平轴位置"和"竖轴位置"的参数设定，旋转轴的状态显示包括"水平轴已归位""竖轴已归位""水平轴已启用"和"竖轴已启用"状态指示信号。另外，该画面还设置有"确认错误"和"退出模式"功能。具体如图 9-10 所示。

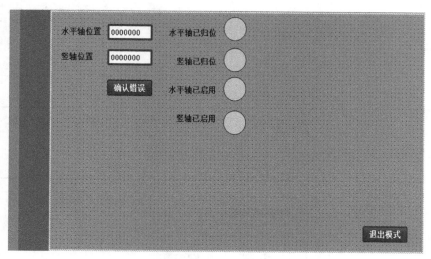

图 9-10　多面喷涂伺服参数设定及状态显示画面

最后，根据控制要求和 PLC 变量，在单面喷涂的基础上，添加 HMI 变量并进行变量设置，具体操作步骤如表 9-7 所示。

### 表 9-7　多面喷涂 HMI 变量添加步骤

| 步骤 | 实施内容 | 图示 |
|---|---|---|
| 1 | 将 PLC 变量表中的"多面喷漆请求"变量复制到 HMI 变量表中 | 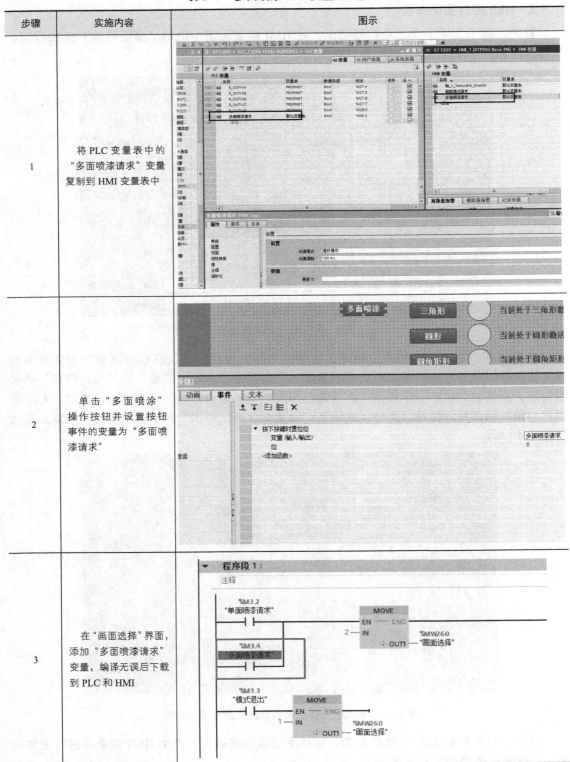 |
| 2 | 单击"多面喷涂"操作按钮并设置按钮事件的变量为"多面喷漆请求" | |
| 3 | 在"画面选择"界面,添加"多面喷漆请求"变量,编译无误后下载到 PLC 和 HMI | |

## 3. PLC 编程

在单面喷涂的基础上添加 PLC 程序，具体 PLC 编程步骤如表 9-8 所示。

表 9-8　多面喷涂 PLC 编程步骤

| 步骤 | 实施内容 | 图示 |
|---|---|---|
| 1 | 在 PLC 变量表中添加"多面喷漆请求"变量 | 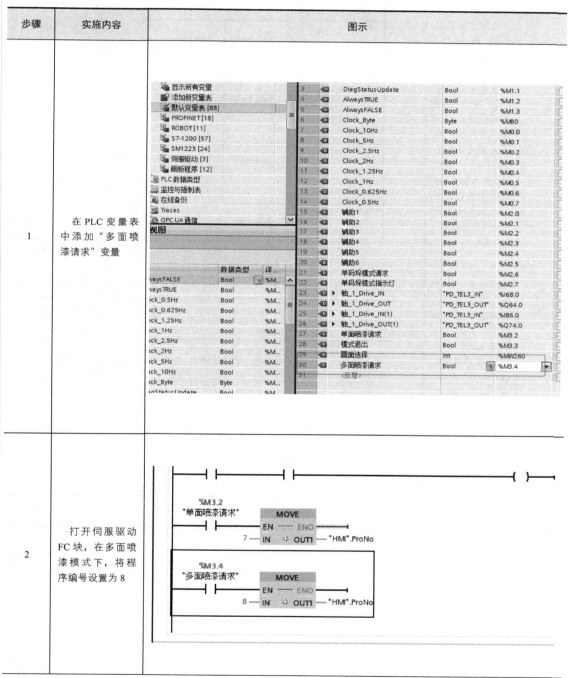 |
| 2 | 打开伺服驱动 FC 块，在多面喷漆模式下，将程序编号设置为 8 | |

（续）

| 步骤 | 实施内容 | 图示 |
|------|----------|------|
| 3 | 打开竖轴 FC 块，在单面喷涂程序基础上增加以下程序段：<br><br>添加工业机器人输出端"R_OUT145"，将位置设置为 37.0（侧面喷涂准备位置 1），同时触发竖轴绝对定位位置。添加工业机器人输出端"R_OUT146"，将位置设置为 14.0（侧面喷涂准备位置 2），同时触发竖轴绝对定位位置 | 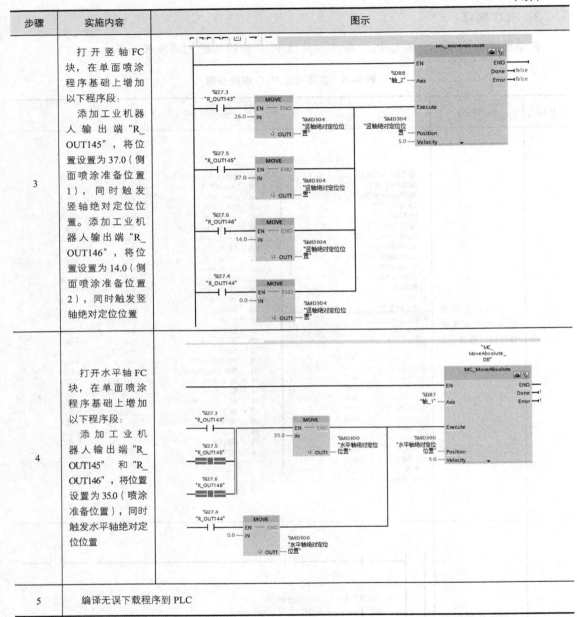 |
| 4 | 打开水平轴 FC 块，在单面喷涂程序基础上增加以下程序段：<br><br>添加工业机器人输出端"R_OUT145"和"R_OUT146"，将位置设置为 35.0（喷涂准备位置），同时触发水平轴绝对定位位置 | |
| 5 | 编译无误下载程序到 PLC | |

# 参 考 文 献

[1]  彭赛金，等. 工业机器人工作站集成设计 [M]. 北京：人民邮电出版社，2018.

[2]  林燕文，等. 工业机器人应用基础——基于 KUKA 机器人 [M]. 北京：北京航空航天大学出版社，2016.

[3]  王志全，等. KUKA 工业机器人基础入门与应用案例精析 [M]. 北京：机械工业出版社，2017.

[4]  徐文，等. KUKA 工业机器人编程与实操技巧 [M]. 北京：机械工业出版社，2017.